マイクロ波化学プロセス技術 Ⅱ

Microwave-assisted Chemical Process Technology Ⅱ

《普及版／Popular Edition》

監修 竹内和彦，和田雄二

シーエムシー出版

はじめに

　マイクロ波はcmスケールの波長の電磁波で，通信やレーダーに広く用いられる。また，加熱用として，食品分野（食品の乾燥・解凍・調理，殺菌・妨黴等），セラミックス工業（粉体や成型体の乾燥・焼結等），ゴム工業（ゴム加硫，粘着テープの予備加熱等），木材工業（乾燥，曲げ加工，木材接着等），医療用途（癌治療，加温療法，マイクロ波メス，医療廃棄物処理装置等），化学分析分野（試料前処理），製鉄所での不定形耐火物の乾燥などの分野で既に産業用装置として実用化されている。

　化学分野では，1960年代末以降，ビニルモノマーの重合（Dow Chemical, 1969）やグアニジン合成（American Cyanamid, 1980），木質バイオマスの分解（東ら，1983）などについて先駆的な研究が行われてきたが，1986年のGedyeおよびGiruereらのグループによる有機合成への応用の報告を機に多数の研究者の興味を引き，多くの論文や特許が発表，出願されてきた。また，金属精錬や無機材料の合成などの分野でも，近年，単なる誘導加熱に留まらない新しい加熱原理による材料製造の手法がいくつも発見され，基礎研究で大きな進展をみている。

　一方，化学産業でのマイクロ波の応用については，青酸や塩素化メタンの製造，ゼオライトの合成等に一部利用されたものの，実用化技術としては開発はなかなか進展しなかったが，近年，マイクロ波発振器の性能向上やアプリケータの設計技術の向上などもあり，有機合成や高分子合成，バイオ燃料，ナノ粒子製造などの分野で実用化する事例がいくつも報告されてきた。

　また，マイクロ波加熱の原理についても，単なる誘導加熱で理解が困難なケースが多見され「非熱的効果」として棚上げされてきた現象について，最近，分光学的あるいは実験の高精度化による研究や再見直しが行われ，加熱原理の解明も進んできている。

　本書は2006年にシーエムシー出版から発刊された「マイクロ波化学プロセス技術」（普及版「マイクロ波の化学プロセスへの応用」（2011年））に続くもので，主に2006年以降のマイクロ波化学技術の進展状況を中心に編集した。加熱原理や理論，物性評価，加熱装置などの進歩に加え，有機・高分子合成，無機・金属合成，プラズマ化学，環境・エネルギー分野の進展について，斯界で活躍されておられる研究者の方々に執筆をお願いした。

　昨年の震災以来，我が国のエネルギー体系の大きな見直しが行われ，また我が国の産業の空洞化が懸念されるなかで，化学品や金属製品の製造プロセスをグリーン化し，大きな省エネ効果をもたらすマイクロ波技術は，我が国の産業復活にも大いに役立つものと期待している。

　本書の出版を機に，より多数の研究者がマイクロ波化学の研究に興味を持っていただき，基礎化学の進展や新しい製造装置の開発の一助となれば，監修者として大きな喜びとするところである。

最後に，貴重な時間を割いて膨大な文献を調査，整理し，原稿の作成にあたっていただいた執筆者各位に対し深甚なる感謝の意を表するとともに，本書の出版に際して多大なご援助をいただいたシーエムシー出版の渡邊翔氏に心からお礼申し上げたい．

2012 年 12 月

竹内和彦，和田雄二

普及版の刊行にあたって

本書は2013年に『マイクロ波化学プロセス技術Ⅱ』として刊行されました。普及版の刊行にあたり，内容は当時のままであり加筆・訂正などの手は加えておりませんので，ご了承ください。

2019年11月

シーエムシー出版　編集部

――― 執筆者一覧（執筆順） ―――

竹内 和彦	㈳産業技術総合研究所　ナノシステム研究部門　主任研究員
和田 雄二	東京工業大学　大学院理工学研究科　応用化学専攻　教授
堀越 　智	上智大学　理工学部　物質生命理工学科　准教授
長畑 律子	㈳産業技術総合研究所　ナノシステム研究部門　主任研究員
河野 　巧	新日鉄住金化学㈱　新事業開発本部　開発推進部　グループリーダー，主幹研究員
佐藤 　啓	上野ゼミナール　代表取締役
田中 基彦	中部大学　工学部　共通教育科　教授
滝沢 　力	㈱エスイー　新製品開発部　担当部長
二川 佳央	国士舘大学　大学院工学研究科　教授
福島 英沖	㈱豊田中央研究所　無機材料研究室
近藤 勇太	㈱デンソー　材料技術部
佐野 三郎	㈳産業技術総合研究所　サステナブルマテリアル研究部門　環境セラミックス研究グループ　主任研究員
吉田 　睦	富士電波工機㈱　第一機器部　取締役，第一機器部部長
西岡 将輝	㈳産業技術総合研究所　コンパクト化学システム研究センター　主任研究員
小島 秀子	愛媛大学　大学院理工学研究科　教授
安田 　誠	大阪大学　大学院工学研究科　応用化学専攻　准教授
馬場 章夫	大阪大学　理事，副学長；同大学　大学院工学研究科　教授
中村 考志	㈳産業技術総合研究所　コンパクト化学システム研究センター　研究員
吉村 武朗	東京理科大学　理工学部　応用生物科学科　助教
大内 将吉	九州工業大学　情報工学部　生命情報工学科　准教授
東　 順一	大阪大学　大学院工学研究科　応用化学専攻　特任教授

滝澤 博胤	東北大学　工学研究科　応用化学専攻　教授	
福島　　潤	東北大学　工学研究科　応用化学専攻　助教	
吉川　　昇	東北大学　大学院環境科学研究科　准教授	
森田 一樹	東京大学　生産技術研究所　サステイナブル材料国際研究センター センター長，教授	
高木 泰史	信州大学　大学院総合工学系研究科	
太田 朝裕	信州大学　大学院総合工学系研究科	
清水 政宏	信州大学　大学院総合工学系研究科	
太田 和親	信州大学　大学院総合工学系研究科　教授	
辻　　正治	九州大学　先導物質化学研究所　融合材料部門　教授	
永田 和宏	東京芸術大学　大学院美術研究科　教授	
尾上　　薫	千葉工業大学　工学部　教授	
福岡 大輔	千葉工業大学　工学部　博士研究員	
成島　　隆	㈱菅製作所　SED部　研究員	
菅　 育正	㈱菅製作所　社長	
米澤　　徹	北海道大学　大学院工学研究院　材料科学部門　教授	
三谷 友彦	京都大学　生存圏研究所　准教授	
渡辺 隆司	京都大学　生存圏研究所　教授	
吉野　　巌	マイクロ波化学㈱　代表取締役社長	
塚原 保徳	大阪大学　大学院工学研究科　特任准教授；マイクロ波化学㈱ 取締役　CSO	
池永 和敏	崇城大学　工学部　ナノサイエンス学科　准教授	
天野 耕治	東京電力㈱　技術開発研究所　主管研究員	

執筆者の所属表記は，2013年当時のものを使用しております。

目　次

【第1編　現状と展望】

第1章　研究・技術開発の現状と将来展望　　和田雄二

1　はじめに …………………………………… 1
2　文献・情報の動向 ………………………… 1
3　本書の構成と各項目に対応する分野の進展と変化 …………………………………… 4
4　学会の状況 ………………………………… 5
5　将来展望 …………………………………… 7

第2章　最近のトピックス（周波数効果）　　堀越　智

1　はじめに …………………………………… 8
2　実験装置 …………………………………… 10
3　化学反応における周波数効果の特徴 …… 11
　3.1　有機溶媒に対する周波数効果 ……… 11
　3.2　異なる周波数における溶媒の誘電因子 ……………………………………… 12
4　周波数効果を利用したモデル有機合成 … 14
　4.1　5.8 GHz の有利な反応1：Diels-Alder 反応 ………………………………… 14
　4.2　5.8 GHz の有利な反応2：イオン液体の合成 ………………………………… 14
　4.3　5.8 GHz の有利な反応3：ホットスポットの制御 …………………………… 16
　4.4　915 MHz の有利な反応1：ジェミニ型界面活性剤の合成 ………………… 17
　4.5　915 MHz の有利な反応2：溶存酸素の脱気効果 …………………………… 18
5　おわりに …………………………………… 19

第3章　メタマテリアル（メタケミストリー）　　堀越　智

1　メタマテリアル …………………………… 21
2　メタマテリアルの歴史的背景と原理 …… 21
3　透明マント（クローキング）…………… 24
4　メタケミストリー（Metachemistry）… 26
5　マイクロ波化学とメタマテリアル ……… 26
6　メタマテリアルの問題点 ………………… 28
7　おわりに …………………………………… 28

第4章　実用化への道　　竹内和彦，長畑律子

1　はじめに …………………………………… 30
2　論文などの実験再現性がない？ ………… 30
　2.1　電子レンジを用いた場合 …………… 30
　2.2　マイクロ波合成装置 ………………… 31
3　本当に省エネ効果はあるのか？ ………… 35
4　実用プラントへスケールアップできるのか？　実用化例が少なく不安？ …… 36

I

第5章　化学企業のマイクロ波化学の開発　　河野　巧

1　はじめに …………………………… 42
2　マイクロ波のバルク化学品プロセスへの適用について …………………… 43
　2.1　乾燥プロセスの実用化事例 ……… 43
　2.2　吸脱着プロセスの開発事例 ……… 45
　2.3　固液反応プロセスの開発事例（バイオマスの液化） ………………… 46
　2.4　今後の展望について …………… 47
3　マイクロ波を用いた高付加価値材料の創製（ファインプロセスへの適用）について ……………………………… 47
　3.1　電子材料用のナノ粒子材料の創出 ……………………………………… 47
　3.2　今後の展望について …………… 48
4　まとめ …………………………… 48

【第2編　理論・物性評価・装置】

第1章　マイクロ波化学における特殊効果　　和田雄二

1　はじめに …………………………… 51
2　"マイクロ波特殊効果" ……………… 51
3　確実に観測されるマイクロ波の熱的効果 …………………………………… 53
　3.1　無機ナノ粒子合成における迅速加熱・内部加熱・均一加熱 ………… 53
　3.2　ナノ粒子系内均一発生の確認 …… 55
　3.3　物質選択加熱によるマルチ元素ハイブリッドナノ粒子精密合成 …… 57
4　マイクロ波特殊効果としての"非平衡局所加熱現象" …………………… 58
　4.1　固体表面上の非平衡局所加熱 …… 58
5　非平衡局所加熱によるマイクロ波特殊効果 ……………………………… 59
　5.1　固液反応で起こる化学反応促進効果 …………………………………… 59
　5.2　気固反応で起こる化学反応促進効果 …………………………………… 60
6　電子移動反応に対する促進効果 …… 63
7　さらに提案されつつある"マイクロ波非熱的効果" ……………………… 64

第2章　電磁波理論によるマイクロ波と物質との相互作用―マイクロ波化学反応機構の構築への序章―　　佐藤　啓，和田雄二

1　はじめに …………………………… 66
2　電磁場の基礎理論と振動子モデル …… 67
　2.1　電磁波 …………………………… 67
　2.2　物質の分極 P …………………… 70
　2.3　振動子モデル …………………… 71
　2.4　誘電体のエネルギー吸収 ……… 73
　2.5　物質の磁化 ……………………… 73
　2.6　強磁性体 ………………………… 76
3　マイクロ波と化学反応 ……………… 76
　3.1　平衡系から非平衡系へ ………… 76

| 4 マイクロ波と物質の内部構造との相互作用 ………………………… 78 | 5 おわりに ………………………………… 78 |
| 4.1 非熱効果の可能性 ……………… 78 | 6 補足説明 ………………………………… 78 |

第3章　マイクロ波による物質加熱の物理機構　　田中基彦

1 マイクロ波による加熱の背景 ………… 81	2.4 静磁場への依存性 ……………… 84
2 磁性体のマイクロ波加熱の機構 ……… 81	3 金属粉体のマイクロ波加熱の機構 …… 84
2.1 磁鉄鉱の加熱機構 ……………… 82	3.1 最適加熱半径，実効媒質 …… 85
2.2 加熱の温度依存性 ……………… 83	4 マイクロ波・遠赤外電磁波による水の加熱機構 ………………………………… 86
2.3 加熱の周波数依存性 …………… 84	

第4章　シミュレーション・可視化技術　　滝沢　力

1 はじめに ………………………………… 89	3.2 シミュレータによる解析例 …… 95
2 サーモグラフィー（thermography）… 90	4 感熱ゲル ………………………………… 97
2.1 サーモグラフィーとは ………… 90	5 光電界センサー ………………………… 97
2.2 サーモグラフィーによる観察例 … 91	6 簡易空間可視化センサー ……………… 98
3 シミュレータによる可視化 …………… 94	7 まとめ …………………………………… 100
3.1 シミュレータとは ……………… 94	

第5章　誘電特性・透磁特性の測定　　二川佳央

1 はじめに ……………………………… 101	3 誘電特性・透磁特性の動的測定 ……… 106
2 各測定方法の概要 …………………… 102	3.1 動的測定方法の概要 …………… 106
2.1 平行金属板法 ………………… 102	3.2 摂動法による測定 ……………… 107
2.2 線路法 ………………………… 102	4 結果 ……………………………………… 111
2.3 共振器法 ……………………… 104	5 まとめ …………………………………… 113
2.4 自由空間法 …………………… 106	

第6章　マイクロ波帯での各種固体，粉体および液体の複素誘電率，透磁率測定　　福島英沖，近藤勇太

| 1 はじめに ……………………………… 114 | 3 測定結果 ………………………………… 116 |
| 2 測定方法 ……………………………… 114 | 3.1 固体の複素誘電率 ……………… 116 |

3.2 粉体の複素誘電率, 透磁率 ……… 118
3.3 液体の複素誘電率 ……………… 121
4 まとめ ……………………………… 122

第7章　液相の誘電率測定・周波数効果　　佐野三郎

1 はじめに ………………………… 124
2 同軸プローブ法 ………………… 124
3 低温での水溶液の誘電率測定 ……… 125
4 まとめ ……………………………… 130

第8章　半導体式マイクロ波電源および反応装置　　吉田　睦

1 はじめに ………………………… 131
2 半導体式マイクロ波電源 ……… 131
3 半導体式マイクロ波電源の製品例 …… 133
4 半導体式マイクロ波電源の特徴 ……… 134
5 半導体式マイクロ波電源の大電力化 … 136
6 波動と共振器 …………………… 136
7 反応容器へのエネルギー効率 ……… 137
8 半導体式マイクロ波電源と反応 … 139
9 製品使用例 ……………………… 140
10 まとめ …………………………… 141

第9章　新しいマイクロ波反応装置の設計および各種合成反応などへの応用　　西岡将輝

1 はじめに ………………………… 142
2 シングルモードの利用について … 143
3 矩形導波管を用いたシングルモードマイクロ波反応器 …………………… 143
4 円筒型キャビティによるシングルモードマイクロ波リアクター ……………… 144
5 誘電率変化と共振周波数 ……… 144
6 発振周波数制御による均一マイクロ波制御 …………………………… 145
7 気相反応への応用 ……………… 145
8 液相反応への応用 ……………… 146
9 反応場センシング ……………… 147
10 おわりに ………………………… 149

【第3編　有機・高分子合成】

第1章　マイクロ波有機合成化学　　小島秀子

1 はじめに ………………………… 151
2 マイクロ波の非熱的効果 ……… 151
3 水中でのマイクロ波合成 ……… 153
4 ラジカル反応 …………………… 154
5 医薬品合成への応用 …………… 155
6 スケールアップ ………………… 156

第2章　マイクロ波有機金属化学　　安田　誠，馬場章夫

1	はじめに …………………… 159	6	有機亜鉛化合物の反応（根岸カップリング） …………………… 163
2	有機金属試薬の発生 …………… 159	7	オレフィンメタセシス ………… 166
3	有機ケイ素化合物の反応 ……… 160	8	縮合型炭素-炭素結合形成反応 … 167
4	有機ホウ素化合物の反応（鈴木-宮浦カップリング） ………… 161	9	反応の大スケール化 …………… 168
5	有機スズ化合物の反応 ………… 163	10	今後の展望 ……………………… 168

第3章　マイクロ波高分子合成　　長畑律子，中村考志，竹内和彦

1	はじめに …………………… 170	4	その他の応用 …………………… 177
2	ラジカル重合 …………………… 170	5	おわりに ………………………… 178
3	逐次重合 ………………………… 173		

第4章　マイクロ波化学のバイオテクノロジーへの応用
吉村武朗，大内将吉

1	はじめに …………………… 180	5	マイクロ波促進遺伝子増幅反応，PCRとRCA ………………………… 183
2	マイクロ波照射下での酵素反応 … 180	6	マイクロ波照射下での微生物の滅菌と培養 …………………… 184
3	酵素反応における反応基質，溶媒ならびに蛋白質立体構造とマイクロ波照射の関係 ……………… 181	7	微生物の細胞破砕と蛋白質回収技術としてのマイクロ波照射 ………… 185
4	マイクロ波化学によるプロテオミクス解析の高速化技術 …………… 181	8	おわりに ………………………… 186

第5章　マイクロ波の特殊効果を利用したバイオマスの有効利用
東　順一

1	はじめに …………………… 189	3.2	マイクロ波加熱法と誘導加熱法との比較 …………………… 192
2	マイクロ波の特殊効果 ………… 189	4	マイクロ波吸収材を利用した生物系資源の分解 ……………………… 192
3	外部加熱に対するマイクロ波加熱の優位性 …………………………… 190	4.1	活性炭の利用 ……………… 192
3.1	マイクロ波加熱法と水蒸気爆砕法との比較 …………………… 190	4.2	イオン成分の利用 ………… 194

5 マイクロ波の特殊効果を期待した生物系資源の分解 ………………… 195
6 マイクロ波の迅速加熱の特徴を活かした有用成分の抽出 ………………… 196
7 まとめ ………………………………… 197

【第4編　無機・金属合成】

第1章　非平衡反応場を利用したメゾスコピック組織形成と材料創製

滝澤博胤，福島　潤

1 はじめに ……………………………… 199
2 マイクロ波照射下における化学反応 … 199
　2.1 選択加熱による非平衡物質拡散 … 199
3 マイクロ波照射による物質の形態制御
　 ………………………………………… 200
　3.1 マイクロ波照射によるメゾスコピック組織形成 …………………… 200
　3.2 SnO_2-TiO_2系 …………………… 202
　3.3 ZnO-FeO_x系 …………………… 203
　3.4 マイクロ波照射によるアモルファス組織形成 …………………… 204
4 おわりに ……………………………… 205

第2章　マイクロ波加熱利用による環境・材料技術

吉川　昇

1 緒言 …………………………………… 206
2 新規マイクロ波加熱プロセスに関する基礎研究 ……………………………… 207
　2.1 酸化物の誘電率温度依存性と急速加熱 ………………………………… 207
　2.2 電場／磁場分離加熱 ……………… 208
　2.3 強磁性共鳴（FMR）加熱 ………… 210
3 新規マイクロ波加熱プロセスの応用に関する研究 ………………………… 211
　3.1 製鋼副産物（Cr含有スラグ，ステンレス酸洗スラッジ）からの有価金属の回収 ……………………… 211
　3.2 金属薄膜のマイクロ波磁場加熱による迅速熱処理 ………………… 212
4 結論 …………………………………… 214

第3章　製鉄スラグ・耐火物のリサイクル／高付加価値化

森田一樹

1 はじめに ……………………………… 215
2 マイクロ波―水熱反応による高炉スラグの改質 ……………………………… 215
3 製鋼スラグの加熱挙動と資源回収 …… 218
4 MgO系廃棄耐火物の資源化 ………… 221
5 おわりに ……………………………… 222

第4章　マイクロ波加熱を用いたカーボンナノチューブの合成
高木泰史，太田朝裕，清水政宏，太田和親

- 1　序 …………………………………… 224
- 2　実験 ………………………………… 225
  - 2.1　装置 …………………………… 225
  - 2.2　合成（一般的な合成法）…… 225
  - 2.3　物性測定 ……………………… 225
- 3　結果と考察 ………………………… 226
  - 3.1　反応温度と時間 ……………… 226
  - 3.2　最適触媒量 …………………… 229
  - 3.3　CNT の大量合成 …………… 230
- 4　結論 ………………………………… 230

第5章　マイクロ波照射下の結晶成長とナノ粒子合成
辻　正治

- 1　はじめに …………………………… 232
- 2　マイクロ波－ポリオール法による金ナノ微結晶の合成 ……………… 232
- 3　マイクロ波加熱による十面体，二十面体金・銀コア・シェルナノ微結晶の合成と成長機構 ……………… 233
- 4　おわりに …………………………… 238

第6章　銑鉄の製造
永田和宏

- 1　現代鉄鋼生産の課題 ……………… 239
- 2　マイクロ波加熱による銑鉄の製造 …… 239
  - 2.1　電子レンジで鉄を作る ……… 240
  - 2.2　炭材内装ペレットのマイクロ波加熱 …………………………… 240
  - 2.3　マルチモード型マイクロ波加熱炉による連続製銑法の開発 …… 241
  - 2.4　マイクロ波集中型加熱炉による連続製銑法の開発 ……………… 242
  - 2.5　マイクロ波製鉄炉の大型化 … 243
- 3　マグネタイトとグラファイトの発熱機構 …………………………………… 244
  - 3.1　マイクロ波帯域における誘電率と透磁率の高温測定 …………… 244
  - 3.2　酸化鉄の複素誘電率および透磁率 …………………………… 245
  - 3.3　炭材の誘電率 ………………… 246

【第5編　マイクロ波プラズマ化学】

第1章　マイクロ波プラズマの応用
尾上　薫，福岡大輔

- 1　はじめに …………………………… 247
- 2　マイクロ波プラズマ反応における3つの反応場の特徴と活用法 ………… 248
- 3　プラズマ－気相系反応への応用—メタンのスチームリフォーミング— …… 249
- 4　プラズマ－固相系反応への応用 … 250

- 4.1 固相の改質―メタンプラズマを用いた浸炭技術― ………… 250
- 4.2 固相触媒の調製―酸化チタン光触媒の調製― ……………… 252
- 4.3 固相の分解―C-H系プラスチックのケミカルリサイクル― ………… 253
- 4.4 気相プラズマ-固相触媒反応―メタンからのエチレンの合成― …… 254
- 5 おわりに ……………………………… 255

第2章　マイクロ波液中プラズマの応用　　成島　隆，菅　育正，米澤　徹

- 1 はじめに ……………………………… 257
- 2 マイクロ波液中プラズマの発生原理 … 257
- 3 マイクロ波液中プラズマを用いた材料の合成 ……………………………… 259
  - 3.1 無機ナノ粒子 ……………………… 259
  - 3.2 カーボン材料 ……………………… 261

【第6編　環境・エネルギー】

第1章　バイオマス分解・燃料化　　三谷友彦，渡辺隆司

- 1 はじめに ……………………………… 263
- 2 バイオマス分解におけるマイクロ波の有効性 ………………………………… 263
- 3 マイクロ波によるバイオマスの熱分解 ………………………………………… 265
- 4 木質バイオマスマイクロ波前処理装置の研究開発 …………………………… 265
  - 4.1 装置の概要 ………………………… 265
  - 4.2 被加熱物の誘電率測定 …………… 267
  - 4.3 3次元電磁界シミュレータを用いた装置設計 ……………………… 267
  - 4.4 プロトタイプ製作および実測評価 ……………………………………… 268
- 5 マイクロ波化学プロセスの量産化に対する方向性 …………………………… 271

第2章　マイクロ波化学プロセスのスケールアップと事業化　　吉野　巖，塚原保徳

- 1 はじめに ……………………………… 273
- 2 マイクロ波と固体触媒を用いた革新的反応系構築 …………………………… 274
- 3 マイクロ波化学反応装置スケールアップ ……………………………………… 275
- 4 マイクロ波化学プロセス制御システム ………………………………………… 276
- 5 マイクロ波化学プロセスを用いた化成品製造 ………………………………… 276
- 6 バイオディーゼル・事業化への取り組みと課題 ……………………………… 278
- 7 マイクロ波化学プロセスの展開 ……… 279
  - 7.1 グリーンケミカル（脂肪酸エステル）の合成 ……………………… 279

7.2 機能性化学品の合成 …………… 280
7.3 油分・有効成分のマイクロ波抽出
……………………………………… 280
8 おわりに ………………………………… 281

第3章　プラスチックの解重合・リサイクル技術　　池永和敏

1 はじめに ………………………………… 282
2 廃PETおよび廃FRPの解重合技術の現状 …………………………………… 282
3 マイクロ波を利用する廃PETの化学分解法 …………………………………… 283
4 マイクロ波を利用する廃GFRPの解重合 ……………………………………… 288
5 まとめ …………………………………… 290

第4章　環境汚染物質浄化技術　　天野耕治

1 はじめに ………………………………… 293
2 マイクロ波を用いた環境汚染物質浄化技術 …………………………………… 293
　2.1 土壌浄化への適用 ………………… 293
　2.2 大気汚染物質浄化 ………………… 294
　2.3 水処理への適用 …………………… 294
3 絶縁油無害化への適用 ………………… 295
　3.1 PCBの物性と用途 ………………… 295
　3.2 マイクロ波と触媒の組合せによるPCB無害化処理技術 …………… 295
　3.3 装置構成と反応成績 ……………… 296
　3.4 化学反応式 ………………………… 296
　3.5 反応速度の定式化と応用例 ……… 297
　3.6 マイクロ波効果のメカニズム解明
……………………………………… 298
4 まとめ …………………………………… 299

【第1編　現状と展望】

第1章　研究・技術開発の現状と将来展望

和田雄二[*]

1　はじめに

「マイクロ波化学プロセス技術」を刊行してから6年が経った。この6年間に関連する研究ならびに研究開発内容には多くの成果，技術が報告されている。本書は，この分野の総体的な状況を把握するとともに，個々の成果・技術の状況の具体的な進展を研究開発者間で共有するために企画されたものである。したがって，最初に大まかにこの6年間に公表された情報件数の推移を考察し，この分野における基礎研究・技術開発の大きな動向を概観する。さらに，項目選択においてどのような変化があったかを記述することで，個々の学問分野・技術の状況を大まかに把握する。最後に，日本電磁波エネルギー応用学会が毎年開催しているシンポジウムにおける発表内容を概観することにより，日本における研究動向を眺めてみよう。

2　文献・情報の動向

SciFinder Scholar を用いて，2002-2012年の間の文献・情報数の変動を調べた。図1に，"Microwaves in Chemistry" というキーワードで検索された全件数の経年変化を示す。このキー

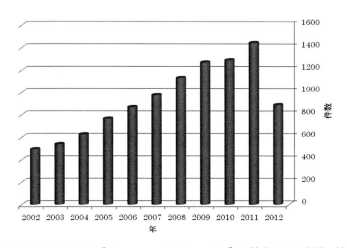

図1　SciFinder により "Microwaves in Chemistry" で検索される文献・情報数

＊　Yuji Wada　東京工業大学　大学院理工学研究科　応用化学専攻　教授

ワードでは，本書が対象とする分野だけでなく，おそらくマイクロ波分光，通信など隣接するあるいは近接する分野のものも取り込む可能性が残るが，全体動向の変化を論じるためには大きな問題は生じないことは検索された個々の内容検討により確認している。Chemistry 全体で，件数は，465 件（2002 年）から 1445 件（2011 年）に大幅な増加をしていることがわかる。「マイクロ波化学プロセス技術」（2006 年刊行）のときにも類似の調査を行った。当時のキーワードと異なるものを用いているので，単純比較はできないが，そのときの調査結果において，"Microwave Heating" "Microwave Assisted" "Micorwave Enhanced" というキーワードで検索された文献数は，2002 年でそれぞれ 360 件，398 件，213 件であるので，今回の調査結果の 465 件では，前回に比べて大きめの集合を捉えていることにはなるが，2008 年以降の年間 1000 件を超える増加傾向は間違いなく，この分野における情報数のさらに急速な増加を裏付けるデータである。

　この急速な増加傾向の中身を見てみると（図 2），当然ながら学術文献の大きな増加が文献全体の大きな割合を占め，図 1 の形はこれを反映したものであることがわかる。同じキーワードで，特許だけを選び出してみると（図 3），学術文献にやや遅れはあるが，加速的な増加を見せ，

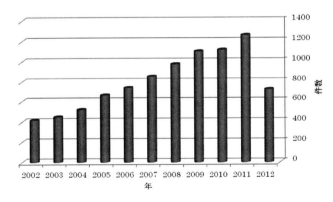

図 2　学術論文の件数推移（キーワード："Microwaves in Chemistry"）

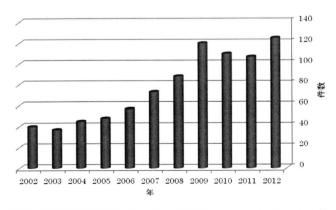

図 3　特許の件数推移（キーワード："Microwaves in Chemistry"）

第1章　研究・技術開発の現状と将来展望

2009年にピークがあるという特徴が見える。

　全文献・情報数の分野別の件数を"Microwaves in Organic Chemistry""Microwaves Inorganic Chemistry""Microwaves in Physical Chemistry""Microwaves in Materials Chemistry"それぞれのキーワードで検索し，表1にまとめた。有機化学，材料化学の件数が大きい。物理化学の件数が増えてきているのは，マイクロ波照射下で起こる種々の現象の報告から，その機構，理由，あるいは解析に関するものに研究の重点が移ってきたことを伺わせる。

　ひとつ最後に指摘しておきたいのは，中国語における関連文献・情報の増加である。日本語で報告されたものの件数は211件，ドイツ語80件，ロシア語84件，に対し，中国語のものは2623件あり，その増加は図4に示すように顕著かつ急激である。中国におけるこの分野の関心がきわめて強いことがわかる。

表1　10年間におけるマイクロ波化学関連の文献数推移

Year	Organic Chemistry	Inorganic Chemistry	Physical Chemistry	Materials Chemistry
2012	44	6	21	60
2011	72	11	41	80
2010	64	10	22	62
2009	64	16	29	53
2008	51	5	23	50
2007	79	9	24	52
2006	72	4	20	48
2005	53	11	14	41
2004	49	10	15	27
2003	32	3	19	24
2002	29	8	11	30

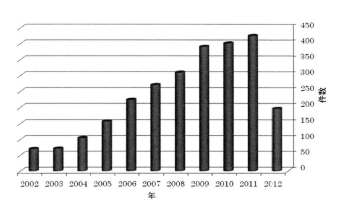

図4　中国語による文献・情報数（キーワード："Microwaves in Chemistry"）

3　本書の構成と各項目に対応する分野の進展と変化

　【第2編 理論・物性評価・装置】に対応する内容は，旧書では，【第1編 基礎技術】【第2編 機器・装置】のふたつの項目でくくられていた。本書では，研究の進展に応じて，単なるマイクロ波基礎技術から，マイクロ波特有の化学およびその関連技術の記述に重点を移した。

　最初に，【第1章 マイクロ波化学における特殊効果】を置いたのは，特殊効果に対する認識と理解が6年前と比べ，大きく変化してきたからである。続く，マイクロ波と物質との相互作用に関する記述は，マイクロ波特殊効果との関連を強く意識し，化学を専門とするものと数学・数理物理を専門とするもの，ふたりの著者が，協力しながら記述することとした。旧書では，まずは基礎的な発熱過程の記述を化学者，化学技術者に伝えることを目的としたが，今回は，マイクロ波利用が，かなり広まってきたことを踏まえ，単なる発熱過程の解釈に留まることなく，特殊効果あるいは化学にマイクロ波を用いたときに得られる特長を述べる第1章との関連を意識した【第2章 電磁波理論によるマイクロ波と物質との相互作用】を執筆した。前回では，触れていない新しい項目として，【第4章 シミュレーション・可視化技術】が重要である。電磁波の挙動を理解することは，化学にマイクロ波を用いる場合に必須との認識が現在では共有されている。以前のように，電子レンジ型のマイクロ波照射装置だけでなく，現在では，シングルモード型キャビティー，あるいは集中焦点型など種々のマイクロ波挙動を利用したマイクロ波装置が用いられるようになり，さらに電場と磁場の分離，パルス，変調など，マイクロ波の電波としての挙動をマイクロ波化学に導入してきた背景が，シミュレーション技術の重要性認識につながった。

　前書では，マグネトロンを中心とし，種々の真空管式発振器の記述に多くを割いたが，今回は，【第8章 半導体式マイクロ波電源および反応装置】【第9章 新しいマイクロ波反応装置の設計および各種合成反応などへの応用】において，半導体発振器の記述を行い，さらにマイクロ波を用いた新しい装置，反応展開の記述とした。マグネトロンは依然として，安価なマイクロ波発振器として重要であるが，高い周波数純度，制御性が得られる半導体発振器は，マイクロ波を精密な制御下において利用するこれからの研究にとって大きな魅力である。

　【第3編 有機・高分子合成】に対する内容では，前書が黎明期のマイクロ波利用有機化学をおおまかに紹介していたのに対し，特殊な個々の有用性に記述が特化してゆく傾向が見られる。有機化学にマイクロ波を利用することによる反応時間の短縮と収率，選択率の向上はもはや特別のこととして捉えるのではなく，多くの化学反応系に対して報告され，異常現象としての捉え方は落ち着いた感がある。むしろ正確な温度計測・制御の重要性，反応系の撹拌・均一性の確保等を意識した研究の重要性が共通の認識となりつつある。高分子あるいは生体・生物化学という複雑系におけるマイクロ波効果にも焦点があてられるようになった。

　【第4編 無機・金属合成】では，非平衡反応場という概念の導入が明確となった。研究進展の成果と言える。マイクロ波の選択的加熱によって起こる非平衡状態を化学反応の制御に用いるというこの考え方は，化学全般で重要であるが，特に物質輸送・拡散が遅い固体無機化学分野で顕

著に観察され，研究が進んできた。これは，メゾスコピック組織形成，材料創製，あるいは製鉄製錬において現れるマイクロ波化学の特長である。金属粒子のマイクロ波発熱現象の理解はめざましく進展し，その理論的解釈が，今回の重要な項目として含まれている。ナノ粒子合成は，大きく進展し，より精密な粒子モルフォロジー制御化学へと発展していることが読者には伝わるはずである。

【第5編 マイクロ波プラズマ化学】の項目は，前書にはなかった。プラズマ化学に含まれる化学現象は，電離状態の化学が中心となり，本書が扱うマイクロ波化学によって現れる化学反応現象とは異なる。しかし，特殊な反応場を扱う上に，マイクロ波を操る技術を含むということでは共通の地盤を併せ持っている。

【第6編 環境・エネルギー】では，すでに利用可能な技術がマイクロ波を主役として成立している。それらの成功例を俯瞰することで，他のこれから開発する技術におけるスケールアップ技術の方向が占える可能性を考えるきっかけとなれば価値がある。

以上に述べたように，本書はマイクロ波利用技術を網羅的に集めたものではなく，現在，もっともマイクロ波化学の周囲で変化しつつある内容を選ぶことによって項目が構成されている。したがって項目の選び方から，マイクロ波利用技術における新動向を読み取っていただけるはずである。

4　学会の状況

マイクロ波がかかわる化学，材料科学，処理技術，加熱技術，等を総合的に対象としている学会が，日本電磁波エネルギー応用学会である。この学会では，毎年春にシンポジウムを開催し，国内の研究者に研究発表と議論，情報交換の場を提供している。このシンポジウムは，第1回を2007年に仙台で開催し，今年は，京都で第5回を開催した。その発表数は，口頭発表が60件程度，ポスター発表が30件程度で大きな変化はないが，その内容において，マイクロ波の特殊効果を理解しようとする基礎理論・物性部門の発表数がここ数年増加し，また生体，医療応用も増加している。有機化学，無機化学，材料化学などの分野における研究は落ち着いた状態となり，興味が機構解明，プロセス化に向いてきたためと考えられる。

2012年7月には，国際会議として，2nd Grobal Conference on Microwave Energy Applications が California, Long Beach で開催された。2008年に日本電磁波エネルギー応用学会ならびに文部科学省科学研究費特定領域研究「マイクロ波励起・高温非平衡反応場の科学」との協力により大津で開催されたのが第1回であり，国際会議として定着したと言える。関連分野の研究者が4年に1度，集結して研究開発に関する情報交換を行い，将来展望を共有する場としての重要性をここに記しておきたい。

マイクロ波化学プロセス技術Ⅱ

図5 完全フローマイクロ波反応装置

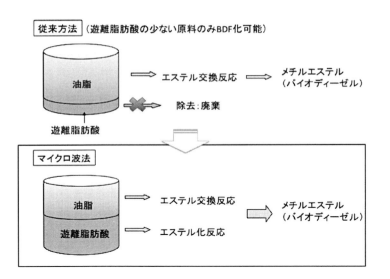

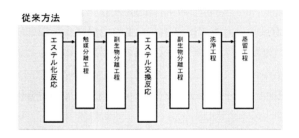
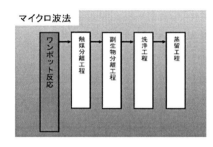

図6 マイクロ波法によるバイオディーゼル製造

第1章　研究・技術開発の現状と将来展望

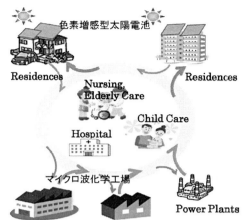

図7　再生可能な自然エネルギーを用いた化学物質製造

5　将来展望

　マイクロ波を用いた化学技術は，それぞれの分野で特徴が明らかになってきた。非平衡化学という言葉も使われている。特殊効果は，熱的な効果と非熱的な効果に分けて議論される状況にもなってきた。熱的な効果は，温度計測技術とシミュレーション技術により予測が可能な系が実現し，実際のプロセスに利用される系も出始めている。

　現在，マイクロ波を用いた物質製造プロセスとして，ふたつの例を挙げることができる。ひとつは，新日鉄住金化学によるニッケルナノ粒子合成であり，サンプル出荷段階であるが，100 nm以下のきれいな球形で粒径分布がシャープである等，品質が極めて優れており，MLCC（積層セラミックスコンデンサー）用途を主にユーザー各社で評価を受けている模様であり，近々量産段階になるといわれている。

　もうひとつの例は，マイクロ波化学㈱が試作した完全フローマイクロ波反応装置である。これは，廃食用油をメタノールとのエステル交換反応する過程をマイクロ波によって行う装置である。2000 L/Dayが可能とされている（図5）。ここでは，従来法ではできなかった遊離脂肪酸のエステル化が，油脂のエステル交換と同時にマイクロ波で可能となり，遊離脂肪酸を多く含む廃油も利用可能という大きな特長があらわれている（図6）。

　今後，エネルギーは，化石燃料燃焼，原子力から，再生可能な自然エネルギー利用にシフトする。近い未来では，これら自然エネルギー変換から得られる電力を直接マイクロ波エネルギーに転換し，これを物質製造に用いる社会インフラを作ることをひとつのシナリオとして提案したい（図7）。

7

第 2 章　最近のトピックス（周波数効果）

堀越　智*

1　はじめに

　マイクロ波を熱源とした化学反応の論文や特許は非常に多く報告されているが，その中心は迅速加熱を利用したものである。しかし，マイクロ波化学では既存の装置を用いても迅速合成を簡単に行うことができることから，原理原則を追求した例は少ない。また，研究者は普段から食品加熱を電子レンジで行っているため，単なる加熱の道具としての意識も強いと考えられる。ただ，マイクロ波加熱の特徴やマイクロ波特有の効果を理解することで，マイクロ波化学の応用範囲はさらに広がる。

　昔から化学で使用されている熱源として，オイルバス，電気ヒータ，炎，熱風，温水などが知られているが，何れも熱源に近い位置から容器を通して「対流・伝導・放射」によりサンプルを温める加熱法である。一方，マイクロ波加熱では，マイクロ波の吸収があるものだけが選択的に加熱されるため，複雑な形状の容器に入れても，迅速に均一な加熱が可能となる。また，既存の加熱法とは異なり，マイクロ波加熱では容器が温まらないため，マイクロ波の停止と共にサンプルが急速に冷える。この特性を利用し，マイクロ波の ON と OFF を繰り返すと，通常加熱で見られる熱暴走やオーバーシュートなどを起こすことなく，サンプルの温度を精密にコントロールすることができる。近年では，ラボスケールの実験で実績を挙げたマイクロ波化学合成法がスケールアップされ始めており[1]，マイクロ波加熱をベースとした化学工学的データベースの構築が急務となっている。

　マイクロ波合成装置をラボスケールからベンチスケールに大型化するために，反応（加熱）時間，サンプル量，サンプルの誘電因子，浸透深さ，撹拌速度などをもとにアプリケーター（シングルモードやマルチモード）や容器（閉鎖系や流通系）の設計が行われている。一方，多くの化学者は光化学における波長と物質の相互作用を知っているが，マイクロ波において周波数効果の検討はほとんど行っていない。この理由として，2つの問題点が研究者の興味を阻んできたと考えられる。1つ目は，マイクロ波照射装置の問題である。一般的な周波数である 2.45 GHz 以外のマイクロ波を発振できる装置は低出力で高価なものが多かった。しかし，ここ数年で数百ワットのマイクロ波を発振できる装置が世界中で安価に発売され始めており，この問題点は徐々に解決されていると考えられる。2つ目の問題点として，ISM バンド（Industry-Science-Medical）がある。通信以外で使えるマイクロ波領域の電波は ISM バンドとして各国で決められている（図

---

　*　Satoshi Horikoshi　上智大学　理工学部　物質生命理工学科　准教授

第 2 章 最近のトピックス（周波数効果）

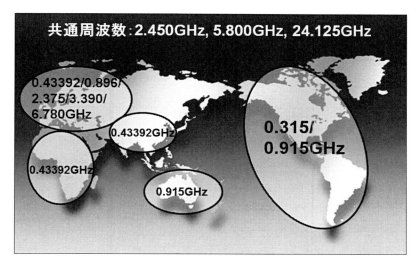

図 1 マイクロ波 ISM バンド（Industry-Science-Medical）の世界分布

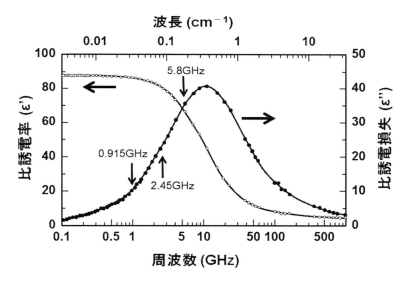

図 2 各周波数における水（25℃）の比誘電率（ε'）および比誘電損失（ε''）の関係

1）。日本における ISM バンドは 2.45 GHz, 5.8 GHz, 24.125 GHz に限られる。また，アメリカでは 0.915 GHz（915 MHz）が ISM バンドとして開放されており，2.45 GHz に比べ 0.915 GHz のほうが浸透深さ，発振器の寿命，マイクロ波変換効率の点から大型食材の解凍などに使われている。また，日本でも許可を取った 915 MHz マイクロ波照射装置が食品解凍などに使用されている。したがって，私たちは 2.45 GHz 以外の周波数でも化学反応に利用することができる。室温における水の比誘電率と比誘電損失を周波数に対してプロットした（図 2）。水の最大比誘電損失は 17 GHz 付近にあり，ISM バンドの中でも 2.45 GHz より 5.8 GHz を用いたほうが，効率的に加熱

マイクロ波化学プロセス技術Ⅱ

を行うことができる。

　本章では Microwaves in Organic Synthesis, 3nd edition[1]に執筆したマイクロ波の周波数効果について，その概略を日本語で紹介する。紙面の都合からより詳細なデータや内容は文献を参照していただきたい。また，マイクロ波の加熱メカニズムについても省略するので，こちらも文献を参照していただきたい[2]。

2　実験装置

　本実験で使用した 2.45 GHz, 5.8 GHz, 915 MHz の共振型シングルモードマイクロ波化学合成装置を図 3 に示す。本研究では物質に対する周波数の特性を比較検討するために，半導体発振器と共振構造のシングルモードアプリケータを用いた。現在，多くのマイクロ波発振器は価格やマイクロ波出力の問題からマグネトロンが使われている。しかし，半導体発振器のマイクロ波発生素子の値段はここ数年で著しく低下し，多くの有機合成では高出力を必要としないため，ラボスケールによる実験では半導体式発振器がこれからの標準的なマイクロ波発生源になると考えられる。

　半導体発振器とマグネトロン発振器から発生したマイクロ波のスペクトルを図 4 に示す。マグネトロン発振器におけるマイクロ波発生分布は 2.25 – 2.60 GHz に広がっており，2.45 GHz 以外のマイクロ波も発生していることが分かる（マグネトロン発振器の性能によってこの分布が変化することに注意する）。一方，半導体発振器から発生するマイクロ波の分布は 2.4500 GHz に位置し，その誤差は ± 0.0025 GHz である。マグネトロン発振器ではマイクロ波電力が広い周波数に

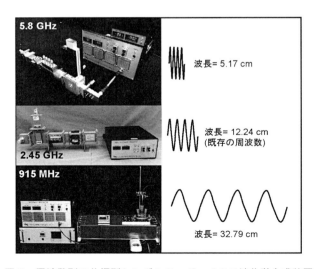

図 3　周波数別の共振型シングルモードマイクロ波化学合成装置
（上）5.8 GHz,（中）2.45 GHz,（下）915 MHz（富士電波工機㈱製）

第2章 最近のトピックス（周波数効果）

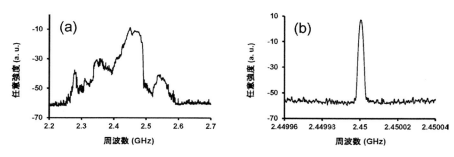

図4 2.45 GHz マイクロ波の周波数スペクトル
(a)マグネトロン発振器からのスペクトル，(b)半導体発振器からのスペクトル[3]

分散してしまうため，実際の 2.45 GHz の照射電力は著しく低下し，その周波数スペクトルは時間とともに変化する。このため発振器に表示される入力値が一定であっても，2.45 GHz の周波数位置に対する電力強度が変化することもある。この条件では，正確な比較実験が難しく，本実験には適していないと考えられる。一方，半導体発振器は，目的周波数だけをサンプルに照射することができるため，安定的なマイクロ波の照射を行うことができる。さらに，マグネトロン発振器は使用期間に応じてマイクロ波の強度が低下するが，寿命が著しく長い半導体発振器はこの問題もない。

3 化学反応における周波数効果の特徴

3.1 有機溶媒に対する周波数効果

一般的に有機合成で使われる22種類の有機溶媒（dichloromethane, diethyl ether, ethyl acetate, acetone, acetic acid, acetic acid anhydride, n-pentan, ethanol, pyridine, 1-propanol, 2-propanol, THF, methanol, DMSO, DMF, trimethylamine, ethylene glycol, toluene, xylene, cyclohexane, benzene, hexane）や水をそれぞれ石英管（管径 4 mm）に入れ 5.8 GHz および 2.45 GHz のマイクロ波加熱を行った。また，915 MHz では管径 20 mm の石英管を使用し，同様に加熱を行った。温度の測定はサンプルの上下左右における中心位置を，光ファイバー温度計（安立計器製 FL-2000）で測定した。各マイクロ波入力値として 5.8 GHz は 5 ワット，2.45 GHz は 20 ワット，915 MHz では 100 ワットに固定した。

5.8 GHz および 2.45 GHz のマイクロ波照射による各溶媒の昇温速度の差を図 5a に示す。5.8 GHz によって 10 倍以上加熱が促進した溶媒は n-ペンタン（18倍），トルエン（15倍），キシレン（12倍）であり，無極性溶媒に周波数効果が表れた。無極性溶媒はマイクロ波による加熱効率が低い溶媒として避けられてきたが，5.8 GHz マイクロ波を用いると，開放容器を用いても効果的に加熱できることが示された。さらに，5.8 GHz マイクロ波では全ての溶媒においてスーパーヒーティングが観測された[5]。特に，酢酸エチル，酢酸，1-プロパノール，DMF，THF，

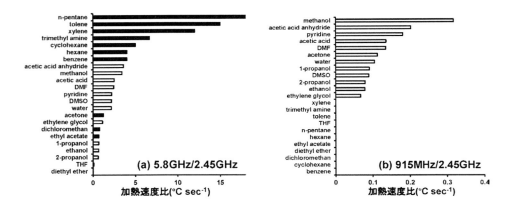

図5　一般的な22種類の有機溶媒および水のマイクロ波加熱速度比較
（白バー：極性溶媒，黒バー：無極性溶媒）
(a) 5.8 GHz と 2.45 GHz における加熱速度比較，(b) 915 MHz と 2.45 GHz
における加熱速度比較[4]

アセトン，ジクロロメタンにおいては，到達温度と沸点の差が20℃以上になった。一方，ほとんどの無極性溶媒は915 MHzによって加熱することができなかった（図5b）。

3.2　異なる周波数における溶媒の誘電因子

マイクロ波加熱効率を決定する重要な要素として，比誘電率（ε'），比誘電損失（ε''），tan δ（$= \varepsilon''/\varepsilon'$）が挙げられる。各溶媒の温度変化に伴う比誘電率（$\varepsilon'$）と比誘電損失（$\varepsilon''$）をネットワークアナライザーを用いたプローブ法で測定した[1,4]。25℃における比誘電率および比誘電損失を図6aおよびbに示す。

2.45 GHzにおける比誘電率（ε'）は 5.8 GHz より大きいことが示された。特に，DMSO，メタノール，エチレングリコール，エタノールは著しい変化が示された。比誘電率は分子の分極の度合い（分極の大きさ）を表すため，2.45 GHzの方がこれらの物質を分極させやすいことになる。文献によっては，比誘電率から加熱効率を算出しているものもあるが，比誘電率からは加熱効率を算出できないので注意する必要がある（詳細は文献2を参照）。一方，配向のロス（加熱効率）を表す比誘電損失（ε''）において，アルコール類以外は 2.45 GHz より高い値を示した。この傾向は，実際の加熱実験結果と一致した。また，5.8 GHzでは無極性溶媒のマイクロ波加熱が進行しやすいことが実験から示されたが（図5a），それらの比誘電損失はそれほど高くなく，加熱データと矛盾する。5.8 GHzによる無極性溶媒の効果的な加熱は比誘電損失からではなくマイクロ波電磁界密度が原因である。915 MHz，2.45 GHz，5.8 GHzに用いた導波管を図7に示す。2.45 GHzに比べ5.8 GHzの導波管サイズは著しく小さく，断面積から5.8 GHzの電磁界密度は2.45 GHzに比べ7.46倍高い。したがって，同じマイクロ波電力をサンプルに照射したとしても5.8 GHzは 2.45 GHz に比べ7.46倍の電力を集中して照射していることになる。915 MHzの比誘電損失（ε''）は 2.45 GHz に対して，エチレングリコール，エタノール，1-プロパノール，2-プロパノー

第2章　最近のトピックス（周波数効果）

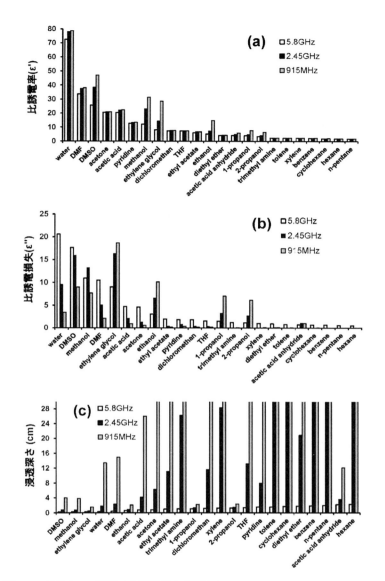

図6　一般的な22種類の有機溶媒および水の5.8 GHz，2.45 GHz，915 MHz に対する(a)比誘電率（ε'），(b)比誘電損失（ε''），(c)浸透深さ[1,4]

ルが特に大きいことが示された。

　各溶媒に対する周波数別のマイクロ波浸透深さ（電力が36.8%に低下する位置）を図6cに示す。すべての溶媒に対して5.8 GHzの浸透深さは2.45 GHzに比べ浅いことが示された。特に，無極性溶媒の浸透深さは著しく浅くなり，例えばキシレンの浸透深さは，2.45 GHzは28.32 cmであるのに対して，5.8 GHzは1.24 cmであった。一方，915 MHzではアルコール類以外（メタノールを除く）の溶媒の浸透深さは非常に深いことが算出された。

マイクロ波化学プロセス技術 II

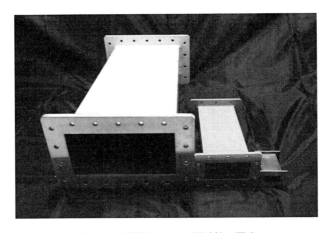

図7　各周波数における導波管の写真
（左：915 MHz，中：2.45 GHz，右：5.8 GHz）

4　周波数効果を利用したモデル有機合成

4.1　5.8 GHz の有利な反応 1：Diels-Alder 反応

5.8 GHz によるマイクロ波加熱は無極性溶媒に適していることから，キシレンおよび酢酸エチル溶媒中で Diels-Alder 反応による 3,6-diphenyl-4-n-butylpyridazine（DBP）の合成を行った。表1に反応温度および合成収率を示す[5]。5.8 GHz マイクロ波を用いることで無極性溶媒中の反応であっても 12% の合成収率が得られた。一方，2.45 GHz ではサンプルの加熱がほとんど進行せず，DBP の合成はまったく進まなかった。オイルバス加熱では 1～5% の DBP が観測されたが，5.8 GHz マイクロ波に比べ著しく低い値であった。5.8 GHz の高効率を検討するため，原料である tetrazine および 1-hexyne を 5.8 GHz で加熱した。90 秒のマイクロ波照射によって tetrazine は 120℃，1-hexyne は 83℃ に温度が上昇された。つまり使用した溶媒に比べ原料が選択加熱されたことにより合成収率が向上したと考えられる。

4.2　5.8 GHz の有利な反応 2：イオン液体の合成

イオン液体は有機合成や燃料電池などの分野で注目を集めている溶媒であるが，一般的な有機溶媒に比べ高価であることから，様々な分野への普及を妨げている。代表的なイオン液体である 1-butyl-3-methylimidazolium tetrafluoroborate（[bmim]BF$_4$）を既存法で合成するとツーステップの反応で6日間を必要とする。本研究では，マイクロ波を用いたイオン液体の簡便な迅速合成法の開発を行った。合成法を単純化するため，各原料（1-methylimidazole, 1-chlorobutane, NaBF$_4$）を一度に容器へ入れ，無溶媒下でワンステップ合成を行った。熱源として 5.8 GHz，2.45 GHz，オイルバスを用い，30分の反応時間による合成収率を測定した（表2）[6]。5.8 GHz による合成では 87% の収率が観測されたが，2.45 GHz では 28% に留まった。一方，オイルバス加

第 2 章　最近のトピックス（周波数効果）

表 1　5.8 GHz，2.45 GHz，オイルバスを用いたキシレンおよび酢酸エチル溶媒中での 3,6-diphenyl-4-n-butylpyridazine（DBP）の合成[5]

加熱源	溶媒	反応温度／℃	DBP の収率／%
5.8 GHz	xylene	122	12
	ethyl acetate	81	12
2.45 GHz	xylene	33	0
	ethyl acetate	43	0
Oil bath	xylene	135	5
	ethyl acetate	76	<1

表 2　5.8 GHz，2.45 GHz，オイルバスを用いた無溶媒ワンステップ合成による 1-butyl-3-methylimidazolium tetrafluoroborate（[bmim]BF$_4$）の合成[6]

加熱源	反応温度／℃	[bmim]BF$_4$ の収率／%
5.8 GHz	155	87
2.45 GHz	204	28
Oil bath	168	21

熱では 21% であった。マイクロ波法を用いると [bmim]BF$_4$ の合成収率を上昇させることに成功し，特に 5.8 GHz マイクロ波を用いるとより高い収率になることが分かった。しかし，反応温度は 2.45 GHz を用いることで，2.45 GHz より 54℃ 高温に達したが，合成収率は 5.8 GHz の方が 59% 高かった。この理由を，各原料の周波数に対するマイクロ波加熱効率の観点から検討した。本実験では無溶媒系で実験を行っているため，容器内の各原料は三相に分離する。マイクロ波照射下による三相の温度変化をサーモグラフィーにより観測すると，2.45 GHz マイクロ波の照射下では，1-methylimidazole 相だけが選択的に加熱されることが分かった。一方，5.8 GHz では三相が均一に加熱されることが分かった。このような熱の分布は各サンプルの誘電因子からも合致した。さらに，純粋な [bmim]BF$_4$ のマイクロ波加熱を行うと，2.45 GHz は 5.8 GHz に比べ最大で 30℃ 以上の温度上昇が観測された。これらの結果をまとめると，2.45 GHz は限られた原料だけが選択加熱され，さらに [bmim]BF$_4$ が生成するとマイクロ波加熱はこの分子に集中してしまう（サンプルは不均一系であることに注意する）。一方，5.8 GHz マイクロ波では各サンプルが均一に加熱され，[bmim]BF$_4$ が生成してもそこにマイクロ波加熱が集中することはない。これらの違いが，大きな合成収率の変化を生じさせたと考えられる。

4.3 5.8 GHz の有利な反応 3：ホットスポットの制御

固体触媒を用いたマイクロ波有機合成において，無極性溶媒中で金属触媒担持活性炭を分散させてマイクロ波照射すると，触媒だけを選択的に加熱することができる[7]。このマイクロ波特有の加熱は反応場である触媒だけを加熱することができるため，高効率で省エネな手法となる。この条件では触媒表面が高温場になり，実験条件によっては触媒表面で微視的なホットスポット（マイクロプラズマ）が発生する。筆者らはハイスピードカメラを用いてこれらの撮影に成功したが（図 8a），同時にホットスポット発生後の触媒表面は金属触媒の凝集が進行し（図 8b），合成収率も低下することを報告した[3]。したがって，マイクロ波化学で不均一触媒を利用するためにはホットスポットの制御は不可欠である。本節ではホットスポットの制御法の一つとして周波数効果を利用する例を紹介する。

モデル反応として，トルエン中に Pd／活性炭（Pd/AC）不均一触媒を分散させ，鈴木－宮浦カップリングによる 4-methylbiphenyl の合成を行った（表 3）。2.45 GHz マイクロ波電場照射下では，Pd/AC 触媒表面でホットスポットが容易に発生し，73% の収率であったが，同温度条件の 5.8 GHz ではホットスポットの発生が観測されず，84% の収率であった[1]。

各周波数によるホットスポット発生の有無は，反応系の温度分布から考察することができる。2.45 GHz では溶媒のトルエンに吸収がないため，Pd/AC 触媒が選択的に加熱される。このよう

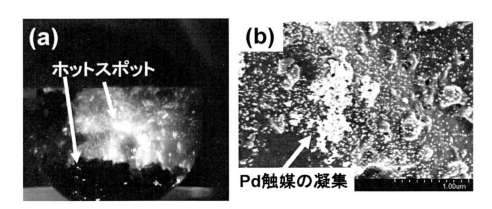

図 8 (a)ハイスピードカメラによる Pd／活性炭触媒上のホットスポット観測（マイクロ波電場照射下），(b)ホットスポット発生後の Pd／活性炭触媒表面上の Pd の凝集観測[3]

表 3 トルエン溶媒中での鈴木カップリングによる 4-methylbiphenyl の合成[1]

	反応時間	4-methylbiphenyl の収率／%
5.8 GHz	10	84
2.45 GHz	10	73

第 2 章 最近のトピックス（周波数効果）

な選択加熱はマイクロ波特有の加熱であるが，触媒と溶媒の温度勾配が大きいため，2.45 GHz 電場照射下ではホットスポットが発生しやすくなる。一方，5.8 GHz 照射下ではトルエンと触媒の両方が加熱されるため温度勾配は小さく，その結果としてホットスポットの発生が抑制されたと考えられる。また触媒の熱の拡散も防ぐことができることから，高い合成収率が得られたと考えられる。これ以外のホットスポットの制御法として，触媒担体の形状効果（同じ炭素でもカーボンマイクロコイルはホットスポットが発生しにくい）[8]や，マイクロ波の磁場加熱を行う[3]などが効果的であることを報告してきた。

4.4 915 MHz の有利な反応 1：ジェミニ型界面活性剤の合成

ジェミニ型界面活性剤は一鎖一親水基型の界面活性剤がスペーサーにより連結された二量体構造の界面活性剤の総称であり，その特殊な化学構造から既存の界面活性剤よりも，臨界ミセル濃度や表面張力の低下能に優れていることが知られている[9]。したがって，ごく少量で既存の界面活性剤と同様の洗浄能力を発揮できることから，次世代の洗剤として注目が集まっている。ジェミニ型界面活性剤の合成ではエタノール溶媒を用いることが多く，915 MHz による効果的な合成が可能になると考えられる。915 MHz および 2.45 GHz マイクロ波を用いたジェミニ型界面活性剤（C_{12}-C_2-C_{12}）の合成を行った（表 4）[10]。反応はすべて閉鎖系反応容器を用いた。比較実験として，同様の閉鎖系反応容器を用いたオイルバス加熱も行った。

915 MHz を用いた C_{12}-C_2-C_{12} の合成では 60 分間の照射で 44% の収率が観測された。一方，2.45 GHz では 29% であった。915 MHz の導波管断面は 2.45 GHz に比べ 5 倍以上大きいため，大きなサイズの反応容器を直接的に導波管に導入してシングルモード照射をすることができる。この実験では，2.45 GHz に比べ 10 倍量のサンプルを用いたが，半分以下のマイクロ波電力でもサンプルの加熱速度が 2 倍以上速いことが示された。また，合成収率も 1.5 倍効率的に生成することが分かった。アルコール系のサンプルや溶媒を用いる場合，915 MHz を用いることで容易にスケールアップができることが示された。

表 4 915 MHz，2.45 GHz，オイルバスによる C_{12}-C_2-C_{12} の合成[10]

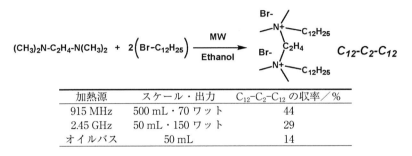

加熱源	スケール・出力	C_{12}-C_2-C_{12} の収率／%
915 MHz	500 mL・70 ワット	44
2.45 GHz	50 mL・150 ワット	29
オイルバス	50 mL	14

4.5 915 MHz の有利な反応 2：溶存酸素の脱気効果

　ウイルキンソン触媒（chlorotris（triphenylphosphine）rhodium（I））を用いた cyclohexanone から cyclohexanol への水素転移反応を 915 MHz，2.45 GHz，オイルバスを用いて行った。反応容器（500 mL）中に 2-propanol，cyclohexanone，NaOH，RhCl（PPh$_3$）$_3$ 触媒を入れ，パスツールピペットまたは軽石式バブラーで溶液をアルゴンバブリングした。パスツールピペット先端から出るアルゴンの気泡は大きく，反応溶液を十分に脱気することができない。一方，軽石式バブラーでは溶存酸素を完全に脱気できることが予備実験で確認された。パスツールピペットによる脱気法（脱気不十分）による合成実験では，オイルバスに比べ 915 MHz マイクロ波法は 3.3 倍，2.45 GHz は 3 倍の cyclohexanol が観測された（表 5）。一方，完全に脱気を行った溶液では，オイルバスに比べマイクロ波法は高い合成収率を示したが，不完全な脱気のサンプルに比べその差はあまり開かなかった。また，脱気を不十分におこなった実験では，反応後のサンプルの色に違いが出た。初期に薄い黄色であった溶液は，オイルバス加熱によって濃い茶色に変化した。一方，脱気を十分に行ったオイルバス加熱では濃い茶色の着色は示されなかった。

　ウイルキンソン触媒を用いた cyclohexanol の合成メカニズムを図 9 に示す[11]。既存の反応はルート 1 のように進行するが，酸素存在下ではルート 2 の反応になるため触媒が酸化失活してしまう。酸素をバブリングした反応溶液からも同様な濃い茶色に溶液の色が変化することから，脱気を不十分に行ったサンプルのオイルバス加熱では，触媒が溶存酸素により失活したため低い合成収率が観測された。一方，同様に脱気が不十分である溶液中でマイクロ波による合成を行うと，触媒の失活はほとんど観測されなかった。

　マイクロ波による溶存酸素の脱気効率を検討するため，イオン交換水中のマイクロ波加熱による溶存酸素濃度の変化を加熱時間に対してモニターした。比較として，オイルバスによる加熱も同条件で行った。イオン交換水を 60℃ に加熱するとヘンリーの法則に従い溶存酸素の溶解度が減少するが，オイルバスに比べ，915 MHz マイクロ波では 2.9 倍，2.45 GHz では 2.7 倍の脱酸素が進行した。オイルバス加熱における脱酸素量は，化学便覧値と一致した。しかし，マイクロ波加熱を用いることで脱酸素効率がより促進し，酸素を嫌う化学反応でも溶存酸素が邪魔をするこ

表 5　ウイルキンソン触媒を用いた溶存酸素存在および無存在下における cyclohexanol の合成[11]

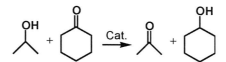

加熱源	cyclohexanol の収率／%	
	脱気不十分	脱気十分
915 MHz	41.2	86.4
2.45 GHz	37.2	82.2
Oil bath	12.6	81.2

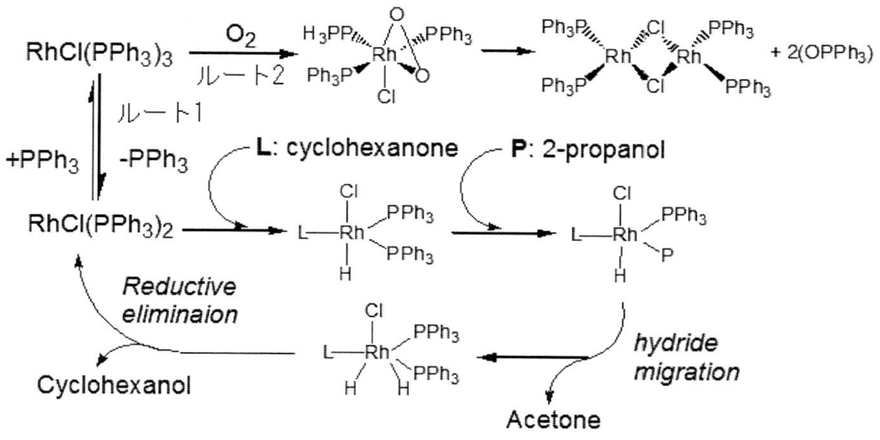

第2章　最近のトピックス（周波数効果）

図9　ウイルキンソン触媒による合成メカニズム（ルート1）および酸素による触媒失活のメカニズム（ルート2）[11]

となく合成が進行することが示された．また915 MHz周波数を用いることで，浸透深さの観点から均一加熱が進行し，より脱酸素が進行したと考えられる．

5　おわりに

　ここ十年の間で，マイクロ波化学は著しい進歩を遂げてきた．電子レンジを改造して実験を行っていた研究者は，マイクロ波化学専用の装置に切り替えることで，安全性・再現性・マイクロ波電力制御性・温度や圧力の制御性が著しく向上し，本格的な合成例の体系化とスケールアップの可能性を探る研究にチャレンジしてきた．また，次の段階では電磁波であるマイクロ波を制御することで更なる高効率化が検討されている．その一環として，通信技術として培われてきた高精度（位相や周波数）なマイクロ波を化学反応へ利用しようとする試みが始まっている．マイクロ波周波数効果の特徴を理解し，反応系に合わせて周波数を使い分けることができれば，様々な革新的な化学プロセスのアイディアが出てくることは間違いない．装置メーカーは，より安価で高出力なマイクロ波化学反応装置の開発を，研究者は周波数効果の事例を増やす必要がある．マイクロ波化学は単なる代替え熱源としての存在ではなく，ゲームチェンジングテクノジーを目指す必要があり，周波数効果を支配した化学プロセスの構築は，そのキーテクノロジーになると考えられる．

謝辞
　この一連の研究を行うにあたり，多くの大学や企業の研究者の協力のもとで続けることができました．また，実験結果は学生諸君の努力の賜物です．ここに記して謝意を表します．

文　　　献

1) S. Horikoshi, N. Serpone in: Microwaves in Organic Synthesis, 3nd edition, Eds. A. de la Hoz and A. Loupy, Wiley-VCH Verlag, GmbH, Weinheim, Germany (2012)
2) 堀越智，谷正彦，佐々木政子，図解よくわかる電磁波化学（マイクロ波化学・テラヘルツ波化学・光化学，メタマテリアル）日刊工業新聞社 (2012)
3) S. Horikoshi *et al.*, *J. Phys. Chem. C*, **115**, 23030 (2011)
4) S. Horikoshi *et al.*, *Radiation Phys. Chem.*, **81**, 1885 (2012)
5) S. Horikoshi *et al.*, *Org. Proces. Res. Develop.*, **12**, 257 (2008)
6) S. Horikoshi *et al.*, *Org. Proces. Res. Develop.*, **12**, 1089 (2008)
7) Y. Suttisawat *et al.*, *Inter. J. Hydrogen Energy*, **37**, 3242 (2012)
8) S. Horikoshi *et al.*, *J. Catal.*, **289**, 266 (2012)
9) F. M. Menger, J. S. Keiper, *Angew. Chem. Int. Ed.*, **39**, 1906 (2000)
10) S. Horikoshi *et al.*, *J. Oleo Sci.* (2012) in press.
11) S. Horikoshi *et al.*, 投稿予定

第3章 メタマテリアル（メタケミストリー）

堀越　智*

1　メタマテリアル

　2006年に「ハリー・ポッターの透明マントを科学で開発」という発表があり，世界中がメタマテリアルに注目した。ここ数年の間，メタマテリアルという言葉は様々な学協会の講演会でよく聞くキーワードである。「メタ」とはギリシャ語の「beyond（～を超えた）」という意味から取られた言葉で，メタマテリアルとは「通常の物質を超えた物質」という意味になる。最近では，電磁メタマテリアルという言葉がよく使われ，電磁波の波長よりは十分小さく，しかし原子・分子よりは大きな構造に由来した，自然界の物質ではありえない電磁応答を指す物質である。自然界の物質ではありえない電磁応答と聞くと，宇宙から飛来した新物質をイメージするが，実際には自然界にある材料で意図的に誘電率と透磁率を制御し，その結果として屈折率をコントロールできる物質（構造物）のことである。光化学やマイクロ波化学では電磁波によって物質や材料を制御するが（電磁波化学），メタマテリアルは物質や材料で電磁波を制御する，いわば逆の発想になる。本章では，文献1の内容から，マイクロ波領域のメタマテリアルについて概説する。また，新しい分野であるメタケミストリーについても触れる。

　電磁波による誘電体（絶縁体とほぼ同義語）の分極とは，全ての波長の電磁波に起こる共通の現象であり，波長のサイズによって物質内部で生じる（共鳴）分極のサイズや振る舞いが異なる。例えば，紫外光が物質に照射されると電子と原子核レベルで分極が進行し，赤外光領域ではイオンや分子内の官能基レベルで分極が起こる。マイクロ波領域では，永久電気双極子を有する誘電体分子の集団に対して分極が進行する[1]。この電気分極の大きさを表す定数として誘電率（ε）が使われる（物質に電場をかけた際の電束密度の大きさ）。物質の誘電率（ε）と真空中の誘電率（ε_0）の比を比誘電率（ε_r）として表す（$\varepsilon_r = \varepsilon/\varepsilon_0$）。一方，電子は原子核の周りを自転（スピン）しており，周囲に磁場を生成する。磁気双極子モーメントを有する物質に，外部から磁場を加えると分極が生じ，これを透磁率（μ）と言う。比誘電率と同様に，物質の透磁率と真空中の透磁率（μ_0）の比を比透磁率（μ_r）として表わすことができる（$\mu_r = \mu/\mu_0$）。

2　メタマテリアルの歴史的背景と原理

　1964年頃にヴィクトル・ベセラゴ（ロシア）によって，透磁率（μ）および誘電率（ε）が負

---

*　Satoshi Horikoshi　上智大学　理工学部　物質生命理工学科　准教授

の物質（ダブルネガティブ）の可能性を理論的に証明し，このような物質は自然界にはないことを報告した。ベセラゴは，負の透磁率と誘電率を持つ物質は，負の屈折率を持つことを予測した。屈折率は私たちが物を見るときに，どのように見えるかを決定する重要な因子である。例えば，光の屈折率をコントロールできる道具として光学レンズが知られている。また，蜃気楼も密度の異なる大気の中で光が屈折し，錯覚が起こる現象である。より身近な現象として，水に入れたストローも，斜め45°から中をのぞくと，ストローが水面から少しずれて見える。これは，水の屈折率1.3334と空気の屈折率1.0003の差（45°から約33°に変化）によるものである（図1左）。一方，可視光に応答し，水の真逆の屈折率を持つメタマテリアル溶液にストローを入れ，上からのぞくとストローは歪んで見える（図1右）。これは，空気とメタマテリアルの界面で-33°に角度が変化するためである。実際のコップの中のストローの様子を図2に再現した。水に入れたストローは，水と空気の屈折率の違いから若干ずれて見える程度であるが（図2a），水の代わりにメタマテリアル溶液を入れると，ストローは歪んで見える（図2b）。ストローをメタマテリアル溶液から取り出すと，真っ直ぐなストローに戻る（ストロー自身が曲がるわけではない）。このような負の屈折率をレンズに応用するアイディアがあり，そのレンズを「パーフェクトレンズ」と

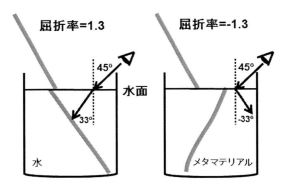

図1　コップの中のストローのイメージ図
（左）正の屈折率による水中のストローのズレ，（右）負の屈折率によるメタマテリアル中のストローの様子（逆に曲がって見える）

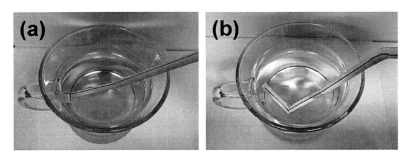

図2　(a)水に入れたストローの様子，(b)メタマテリアル溶液に入れたストローの様子（実際にはメタマテリアル溶液を使っていないことに注意）

言う。一般に，人が感知できる光（可視光）の波長は約400～700 nmであり，その波長よりも小さなものは見ることができない。しかし，パーフェクトレンズを使えば，可視光より小さな物質を電子顕微鏡に頼らなくても見ることができるため，化学，生体医療，ナノテクノロジーなどの分野で活躍できると期待されている[1]。

屈折率と比誘電率や比透磁率の関係について図3にまとめる。すべての電磁波の屈折率（n）は$n = \sqrt{\varepsilon_r}\sqrt{\mu_r}$で算出することができる。一般的に比誘電率や比透磁率が正の物質（自然界の物質）を右手系材料（右手系媒質）と表現する。右手系媒質の言葉の由来は，物質（材料）中を電磁波が伝播する際に右手の中指が電磁波の進む方向を，親指が電場の向き，人差し指が磁場の向きとなることから，右手系材料と表現する（図4左）。比誘電率や比透磁率は物質特有の値を持っており，周波数によっては温度や周波数で大きく変化する。例えば，マイクロ波（2.45 GHz）における水の比誘電率は温度を上げると減少する（図5a）。また，数～数十GHzの電波領域では特に大きな変化がある（図5b）。さらに，金や銀の比誘電率は周波数帯によって負の値を示す。一

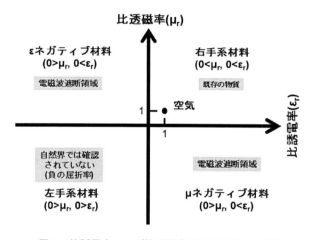

図3　比誘電率および比透磁率の正負の対する分類

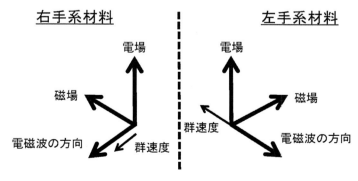

図4　右手系材料および左手系材料中の電磁波の伝播と電場と磁場の方向

マイクロ波化学プロセス技術Ⅱ

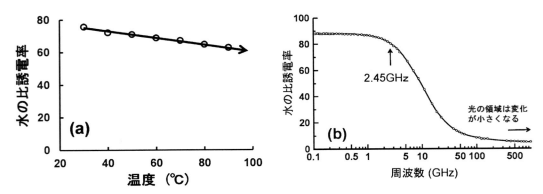

図5 水の誘電率に対する(a)温度依存（周波数 2.45 GHz）および(b)周波数依存（0.1 GHz～1000 THz）

方，ベセラゴが予想した比誘電率や比透磁率が同時に負の値を持つ物質（ダブルネガティブ）は，左手系材料（左手系媒質）と呼ばれる。左手の中指が電磁波の進む方向を，親指が電場の向き，人差し指が磁場の向きとなる。左手系材料では屈折率が正から負に逆転し，群速度（波の移動する速度）が波ベクトルと逆になるような異常な特性を示す（図4右）。電磁波の屈折率（$n=\sqrt{\varepsilon_r}\sqrt{\mu_r}$）を算出するとき，誘電率や透磁率のどちらか一方が負であった場合，屈折率は虚数となるため，この物質に電磁波を照射しても物質に侵入することはできない（図3の遮断領域）。透磁率と誘電率の両方が正の場合は n>0 となり，これは自然界に存在する多くの物質の屈折率を指す。一方，両方が負の場合 n<0 となり，負の屈折率を持つが屈折率は実数になるため電磁波は物質に侵入することができない。ベセラゴが考えた負の屈折率の物質はこの領域を指す。このような物性を持つ材料は自然界にないとされ，人工的に作る必要がある。

3 透明マント（クローキング）

　比誘電率や比透磁率を負にコントロールできる人工磁性体や人工誘電体のアイディアは，ジョン・ペンドリー（イギリス）によって，2000年ごろ発表された。人工磁性体はスプリットリング共振器（SRR：sprit ring resonator），人工誘電体はワイヤ形状の金属で試作された（図6）。また，デビッド・R・スミス（アメリカ）とペンドリーらは，この SRR とワイヤを規則的に並べ，ある一定方向からのマイクロ波に応答するメタマテリアルを 2000 年に試作した。

　さらに，2006 年にはスミスとペンドリーらによって，図7aのようなリング状のメタマテリアルが提案された。グラスファイバー製のリングが10個同心円状に並び，リングには細い銅線で約3ミリメートル角の幾何学模様が描かれている。化学者はメタマテリアルというと材料をイメージするが，センチメートルの波長を有するマイクロ波領域の電磁波では，このような構造物がメタマテリアルとなる。グラスファイバーにプリントされた銅の模様が共振構造となり，電磁波を制御する。このメタマテリアルにマイクロ波を照射すると，メタマテリアルを迂回するよう

24

第3章 メタマテリアル（メタケミストリー）

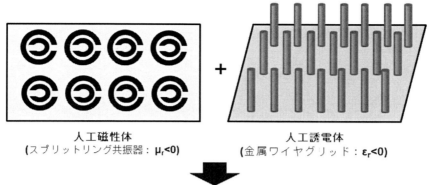

図6 ペンドリーによって提案された人工磁性体（スプリットリング共振器）および人工誘電体（金属ワイヤグリッド）

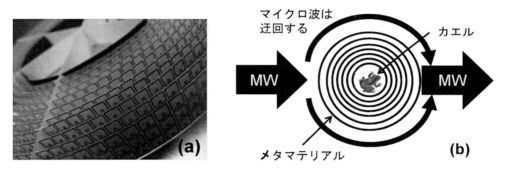

図7 (a)マイクロ波領域の透明マントとして発表されたメタマテリアル（大きさ：12.7 cm）（http://people.ee.duke.edu/~drsmith/）(b)メタマテリアルによってマイクロ波が迂回する様子

にマイクロ波は進行する。例えば，このリングの中心にカエル（物体）を置いてマイクロ波を側面から照射しても（図7b），照射されたマイクロ波はリングの外周を迂回して後方に抜けてしまう。したがって，マイクロ波を照射してもカエルに照射されることはない。

もし，可視光領域に対応できるメタマテリアルでマントを作り，カエルを囲んだとする。前方や後方からの光はメタマテリアルを迂回してしまうため，カエルの影や光の反射は進まず，それを見た人は，そこに何もないような錯覚を起こす（図8aおよび8b）。また，そのメタマテリアルマントを透明な素材で作ったとしても，光が透過できないため，中にいるカエルは，闇の中にいると錯覚する。このような現象は，メタマテリアルの分野で，クローキング（Cloaking）と言われ，最も話題を集めた現象である。クローキングは，全ての電磁波において発現することから，様々な産業応用が検討されてきた。

25

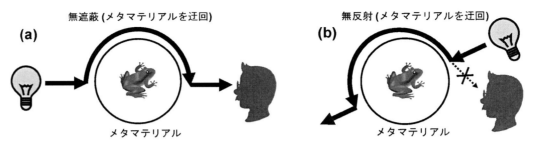

図8 メタマテリアルによるクローキング
(a)直進光の無遮蔽による光の回り込み，(b)反射光の無反射による光の回り込み

4 メタケミストリー（Metachemistry）

　メタマテリアルについて調べて行くと，化学で使う用語に似た言葉がたびたび出てくる。「メタ」はベンゼン環に2つの置換基があるときに位置を表す言葉で，オルト（直近），メタ（その次），パラ（反対）というギリシャ語になる。また，メタマテリアルのユニットを表す，メタアトムという用語は分子を構成する原子をイメージさせ，右手系や左手系などは異性体で使われる用語と同じである。化学になじみのある用語を使ってきたメタマテリアルであるが，物理や電気を理解しなければこれを理解することは難しく，化学者の興味を遠ざけてきた。そのため，化学分野ではメタマテリアルに注目した研究は少なく，これから進展する分野であると考えられる。例えば，Metamaterial および Chemistry をキーワードとした SciFinder による論文検索（図9）から，化学をキーワードとしたメタマテリアルの研究が非常に少ないことが分かる。また，これらの多くの論文では，実際にメタマテリアルを化学反応で合成した例はなく，そのほとんどが将来メタマテリアルとして使用できる材料を提案していることが多い。筆者は2011年より化学的アプローチからメタマテリアルの研究を広めるため，日本電磁波エネルギー応用学会内にメタケミストリー部会を新設した。ここ数年の間で，このような化学者によるメタケミストリーへのアプローチは外国でも行われている。例えば，EU 諸国では Seventh Framework Program（FP7）主導のもとで，5つの大学と4つの研究所が主体となり，2011年より研究がスタートしている。次の節では，メタマテリアル分野における化学者の役割について触れる。

5 マイクロ波化学とメタマテリアル

　マイクロ波領域の電磁波に対するメタマテリアルの研究報告は非常に多いが，そのほとんどがメタマテリアルを電波のアンテナに利用する研究である。一見すると，マイクロ波化学とメタマテリアルの関係はないと思われるかもしれない。しかし，両方の特徴を見比べると，マイクロ波化学はメタマテリアルに利用できることが分かる。

第3章　メタマテリアル（メタケミストリー）

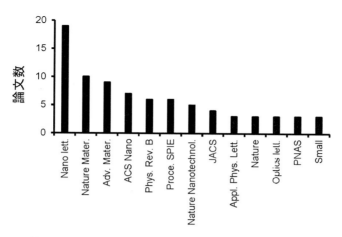

図9　Metamaterial および chemistry をキーワードとした
SciFinder（2012年）による論文検索

　マイクロ波領域のメタマテリアルでは，図6aのようにトップダウン法でも作ることができるが，より波長の短い光領域に対するメタマテリアルでは数十ナノメートルサイズのSRRやワイヤ共振器が必要となるため，ボトムアップ法（原子や分子から材料を作る微細組立技術）が有効である。特にマイクロ波を用いたボトムアップ法では，高品質な金属ナノ粒子（金属ナノ材料）を合成することができるため[2,3]，積極的に利用する必要がある。金属ナノ粒子はバルク金属とは異なった磁気特性を有するため，これらの自己集合による構造物が，光領域におけるSRRの構築につながると考えられる。また，無機誘電体と金属の特殊配向を持った積層構造物なども[1]，光領域のメタアトムとして使うことができ，これについてもマイクロ波化学合成法を利用することができる。さらに，有機無機ハイブリット材料などの形態制御についてもマイクロ波化学が得意とするところである。このように，マイクロ波化学による材料プロセッシングはメタマテリアルの構築を行うために重要な手法であることは間違いない。このような手法で，ナノレベルのメタマテリアルを構築できれば，触媒に応用することができる。すなわち，メタマテリアル構造によって自在に屈折率を制御できれば，光触媒，熱触媒，マイクロ波触媒などの触媒能を著しく向上させることができる。例えば，メタマテリアル構造の光触媒により紫外線を活性点に集光できれば，量子収率を著しく向上させることができる。また，既存の太陽電池をメタマテリアルで構成できれば，高い光エネルギー変換率を達成でき，再生可能エネルギーの普及に拍車がかけられると考えられる。
　マイクロ波照射装置に対してもメタマテリアルを利用することができる。一般的に，マイクロ波をサンプルに集光させるには，共振構造のアプリケーターを用い，様々な機器で位相を揃える必要がある。しかし，サンプルの誘電物性やサンプル温度が変化する実験装置では，連続的な定在波の維持のため，その都度の調整が必要となる。導波管先端にメタマテリアル構造のアンテナを接続し，照射されたマイクロ波の屈折率を変え，集光させることができれば，マイクロ波をサ

27

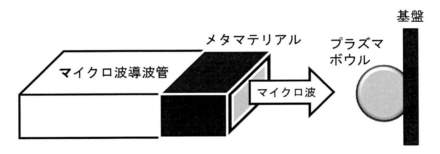

図10　メタマテリアル導波管（マイクロ波）を用いた空間中でのプラズマボウル生成

ンプルへ集光照射できるため効率的なマイクロ波加熱を提案できる。さらに，このような装置を応用すればマイクロ波プラズマなども空間中で起こすことができるため（一種のプラズマボウル），サンプル近傍でプラズマを発生させることができる（図10）。寿命の短いプラズマなども積極的に産業利用ができる。

6　メタマテリアルの問題点

メタマテリアルを様々な実用分野で利用するには，いくつかの問題点を克服する必要があると筆者は考える。例えば，メタマテリアルは，図4aのようなパターン化された規則構造の金属の共振構造（ハードメタマテリアル）が多く，それを複雑な形状物の表面にコーティングして使用することは難しい。塗布するだけで使用できる不均一メタマテリアル（ソフトメタマテリアル）の開発を行う必要がある。また，メタマテリアルに使用する材料の電磁波吸収特性も問題である。安価で低い吸収特性を持った材料を開発する必要がある。

7　おわりに

筆者がマイクロ波化学の研究を始めたころ，化学的視点から参考にできるマイクロ波の文献は少なかった。また，マイクロ波の専門書は方程式が並んでおり，実用的な情報を得ることができなかった。したがって，マイクロ波装置メーカーの技術者に毎週のように質問をさせていただきながら試行錯誤を行い，実験を進めた記憶がある。一方，メタマテリアルに世界中の注目が集まってから10年が経過したが，化学的センスでメタマテリアルの研究を展開している文献は少ない。この状況は筆者がマイクロ波化学を始めたころとよく似ている。マイクロ波化学は，市販のマイクロ波化学合成装置が各社から販売された2000年以降に急激な発展が進み，現在では化学合成の道具として多くの研究現場で使われている。メタマテリアルも，ある研究や材料がトリガーとなり様々な分野へ広がることが予想できる。このキーとなる研究には，固定概念にとらわれない化学者の自由な発想が重要であると思う。本章が，マイクロ波化学の研究者がメタマテリ

第 3 章　メタマテリアル（メタケミストリー）

アルに興味を持っていただくきっかけになれば幸いである。

文　　　献

1) 堀越智，谷正彦，佐々木政子，図解でよくわかる電磁波化学（マイクロ波化学・テラヘルツ波化学・光化学，メタマテリアル）日刊工業新聞社（2012）
2) S. Horikoshi, N. Serpone (Eds.), Microwaves in Nanoparticle Synthesis- Fundamentals and Applications, Wiley-VCH Verlag：Weinheim, Germany, 2013 will be publish.
3) 鷲見卓也，堀越智，色材協会誌，**85**(8)，327-338（2012）

第4章　実用化への道

竹内和彦[*1]，長畑律子[*2]

1　はじめに

マイクロ波をエネルギー源とする加熱装置は，Spencer のマイクロ波加熱現象の発見直後から幅広く検討され，1945 年に電子レンジの特許出願[1]とその商品化に続き，食品分野，乾燥分野，高分子加工，セラミックス・窯業分野，ゼオライト合成，青酸（HCN）や塩化メタン類（CH_nCl_{4-n}）の合成，マイクロ波プラズマ，廃棄物処理，分析化学，医療分野等で既に工業化され，広く利用されてきた。また，有機合成化学や高分子合成，無機材料合成，粉末冶金等への新しい分野への応用についても活発な研究が行われ，既に数千にのぼる論文発表や特許出願がなされている。

有機合成化学分野では，1986 年に Gedey らおよび Geuere らの報告[2]を契機として，多数の研究が行われ[3]，その一部が比較的小規模な生産装置として工業実施されるなど，近年ようやく実用化への機運が高まってきたところと言える。しかしながら依然としてマイクロ波化学プロセス実用化への課題や誤解も見受けられることから，これらの課題・誤解を整理し，大量合成への展開やこれまでにない新しい製造装置としての用途開発へ繋げる一助としたい。

マイクロ波の化学プロセスへの応用について，化学プロセス開発に携わる研究者等からしばしば以下のような感想を耳にすることがあった。

(1) 論文などのデータの実験再現性がない？
(2) 本当に省エネ効果はあるのか？
(3) 実用プラントへのスケールアップできるのか？　実用化例はあるか？

これらの疑問への回答の一つとして以下に検討を試みる。

2　論文などの実験再現性がない？

マイクロ波化学合成を始めようと各種文献の追試を試みるも，論文の実験結果が再現できない，あるいは自分で行っているマイクロ波合成に再現性が乏しく，信頼のあるデータが得られない，などの話をよく聞く。この原因について考察する。

2.1　電子レンジを用いた場合

マイクロ波化学がスタートした1980年代中頃から，実験装置として主に安価な市販の電子レ

[*1]　Kazuhiko Takeuchi　㈱産業技術総合研究所　ナノシステム研究部門　主任研究員
[*2]　Ritsuko Nagahata　㈱産業技術総合研究所　ナノシステム研究部門　主任研究員

ンジが用いられてきた。電子レンジは主に 2.45 GHz のマグネトロンを発振器としたマイクロ波加熱装置で，家庭用では 500〜1000 W 程度，コンビニエンスストアや厨房機器等の業務用では 1500〜3000 W 程度の装置が用いられている。電子レンジは食品を衛生的かつ短時間に加熱し，しかもガスや電気ヒーター等の通常の加熱法に比べ著しいエネルギー節約効果を示すことが知られている[4]。

電子レンジは食品の加熱専用に製造されており，特に家庭用製品ではコスト低減のため安価なマグネトロンを使用しており，発振周波数や出力が時間とともにかなり変動することが知られている。また，電子レンジの加熱部は金属板で覆われているため，マイクロ波が庫内で定在波となり，電磁界の濃淡が生じるため，ターンテーブル等で被加熱物を庫内で移動させ加熱の平均化を図っている。また，通常マイクロ波を出力一定で照射し，照射時間により加熱の程度を決めている。このように電子レンジ内での定在波のエネルギー最大位置が不明（必ずしも庫の中心が最大というわけではない）で，かつ被加熱物の存在により定在波の分布が刻々と変化している。このような状況での実験に再現性を求めることは難しい。

また，電子レンジを用いた初期のマイクロ波合成の実験では，反応後（マイクロ波照射後）取り出した被加熱物の温度を測定し実温を推測する，溶媒の沸点をもって反応温度とする，熱電対や赤外放射温度計で測温するなどの例が多数見られた。実測していない温度はそもそも信頼性に乏しく，またマイクロ波照射下では過熱作用により溶媒の沸点以上に過熱される現象がみられ[5]，温度の指標とするには注意が必要である。

熱電対はそれ自身がマイクロ波で加熱されるため，使い方によっては実温度と大きな差が出ることがある。また，赤外放射温度計は加熱物の表面のみの温度を測温しているので，しばしばフラスコ内部の温度とは大きな差を示すことがある。表面放射率の評価とともに，実際の反応系で頻繁に校正する必要がある。

このような状況を受けアメリカ化学会発行のジャーナルでは電子レンジを用いた研究報告を受理しないとするところも出てきた[6]。

メーカーは原則として電子レンジを食品の加熱以外に使用することを認めてはいない。よってこれを化学反応に用いることにより様々な弊害があることは事前に十分認識しておく必要がある。また，電子レンジの天板を加工し，冷却装置を備えたフラスコの加熱も可能とするなど，様々に工夫された装置も報告されているが，電波漏洩の危険もあり，また再現性のある実験結果を得ることは困難である。

2.2 マイクロ波合成装置

2000 年以降，様々なマイクロ波合成専用の装置が開発・上市され，実験の精度が大きく改善されてきた。一方，専用合成装置もメーカー，型式などによって反応性に大きな差がみられることが多々あり，装置の特性，温度計測法，容器の材質・形状，攪拌法など，個々の反応に合わせた実験条件を探ることが再現性ある実験を行うための重要なファクターとなっている。

マイクロ波化学プロセス技術Ⅱ

　まず，専用のマイクロ波合成装置の使用に際しても，再現性ある実験に温度計測は非常に重要で，マイクロ波の影響を受けない蛍光ファイバー温度計を用いるのがもっとも好ましい。この他，熱電対や赤外放射温度計を用いることも可能であるが，使用法によっては実際とは大きな差が出ることがあり，原理を知って正しく使用することが重要である。

　蛍光ファイバー温度計は石英製光ファイバーの先端に極薄の蛍光物質を接着し，これに光ファイバーを通してパルス光を照射すると，温度に応じて蛍光の減衰が大きく変化することを利用した測温法で，電波の影響を受けないのでマイクロ波照射下でも正確な温度計測ができる。

　一方，熱電対は2種類の金属細線を金属製鞘に収めたもので，異種金属の接点での起電力が温度に依存することを利用した測温法で，安価・簡易な温度センサーとして広く用いられている。しかし熱電対はそれ自体がマイクロ波のアンテナとなり加熱される。特に細い金属鞘の熱電対は加熱されやすい。例えば，直径1.6 mmΦのK-A型熱電対と蛍光ファイバー温度計を50 mlの1,4-ブタンジオール（フラスコ容量100 ml）に浸漬（センサー先端部はほぼ同一箇所）し，マイクロ波照射下での温度を比較したところ，マイクロ波照射中は熱電対が最大約10℃高い温度を示し，照射を停止すると同じ温度となった（図1）[7]。よって，熱電対を用いる場合は太目（3 mmΦ以上）の熱電対を用い，熱電対からの発熱を十分周囲に拡散できるよう反応溶液に十分浸して加熱する等の注意が必要である。また，反応アプリケータ外へ電波が漏洩する危険性もあるので十分なシールドを施す必要がある。

　赤外放射温度計は物体表面から放射される赤外線エネルギーの分布が温度に依存することを利用した測温法で，比較的安価でかつ被加熱物に非接触で測定できることからマイクロ波化学でも広く用いられている。しかし，物体の表面のみの温度を測定しており，必ずしも反応系全体の温

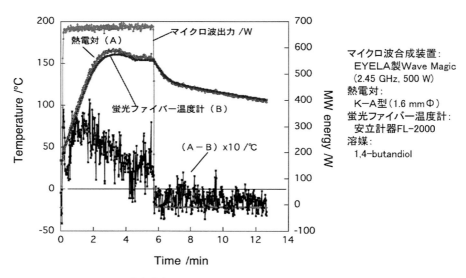

図1　蛍光式光ファイバー温度計と熱電対との計測温度差

第4章　実用化への道

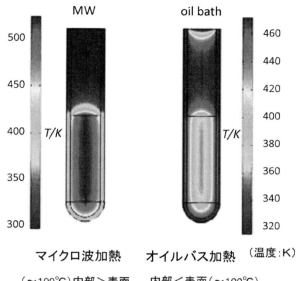

図2　マイクロ波加熱と伝熱加熱の温度分布

度を反映しているわけではない。また，正確な測温には正確な表面放射係数を用いることも重要である。図2は試験管型反応容器内部の温度分布を通常の伝熱加熱とマイクロ波加熱で比較したもので，伝熱加熱では表面が内部よりも高温であるのに対し，マイクロ波加熱では内部の方が高温となる[8]。どちらも最外部と溶液中心部の温度差は100℃近く，測温部位によっては全体の反応性を反映しない場合があり，注意が必要である。特にポリマー合成等の高粘性溶液では十分撹拌しても大きな温度差が出るので，測定温度の取扱いには十分な注意が必要である。

　マイクロ波の非熱的効果として報告された反応例において，きちんと温度計測を行うことにより，その原因が明らかにされた例を以下に示す。

　オイルバス150℃では全く反応しなかった四級アンモニウム塩を用いたトリフェニルホスフィンのアルキル化が，マイクロ波を用いることにより70％の収率が得られたとの報告[9]に対し，Kappeらは反応容器内の上，中，下層の3ヵ所に蛍光ファイバー温度計を設置し，赤外放射温度計との差異を検討した。その結果，100～150℃で一定を保った赤外放射温度計に対し，ファイバー温度計はいずれも30～80℃と高温を示しており，油浴でもこの程度高温にすると高い収率が得られた（図3）[10]。

　また，Loupyらは，2,2',4'-トリクロロアセトフェノンを用いた1,2,4-トリアゾールのフェニルアシル化反応で，ペンタノールやDMFなどの極性溶媒を用いた場合，伝熱加熱とマイクロ波加熱では生成物（N_1, N_4, $N_{1,4}$）の選択性に差はなかったが，o-キシレンなどの無極性溶媒や無溶媒条件下では伝熱加熱では3生成物がほぼ等しく生成するのに対し，マイクロ波では選択的に

マイクロ波化学プロセス技術Ⅱ

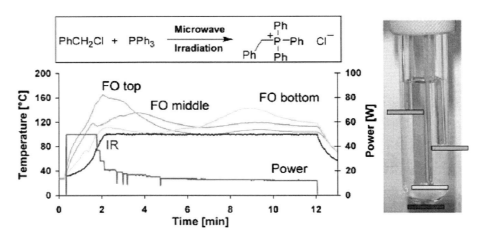

図3　トリフェニルホスフィンによる塩化ベンジルの求核置換反応

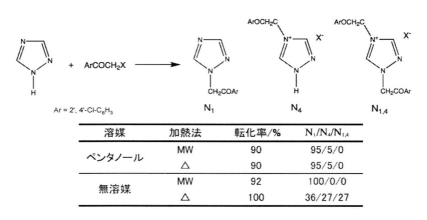

図4　2,2',4'-トリクロロアセトフェノンを用いた1,2,4-トリアゾールのアシル化反応

N_1 となると報告している（図4）[11]。最近 Kappe らはこの反応を詳しく追試した。無溶媒条件下では原料（いずれも固体）がマイクロ波で加熱されるとある温度で融解し液状となる。その際一気に温度が上がり，設定温度（140℃）を大きく超え200℃付近まで急上昇し，その際 N_1 が選択的に生成することを観測した。伝熱加熱でも200℃付近で反応を行うことにより N_1 のみを合成できたことから，反応中の温度管理の差が選択率の差の原因ではないかと推論している（式1）[12]。

　筆者らも伝熱加熱に比べマイクロ波加熱を適用することにより副生物が極めて少ない反応系をいくつも見いだしており，おそらく従来の伝熱加熱の一部は高温な反応容器壁際で副生物が生成されていたと推論している。

　多くのマイクロ波合成の専用装置では反応容器をセットする庫の中心部でエネルギーが最大となるよう設計されているが，反応系のサイズや反応物，温度によってアプリケータ内の電磁波分

第4章　実用化への道

$$\text{(reaction scheme: triazole + ArCOCH}_2\text{X} \rightarrow N_1, N_4, N_{1,4} \text{ isomers, 200°C)} \tag{1}$$

布が大きく変化する．また，マイクロ波の浸透深さの制約もある．さらに，反応容量が大きくなると少量反応に比べ単位量当たりの投入エネルギーが少なくなり，このため反応速度や選択性にも影響を与えるケースもあるので，状況に応じ最適な反応条件を設定することが重要である．

3　本当に省エネ効果はあるのか？

電子レンジが調理の際のエネルギー消費を大きく低減することはよく知られており[4]，マイクロ波化学合成でも同様に大きな省エネ効果が期待される．しかし，これまでの研究報告では，省エネ効果がきちんと測定された例は少ない．小型の反応装置で正確なエネルギー収支を得ることはそう容易ではない．

Gronnow らはデスクトップ型マイクロ波合成装置 Discover（CEM 社，2.45 GHz，300 W）に電力計を取り付け，マイクロ波加熱による化学反応と油浴での反応とエネルギーの比較を行った．その結果，例えば Pd 触媒を用いる鈴木カップリング反応では，生成物 mol 当たりの使用エネルギーは，マイクロ波法／油浴法で 1/85 となり，マイクロ波法が圧倒的な省エネとなっていた（図 5A）[13]．

エステル化反応による Laurydone 合成（Sairem 社）では，通常加熱法に比べマイクロ波法は反応時間 1/5，使用エネルギー 1/2.6 でやはり大きな省エネ効果を示した（図 5B）[14]．また，このマイクロ波法では触媒（p-トルエンスルホン酸）および溶媒（トルエン）を使用しないので，生成物からこれらを除去する工程と時間を省くことができ，こちらも製造上の大きなメリットとなっている．

筆者らが製作したマイクロ波によるオリゴ乳酸製造装置（バッチ式，20 kg/バッチ，2.45 GHz，6 kW）でも，無触媒・無溶媒下で行った実験の単位量当たりの製造エネルギーは伝熱加熱法に比べ 70% 削減できた（図 5C）[15]．また，スズ触媒を用いたポリ乳酸のマイクロ波合成では，三種類のサイズの異なるマイクロ波合成装置（四国計測工業製 SMW-087（2.45 GHz，770 W），SMW-101（2.45 GHz，1.5 kW），SMW-114（2.45 GHz，6 kW））を用い，反応容量 70 g，200 g，20 kg で重合を行った場合，生成物当たりの製造エネルギー量はそれぞれ 4.57，2.90，0.16（× 10^3 kJ/mol）となった．反応容量 70 g を基準値とすると，スケールアップによりエネルギー消費量は 1 → 1/1.55 → 1/28.6 と減少し，大きな省エネとなっていることが分かった[16]．この結果は，

35

マイクロ波化学プロセス技術 II

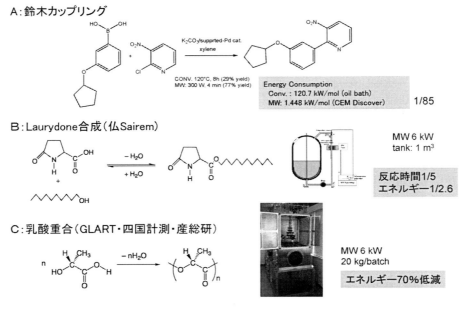

図5　マイクロ波化学の省エネルギー効果

反応容量の小さなマイクロ波反応装置では，反応以外に消費されるマイクロ波の割合が大きいことを示している．当然マイクロ波の浸透深さも関係するので，装置を大型化する場合は反応系の反応条件下での誘電特性を評価し，最適なサイズで設計することが大きな省エネ効果を得るのにきわめて重要である．

これらの結果から，マイクロ波法により大きな省エネ効果が示され，製造エネルギーの大幅な節約が可能であることが分かる．

4　実用プラントへスケールアップできるのか？　実用化例が少なく不安？

マイクロ波加熱が食品の乾燥や調理，ゴム加硫等で広く利用されて以来，工業用マイクロ波装置は年々大型化してきた．1970年代中頃にはマイクロ波出力10～15 kW程度であったが，自動車分野や食品分野への応用が進むとともに装置のスケールアップ技術の開発が進み，2012年現在290～360 kWの大出力装置や4 MWの超大出力装置も出てきた（図6）[17]．

図7に現在市販・利用されている主な大型マイクロ波加熱装置を示す．図7Aは新日本製鐵㈱で開発された銑鉄取り鍋用耐火物の乾燥装置（2.45 GHz/915 MHz，最大150 kW）[18]で，乾燥時間の短縮と均一な乾燥性能により，同社では国内のほとんどの製鉄所でこのマイクロ波乾燥装置を導入しているとのことである．図7BはドイツVötsch社の大型オートクレーブ[19]で大型複合材料の加熱処理装置，図7CはドイツLinn High Therm社のベルトコンベア式のマイクロ波加

第4章　実用化への道

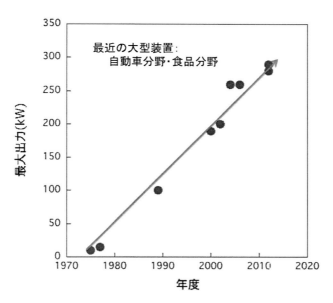

図6　工業用マイクロ波加熱装置の最大出力動向

A：銑鉄取鍋用耐火物乾燥装置（新日本製鐵（株））

B：マイクロ波加熱機（独Votsch社）
HEPHAISTOS VHM

2.45 GHz, MW 10-31 kW, vol. 750-7000L, max.400°C

C：Microwave Continuous Belt Units MDBT
（独Linn High Therm社）

MW: 6-100 kW
Heated Length: 1.3-21 m
Belt Width: 200-1000 mm

D：触媒反応装置（富士電波工機（株））

（2.45GHz　写真の装置は120kWタイプ、最大360kW）

E：石炭乾燥装置（オーストラリアDBA Global社）

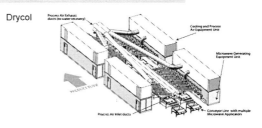

4 MW plant processing 135 tph for moisture reduction
of 16%-11% TM, consuming 4.56 MW/h

図7　大型のマイクロ波加熱装置の例

熱装置[20]である。また，富士電波工機㈱は触媒加熱用に120〜360 kWの大出力加熱装置[21]を開発した（図7D）。図7Eはオーストラリアの DBA Global 社が開発した製鉄用の石炭乾燥装置（Drycol）で，4 MWのマイクロ波（マグネトロン1 MWユニット×4基）を用い，毎時135トンの石炭を乾燥処理する[22]。

一方，主に液相反応を取り扱う有機合成や重合反応では，これまでほとんどの研究がデスクトップの小型合成装置を用いて行われてきており，大型装置の開発はあまり進んでいなかったが，近年，実用化を見据えたスケールアップ技術の開発が進められている。これまで化学合成分野で報告された比較的生産量の大きなマイクロ波合成装置を表1にまとめた。

これらの装置のうち，Sairem 社のエステル合成装置と産総研-四国計測工業㈱-GLART㈱による乳酸重合物の実用化実績が報告されている。その他は全て開発段階（パイロット装置）と思われる。

ほとんどの装置が2.45 GHzのマグネトロンを使用している。現在2.45 GHzでは10 kWのマグネトロンまで上市されているが，価格・安定性等から現時点では6 kWまでの製品がよく使われている。より大きなエネルギーが必要な場合は，これらのマグネトロンを複数使用して対応している。また，ほとんどがバッチ式反応装置となっている。反応装置は現時点では40〜50 L程度が最大となっている。

現在報告されているバッチ式反応装置では，産総研-四国計測工業㈱のポリエステル合成装置とマイクロ波化学㈱のBDF製造装置が年産数百〜千トンレベルの生産に対応可能と思われるが，この程度の生産量があれば，現行の伝熱加熱を使用しているプロセスや製品のかなりの部分に対応できると考えられる。

反応容器のサイズは反応物のマイクロ波吸収特性と浸透深さに制約される。マイクロ波が容器の中心付近まで到達するように設計すべきで，これより大きくするとマイクロ波効果が低減する。Chengdu Newman-Hueray Microwave Tech（中国）は500 Lの反応釜を採用しているが，おそらく浸透深さが大きい溶液系で使用しているのではないかと推察している。

マイクロ波の浸透深さを考慮すると，大量生産に対応するには流通式の方が有利と言われており，これにより装置のコンパクト化も図れる。

一方，物質への浸透深さ，マグネトロンの大出力化およびエネルギー変換効率等は2.45 GHzよりも915 MHzの方が優れているとの議論もあり，安価で安定性に優れたマグネトロンの開発が望まれる。

スケールアップして大型化をめざす技術開発とともに，現行の市販装置のうち比較的大型のデスクトップ機を多数並べて生産量を上げ実用化するという技術開発も進められており，用途によってはこちらの方が早期に実用化できる。既に欧米の医薬品メーカーでは，開発段階で小型反応装置を利用して医薬品候補化合物を多数合成し，コンビナトリアルケミストリー等の手法も活用して短期間でターゲットを絞り，製品段階で流通式のデスクトップ機を多数並列に用いて実際に生産しているとの話もある。

第4章　実用化への道

表1　比較的生産規模の大きなマイクロ波化学合成装置

開発者	製品	反応	反応器容量	反応器形状	マイクロ波 周波数	マイクロ波 出力	生産量	開発段階	文献
Sairem（フランス）	化粧品原料（Laurydone）	エステル化	—	流通式	2.45 GHz	6 kW	—	実用化	14
Sairem（フランス）	—	—	—	バッチ式	915 MHz	30 kW	5 L/min	パイロット	23
大阪大学-四国計測工業-三光化学(株)	感熱紙用原料[bis(3-allyl-4-hydroxyphenyl) sulfone]	クライゼン転位反応	1.5 L×3	流通式	2.45 GHz	1.5 kW×3	15 kg/h	パイロット	24
産総研-四国計測工業-(株)GLART	乳酸重合物	縮合重合	20 L	バッチ式	2.45 GHz	6 kW	3 トン/年	実用化	15
産総研-四国計測工業(株)	芳香族ポリエステル	縮合重合	40 L	バッチ式	2.45 GHz	24 kW	約2000 トン/年	パイロット	25
マイクロ波化学(株)	脂肪酸メチルエステル（FAME）	油脂のメタノール分解	—	流通式	2.45 GHz	—	2–10 トン/日	パイロット	26
新日本化学機械製造(株)	—	—	—	流通式	2.45 GHz	5 kW	30 kg/h	パイロット	27
京都大学-新日本化学機械製造(株)	バイオオイル	バイオマスの加水分解	4 cm Φ×2 m	流通式	2.45 GHz	14.7 kW (4.9 kW×3)	30–150 kg/h	パイロット	28
C. O. Kappe et al. (Uni. Graz, オーストリア)	アミド/エステル等	アミド化/エステル化	—	流通式	2.45 GHz	0.6–6 kW	3.5–6.0 L/h	パイロット	29
Chengdu Newman-Hueray Microwave Tech. Co., Ltd（中国）	—	—	500 L	バッチ式	2.45 GHz	30 kW (10 kW×3)	—	—	30
N. E. Leadbeater et al. (Uni. Conneticut, アメリカ)	—	鈴木カップリングなど	13 L	バッチ式	2.45 GHz	7.5 kW (2.5 kW×3)	12 L/バッチ	パイロット	31
新日鐵化学(株)	バイオオイル	木質バイオマスの分解	—	流通式	2.45 GHz	—	0.2–1.0 トン/日	パイロット	32

化学反応プロセスの省エネ化やグリーン化，新しい化合物合成のため，様々な新しい手法が検討されてきた。反応装置を効率化させる種々の化学工学的工夫，反応の活性化エネルギーを低下させる触媒，反応様式を変える光化学，反応の極限条件を求める超臨界流体や超高圧，超音波，溶媒で反応環境を変えるイオン液体やフルオラスケミストリー，エネルギー移動をスムーズにさせるマイクロリアクターなど次々と新しい手法が提案されている。

これらの手法のうち，化学工学的改良と触媒は既存の装置への組み込みが比較的容易で実用化された例も多い。その他の「新反応場」については，いずれも従来の化学では実現できない全く新しい反応や大きな省エネ効果を示す例も多数見いだされてきた。しかしながら，光化学で少し実例はあるものの，有機合成プロセスでの実用化はあまり進んではいない。これは，斬新な装置や様式に対し，製造コストでの競争力や新しいシステムに対する作業者の訓練や安全性への対策不足，大量製造への適用性，製造サイトの中での位置づけなど様々な理由が上げられているが，やはり「他で使っていないものを初めて使うのはバリヤーが高い」という，技術者・製造者の一種保守的なイメージによるものではないかと思われる。

マイクロ波化学は，エネルギー移動をスムーズにさせ，また一種の擬高温反応場を実現する新しい反応場を提供するもので，大きな省エネ効果や新反応などを実現可能とする強力なツールで，触媒や新溶媒大量生産にも適用可能な手法で，既に伝統的手法に比べ多くのメリットが指摘されている。これを実用化する上で，引き続き原理的解明や装置の改良，マイクロ波化学のみが実現可能な独特の製造法・製品の探索を続けていくことが重要である。さらに，小規模からでも実例を積み重ね，実績を示しマイクロ波化学プロセスへのバリヤーを低くし普及を図っていくことが研究者・技術者の責務と考える。

筆者らもこれまでマイクロ波重合プロセスを実用化し，また年千トン程度の生産が可能な装置を製作・試験し，既存のプロセスに対する優位性を再確認したところである。

2011年の災害以来，逼迫した電力エネルギー事情も報じられているが，エネルギーの効率的な利用を可能とするマイクロ波化学が我が国の化学産業の救世主となることを期待する。

文　　献

1) P. L. Spencer, "Method of treating foodstuffs", US patent 2495429, Jan. 24 (1950)
2) R. Gedye *et al.*, *Tetrahedron Lett.*, **27**, 2789 (1986) ; R. J. Giguere *et al.*, *idem*, **27**, 4945 (1986)
3) 例えば A. Loupy, ed., "Microwaves in Organic Synthesis", 2nd ed. 2 vols., Wiley-VCH, Weinheim (2006)
4) 例えば http://www.eccj.or.jp/dict/pdf/12.pdf
5) F. Chemat, E. Esveld, *Chem. Eng. Technol.*, **24**, 735 (2001)

第 4 章　実用化への道

6) Authors Guidelines, *J. Org. Chem.* and *Org. Lett.*, American Chemical Society.
7) 竹内，長畑，未発表データ
8) J.-S. Schanche, *Mol. Diversity*, **7**, 293 (2003)；C. O. Kappe, *Angew. Chem.*, **43**, 6250 (2004)
9) J. Cvengros *et al.*, *Can. J. Chem.*, **82**, 1365 (2004)
10) M. A. Herrero *et al.*, *J. Org. Chem.*, **73**, 36 (2008)
11) A. Loupy *et al.*, *Pure Appl. Chem.*, **73**, 161 (2001)
12) M. A. Herrero *et al.*, *J. Org. Chem.*, **73**, 36 (2008)
13) M. J. Gronnow *et al.*, *Org. Proc. Res. Dev.*, **9**, 516 (2005)
14) http://www.sairem.com；J. F. Rochas *et al.*, Proc. 37th Annual Microwave Heating Symp., NJ, USA, p.20 (2002)
15) http://www.aist.go.jp/aist_e/latest_research/2009/20091216/20091216.html
16) T. Nakamura *et al.*, *Org. Proc. Res. Dev.*, **14**, 781 (2010)
17) 原田，Science & Technology セミナー，「マイクロ波の各種産業プロセスでの利用とスケールアップ」，p.45 (2012.8.30)
18) H. Taira *et al.*, *Nippon Steel Technivcal Report*, 388 (2008)
19) http://www.weiss-gallenkamp.com/docs/article/2-download.pdf
20) http://www.linn-high-therm.de/microwave-continuous-belt-units-mdbt.html
21) http://www.fdc.co.jp
22) http://www.drycol.com
23) http://www.sairem.com/gb/equipements/equipements_chimie/laboratoire_essais.html
24) 塩田ほか，第 5 回マイクロ波効果・応用シンポジウム予稿集，p.80 (2005)
25) 化学工業日報，2011 年 11 月 11 日
26) http://www.mwcc.jp
27) http://www.nikkaki.co.jp/testkiki/g-01-2.html
28) 都宮ほか，マイクロ波加熱技術集成，越島編，p.252，エヌ・ティー・エス (1994)
29) R. Morschhauser *et al.*, *Green Process Synth.*, **1**, 281 (2012)
30) T.-R. Ji *et al.*, Proc. GCMEA2008 MAJIC 1st, p.179 (2008)
31) J. R. Schmink *et al.*, *Org. Proc. Res. Dev.*, **14**, 205 (2010)
32) NIPPON STEEL MONTHLY, **99** (6), 3 (2010)

第5章　化学企業のマイクロ波化学の開発

河野　巧*

1　はじめに

　少し前に経済産業省によって、「化学ビジョン研究会報告書」が取り纏められ、現在および将来の化学産業を考える上で不可欠となる論点が明らかにされた[1]。この報告書の中で化学産業の課題・対応の方向性として、①国際展開（化学産業を巡る環境変化、国際化の中、特に中東、中国における大規模な石油化学プラントの立ち上りによるポリエチレン等のバルク化学品の国際競争激化への対応等）、②高付加価値化（化学企業の機能性化学品等の高付加価値分野へのシフト等）、③サステイナビリティの向上（地球温暖化や化学物質安全性の対策の強化等）、④技術力の向上の4つの方向軸が示されている。中東、中国での大規模な総合石油化学コンビナートの建設・稼働が本格化しつつある中で、わが国のバルク化学部門が生き残っていくことは大変厳しい状況にあると言わざるを得ないが、これに対してマイクロ波技術が貢献することは可能だろうか。一方、スマートフォンやリチウム二次電池に代表される最先端エレクトロニクス機器・デバイスに採用される特殊な素材・部材は、圧倒的にわが国の化学企業が高いシェアで供給していることも事実であるが、これをさらに強化・深化する上でマイクロ波技術が貢献することは可能だろうか。今回、当社の取り組み事例を紹介し、この4つの方向軸の観点から、マイクロ波技術が化学産業に及ぼす影響、可能性についての将来展望を概観したい。化学工業の場でマイクロ波利用を加速展開できれば、わが国の化学産業の活性化に大きなインパクトをもたらすのではないだろうか[2]。

　さて、マイクロ波を実際の化学の生産の場で活用するためには、①マイクロ波と物質の相互作用の解明、②マイクロ波のハード・ソフト技術の高い信頼性の確立の2つが必要条件となろう。マイクロ波の化学反応への応用に関する研究は1986年に有機合成での利用が報告されて以来、多数の論文が発表されており、実験事実として多数の反応で大幅な反応加速や収率向上をもたらすことは疑いの余地がなく、マイクロ波と物質の相互作用や反応促進のメカニズムについても活発な研究が行われている[3]。一方、マイクロ波を生産現場で用いるには、ハード技術とソフト技術（装置の信頼性、操作性、設備コスト・運転コスト等）の完成度が高いことが必須の前提条件となる。家庭用電子レンジのマグネトロン型マイクロ波発振器の出力は500 W前後であるが、工業レベルではその100倍から1000倍以上の出力が必要となることは容易に想定されるが、そ

---

*　Takumi Kono　新日鉄住金化学㈱　新事業開発本部　開発推進部　グループリーダー／主幹研究員

第5章 化学企業のマイクロ波化学の開発

のような大出力マイクロ波装置は工業的に利用できるレベルにあるのだろうか。これについては，新日鐵や当社におけるマイクロ波技術の実用化，開発の状況に関するこれまでの報告の中で説明してきたが，全く問題はないと考えられる[4,5]。当社は，新日鐵住金グループの化学セグメント会社として，製鉄プロセスの耐火物乾燥で培われたマイクロ波利用技術を用いて化学分野でのプロセス革新，新規物質創生に取り組んでいる。鉄鋼業では耐火物が多量に使用されているが，耐火物施工の省力化が求められる中，熟練工による煉瓦張りから不定形耐火物工法に置き換わってきている。不定形耐火物工法はセラミックス粉末に水を混ぜてセメント状にして型に鋳込む方法で，成型加工は容易であるが，使用前に水分を充分乾燥することが必要となる。従来は，熱風乾燥が用いられてきたが，耐火物の大型化が進展し，短時間乾燥が求められる中，マイクロ波乾燥が開発された。新日鐵は不定形耐火物のマイクロ波乾燥を世界に先駆けて実用化し，現在数十kWから100kW超の大出力マイクロ波乾燥装置が全製鉄所で稼働しており，大幅な乾燥工程時間短縮と省エネルギーを達成しており[5]，マイクロ波のハード技術とソフト技術の信頼性については既に確認されているといえるだろう。

　マイクロ波は電力を用いるのでランニングコストが高いと思われているが，エネルギー吸収効率が極めて高いのでうまく用いれば省エネルギーにも繋がること，また従来加熱では不可能であった急速加熱／均一加熱／内部加熱／選択加熱／高温加熱／非接触加熱／分子直接励起等が可能なため，従来法では製造することのできない新規物質を創製する特殊反応場としても活用できることを，当社実施例を交えて説明し，今後の展望についても述べたい。

2　マイクロ波のバルク化学品プロセスへの適用について

　中東，中国での大規模で最新の総合石油化学コンビナートの建設・稼働が本格化しつつある中で，わが国の総合化学が生き残っていくことは大変厳しいといわれている。石油化学に代表されるバルク品プロセスは，装置が巨大でプロセスとしての完成度が高く，マイクロ波技術を部分的に適用するのは容易ではない。しかしながら，視点を転じてみれば，バルク品プロセスといえども原料を加熱することによって，化学反応を起こしたり，蒸留等で分離を行うのは何ら通常の化学プロセスと変わるところはない。ただ，扱う量が非常に多いために，高い装置信頼性と高いエネルギー効率が求められる点が大きな特徴といえ，加熱炉，熱交換器をベースとした従来の加熱方法は確立された理論と多数の実機例があり，スケールアップが容易で高い信頼性を有していたために採用されていると考えられる。マイクロ波装置は前述の通り，装置信頼性は充分高いと考えられ，エネルギーコストの観点から従来の加熱法と比較検討することが重要であろう。

2.1　乾燥プロセスの実用化事例

　当社はコールタール蒸留で分離されたクレオソート油を用いて自動車タイヤ用のカーボンブラックを製造している。化学工業では鉄鋼業の様に耐火物を多量に用いることは稀であるが，

マイクロ波化学プロセス技術Ⅱ

カーボンブラックは高温・高速の流体が流れる横型管状炉で製造されるため，耐火物の損傷が激しく頻繁に取り替えられる。当社では，マイクロ波乾燥装置をオンサイトに設置し，短時間で完全に不定形耐火物の脱水・乾燥を行うことで生産性向上と省エネルギーに大きな貢献をしている。

　マイクロ波を用いると熱伝導率の低い物質・物体を短時間で加熱・乾燥することが可能で，大幅な省エネや完全な脱水が達成できる。従来の熱風を用いる乾燥法では，耐火物は外表面からゆっくりと加熱され，蒸発・乾燥が進行する。一方，マイクロ波では，吸収特性の異なる2成分（セラミックス粉＋水）から成る系を加熱すると，1成分（水）を集中的に加熱することが可能となる（選択加熱）。耐火物は熱伝導率が低く，熱風で効率よく加熱・乾燥することは不可能であるが，マイクロ波を用いれば出力に比例した加熱・乾燥が可能（急速加熱）となり，しかも耐火物の内部温度は外表面温度より高く（内部加熱）なる。この結果，従来加熱では表面の加熱・蒸発によって耐火物中の水分移動がキャピラリーポテンシャル（毛細管吸引力）等によって表面への吸引的なメカニズムで進行するのに対して，マイクロ波加熱では内部加熱によって内圧が生じ水分を外表面へ押し出すメカニズムで乾燥が急速に進行すると考えられる。これらのことから，不定形耐火物を短時間で，少ないエネルギーで，完全に脱水することが可能となり，乾燥して得られた耐火物は優れたパフォーマンスを発揮する。写真1はオンサイトに設置されたマイクロ波乾燥設備であるが，数トンの耐火物（水分含有量は数％）を1～2日で完全乾燥することができ，エネルギー使用量（従来はLPGを使用）も半減した。本例は，分離除去したい水分のみをマイクロ波で選択的に加熱・乾燥（選択加熱）することで大幅な省エネを達成した事例であるが，同様のプロセスはバルク化学品製造の中にも多数存在しており，今後適用範囲の拡大が期待できる分野であろう。

写真1　マイクロ波乾燥設備

2.2 吸脱着プロセスの開発事例

吸着分離は、化学工学の単位操作としてバルク化学プロセスでも多く用いられており、種々の装置が実用化されている。実際には、吸着・脱着が交互にサイクリックに行われるが、従来法では、脱着には加熱や真空ポンプが用いられ、いずれの方法でも大きなエネルギーを消費している。特に、加熱による脱着法ではこれまで熱源として水蒸気や熱窒素が用いられてきたが、①吸着材の加熱に時間を要する、②吸着材の冷却に時間を要する、③結果としてサイクル時間が長くなり、④設備が大型化し、⑤エネルギーを多消費する等の問題点があった。

我々は、VOC（Volatile Organic Compounds）の回収法としてマイクロ波を用いた吸脱着プロセスの開発を行ったので紹介したい（図1）[6]。VOC排出規制が強化され、回収して再利用する動きが活発になってきているが、このためにコンパクトな設備で、回収されたVOCが高品質であるプロセスの開発が望まれている。当社は、吸着材に炭素材料を用い、VOCを効率よく吸着し、同時にマイクロ波を用いた吸着材のダイレクト加熱でVOCを短時間で脱着するプロセスを大阪大学等と共同で開発した。

本法では、吸着材に特殊な材質、形状の炭素材料を用いることで、吸着工程ではVOCを効率よく吸着し、脱着工程ではマイクロ波でVOCが吸着されている炭素表面のみを急速に加熱・脱着し（選択加熱、急速加熱）、キャリヤーガスに用いる窒素も少量で済み、回収VOCに水分等が混入し品質が低下する等の問題点も解決できた。さらに加熱される部分が最小ですむので熱容量が小さく容易に吸脱着塔全体を冷却できる。この結果、装置がコンパクトで、エネルギー効率

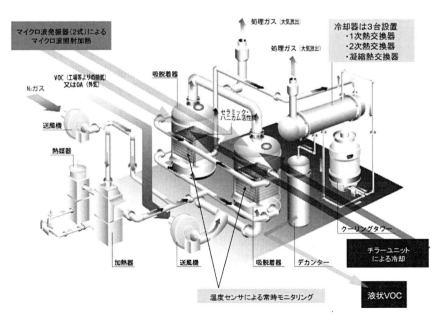

図1 マイクロ波VOC吸脱着プロセス

がよく,高品質の VOC 回収が可能となっている。

2.3 固液反応プロセスの開発事例（バイオマスの液化）

ソフトバイオマスを用いた燃料製造は,ブラジルでサトウキビを,米国でトウモロコシを用いたエタノール発酵が大規模に事業化されており,パーム油,大豆油等を用いた BDF 製造も各国で立ち上がりつつある。一方,木質材料のハードバイオマスを用いた燃料や化学原料の製造は,米国におけるバイオリファイナリー構想やバイオマス・ニッポン構想として,活発に研究が展開されている段階である。ハードバイオマスは,リグニンとヘミセルロースから成るマトリックスの中にセルロース・ミクロフィブリルがスパイラル状に埋め込まれた強固な構造であり,燃料／原料として高度な再利用を行うには,かなりシビアな反応条件下でガス化・熱分解法や加水分解や加溶媒分解といった処理を行うことが必要となる。

当社は,間伐材チップを原料としたマイクロ波加熱による加溶媒分解反応で,液体燃料や化学原料の製造を目指した研究開発を実施している(写真2)[7]。木材は熱伝導率が低く（～0.2 W/mK）,通常の方法による加熱は大変効率が悪いが,マイクロ波を吸収するので効率よく加熱することが可能（選択加熱,急速加熱）であり,コンパクトな設備で液化が可能となる。また,反応条件を適切に調整することでリグニン分のみを選択的に溶解することや,全成分を溶解・液化することが容易に制御できるので,ハードバイオマスの成分分離技術としても,液体燃料の製造技術としても用いることが可能である。

一般的に熱伝導率の低い固体を用いた固液反応は,通常加熱を用いると,クラフトパルプ法等

写真2　マイクロ波バイオマス液化設備

第5章　化学企業のマイクロ波化学の開発

でも明らかな様に大型の装置が必要となる。間伐材等を用いた小規模オンサイト設備として用いるために，木材チップを微粉砕して反応速度を向上させコンパクトな装置で液化させる試みもなされているが，微粉砕化コストはかなり高い。マイクロ波加熱を用いて効率のよい加溶媒反応を行うことで，低コストでの液体燃料，化学原料の製造技術を是非，実用化したいと考えている。

2.4　今後の展望について

バルク化学プロセスでも反応や分離を行うために原料を加熱することは必要であり，従来は加熱炉，熱交換器を用い主に熱伝導による手法が用いられてきたが，大型マイクロ波発振器が利用できる環境となってきており，今後バルク化学プロセスでも本格的な適用拡大が期待できる状況となってきている。特に，熱伝導率の低い物質の加熱，高温反応プロセスでの加熱は，従来加熱法では限界に近づきつつあり，マイクロ波加熱によるブレークスルーが期待できると思われる。

3　マイクロ波を用いた高付加価値材料の創製（ファインプロセスへの適用）について

医薬品等のファインケミカル品合成の研究開発の場では，既に数百台以上の小型マイクロ波合成装置が導入され，グラムオーダーの合成に用いられていることは良く知られている[8]。これはマイクロ波合成装置とオートサンプラー機能を組み合わせたコンビナトリアム化学の一種で，実験の迅速化の手法として用いられているが，この手法を数百倍程度にスケールアップできれば，ファインケミカルの実機として用いることが可能となる。さらに，電子材料や医薬品等のファインケミカル製品では，コンタミを極端に嫌う，品質が一定であることを強く要求される等，特殊な要求を満たすことが必要となり，特殊反応場としてのマイクロ波利用が期待されている。すなわち，マイクロ波の特徴である急速加熱／均一加熱／内部加熱／選択加熱／高温加熱／非接触加熱／分子直接励起等をうまく活用すれば，従来加熱では不可能であった特殊な反応場の実現が可能となり，ユニークな製品を作り出すことができる。

3.1　電子材料用のナノ粒子材料の創出

ナノ材料への期待が高まり，100 nm以下のナノ粒子の開発が活発に行われ，種々の金属ナノ粒子が液相法で合成され，電子材料・構造材料等としての応用が急速に進展している。金属ナノ粒子の物性は粒径，形状，純度等に大きく依存するため，これらを造り込むために核生成と核成長のプロセスの精密な制御が必要になってくる。マイクロ波では，伝熱面を有さずに，均一で急速な加熱等，マイクロ波独自（急速加熱／均一加熱／選択加熱／非接触加熱／分子直接励起）の加熱が可能となるために，従来加熱法では達成できない品質のナノ粒子の合成が可能となる。

当社は，和田らとの共同研究を元に，マイクロ波の特性を活用したニッケルナノ粒子の製造プロセスを確立し，サンプル販売を開始した[9]。本ニッケル粒子は，有機溶媒に溶解したニッケル

マイクロ波化学プロセス技術Ⅱ

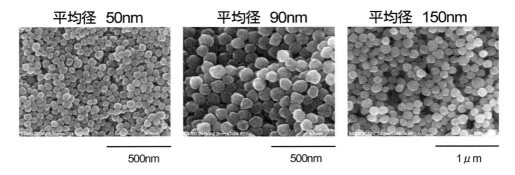

写真3 ニッケルナノ粒子のSEM観察

錯体分子を熱分解・還元して製造するボトムアップ法で創製された新規材料である。マイクロ波を用いると伝熱速度に依存せずに，ニッケル錯体分子を急速・均一に加熱することが可能となり，熱分解・還元反応，核生成が急速かつ均一に進むために，粒径の揃った粒子が短時間で合成できる。また，伝熱面を介する加熱でないために，非接触でクリーンな加熱が可能となり，電子材料等の精密合成には最適である。ニッケル微粒子はセラミックスコンデンサーの電極等で使用されており，小型化・大容量化が進展する中，益々小粒径のものが必要となっている。マイクロ波を用いると従来困難であった粒径100 nm以下で極めて粒度分布の狭いニッケル粒子の製造が可能となった（写真3）。

3.2 今後の展望について

高付加価値ファインケミカル製品の製造は電子材料，医薬品向けに今後益々需要増が期待できる分野であり，わが国が得意とする技術分野でもある。また，量的にもバルク化学品と異なって巨大な装置を必要とせず，マイクロ波合成装置の実機の製作も比較的容易であると考えられる。さらに，電子材料や医薬品等のファインケミカル製品で重要となってくる純度，品質に対して，特殊反応場としてのマイクロ波加熱が活かされることが期待でき，今後適用範囲の拡大が予想される。

4 まとめ

以上，マイクロ波のバルク化学プロセスへの適用，ファイン化学プロセスへの適用について，当社実施例と今後の展望について述べた。冒頭の化学ビジョン研究会の4つの方向軸のうち，③サステイナビリティの向上については，マイクロ波化学の論文が多数，Green Chemistry誌に掲載されていることからも，Green Sustainable Chemistry技術として有望なことはいうまでもない。また，④技術力の向上については平成18年に日本電磁波エネルギー応用学会が組織され活発な活動が行われており，世界的にもわが国が高度なレベルにあり，今後産学官が連携して実用

第5章 化学企業のマイクロ波化学の開発

化でも世界のトップを目指せる状況にある。

マイクロ波が化学プロセスの場で，一般解として従来加熱に全面的に取って代わるとは思わないが，紹介した通り大きな利点があり，充分な根拠があることは事実である。今後，更に適用範囲を広げていくには，化学工学，物理化学，有機化学，無機化学，電磁波工学等と連携して取り組んでいくことが必須であり，大きな期待を寄せたい。化学工業の場でマイクロ波利用を加速展開できれば，わが国の化学産業の活性化に大きなインパクトをもたらすと考えられる。

なお，当社事例として記載した，吸脱着技術の開発は「NEDO 大学発事業創出実用化研究助成（平成17～19年度）」により大阪大学等と実施し，バイオマス技術の開発は「林野庁森林資源活用型ニュービジネス創造対策事業（平成20～23年度）」として栃木県森林連合会の委託で実施中のものである。付して謝意を表する。

文　　献

1) http://www.meti.go.jp/press/20100430004/20100430004-3.pdf
2) NEDO 報告書「マイクロ波・高周波加熱を利用した化学プロセスに関する先導調査」(2009)；和田雄二，竹内和彦監修，マイクロ波化学プロセス技術，シーエムシー出版（2006）
3) A. Loupy Ed., Microwaves in Organic Synthesis, Wiley-VCH, Weinheim, Germany (2002) ほか多数
4) 河野巧，日本化学会第91回春季年会特別企画「マイクロ波化学プロセスの基礎と応用展開」講演予稿集（2011）；河野巧，第4回電磁波エネルギー応用学会シンポジウム特別講演予稿集（2010）
5) 平初雄ほか，耐火物，**56** (2) (2004)；落合常巳ほか，耐火物，**33** (7) (1981)
6) 樋口雅一ほか，化学工学，第70巻，第5号（2006）
7) 野本英朗，エネルギー学会シンポジウム予稿集（2010）；竹腰哲人ほか，第4回電磁波エネルギー応用学会シンポジウム予稿集（2010）
8) http://www.biotage.co.jp/，http://www.milestonesci.com/
9) Y. Wada *et al.*, *Chem. Lett.*, **607** (1999)；井上修治ほか，第4回電磁波エネルギー応用学会シンポジウム予稿集（2010）

【第2編 理論・物性評価・装置】

第1章　マイクロ波化学における特殊効果

和田雄二*

1　はじめに

　マイクロ波を利用した化学，材料化学，その周辺の研究ならびに開発の現状を第1編で概観した。マイクロ波照射下における化学あるいはその技術は，多くの研究者ならびに技術者の興味を引き続けている。それは，現実に高品質，たとえば粒径がナノサイズで分布の狭いナノ粒子の合成が精密な制御下で行えるという事実，あるいはある種の合成反応が短時間に終了し，高い収率を与える，という事実があるからである。マイクロ波照射下における化学系の挙動に対する理解は，「マイクロ波化学プロセス技術」を2005年に編集してから，かなり進んだ。しかしながら，依然として，根幹部分に未解明のままの部分が多く残されている。第2編の前半では，マイクロ波照射下における化学挙動の理解について記述する。後半では，その理解に関連する物性測定・電磁波シミュレーション技術について記述する。また，発振器等，マイクロ波化学に極めて大きな重要性を持つハード部分についてもその最新の情報を提供する。

2　"マイクロ波特殊効果"

　Loupyらは，マイクロ波化学に対する重要な書籍を出版し，そこで"マイクロ波特殊効果"の例を示すとともに，それらに対する解釈をまとめて記述している[1]。1996年のマイクロ波効果を明確に報告したTetrahedron Lettersの2つの論文以降[2]，マイクロ波照射下における有機合成反応に対しては，反応速度促進による反応時間の短縮化を報告したものがほとんどであった。よく例として引かれる研究に，ポリアミック酸の分子内イミド化反応に対するマイクロ波効果がある。その報告では，反応速度定数が，マイクロ波照射下では通常加熱下に比較して30-40倍速いことが述べられている[3]。マイクロ波照射下では，温度依存性から推定された活性化自由エネルギーが，通常加熱の約1/2となる。この活性化エネルギーの低下をもってマイクロ波効果とする理解が広まり，一時，マイクロ波の特殊効果が注目されたことは確かである。1,2,4-トリアゾールのフェナシル化反応における生成物の選択性の変化もマイクロ波効果の例として典型的に引用される例である[4]（表1）。この反応系では，通常加熱下において，非極性溶媒を用いた場合と極性溶媒を用いた場合で生成物を比較すると，生成物の選択性が大きく変化する。すなわち，溶媒無しあるいはオルトキシレンを溶媒として用いたときには，3種類の生成物がほぼ同程度生成す

---

　*　Yuji Wada　東京工業大学　大学院理工学研究科　応用化学専攻　教授

るが，ペンタノール，ジメチルホルムアミド（DMF）の場合には，N_1 が95％生成する。マイクロ波照射下では，非極性溶媒中でも，極性溶媒中の N_1 選択性の高い結果を与え，あたかも非極性環境をマイクロ波がその電場ないし磁場の効果により極性環境に変化されるかのような発見と言える。

　Loupyは，極性の反応遷移状態がマイクロ波の電場との相互作用により安定化し，この安定化作用によって反応の活性化エネルギーの低下が起こるという説明を用いて，上で述べたマイクロ波効果を説明している[5]（図1）。図1に示された活性化エネルギーの低下は，反応速度の促進として観測されるはずである。また，複数の反応経路が存在する場合には，もっとも双極子モーメントの大きな遷移状態を経る経路が安定化されるため，反応生成物選択性の変化が現れると彼は主張する。この提案は，Eyringの絶対反応速度論あるいはそれを基に発展した遷移状態理論と直結して理解できるため，化学者にとっては魅力的なものである。問題は，その正当性を証明する手段が現在のところないことである。

表1　1,2,4-トリアゾールのフェナシル化におけるマイクロ波効果

Solvent	Activation mode	Conversion %	$N_1/N_4/N_{1,4}$[a]
Pentanol	MW	90	95/5/0
	⊿	90	95/5/0
DMF	MW	90	95/5/0
	⊿	90	95/5/0
o-xylene	MW	82	100/0/0
	⊿	95	32/28/40
No solvent	MW	92	100/0/0
	⊿	100	36/27/27

[a] determined by GC and ^1H NMR
MW：microwave process，⊿：thermal process

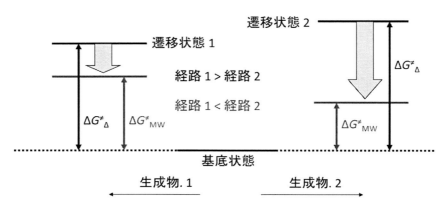

図1　マイクロ波効果の化学反応選択性への影響の説明（Loupyによる仮説）
　　極性の大きな遷移状態は，マイクロ波電場の効果により大きな安定化を受けるため，マイクロ波下では反応経路2が優先する。

第1章 マイクロ波化学における特殊効果

別の例を挙げよう。反応物の拡散が反応速度に影響する無機固体反応の場合には，物質拡散がマイクロ波によって促進されるという解釈もある。たとえば，酸化チタンと炭素（固体，グラファイト）の反応により炭化チタンを合成する反応において見られるマイクロ波促進効果は，アレニウス式の頻度因子の増加として説明されている[6]。

すでに論文として報告された実験内容にも，そしてそこで観察されたマイクロ波特殊効果にも疑問も呈されている。Kappeは，マイクロ波照射下おける温度測定法に問題があることを指摘している[7]。マイクロ波照射下では，アルコール温度計，熱電対を温度測定に用いる場合，注意が必要である。アルコールは，マイクロ波の強い吸収体である。また，温度計センサー部に金属が使われていると，センサー部分がマイクロ波との相互作用により発熱する。したがって，正確な温度が測定できない危険性が高い。また，マイクロ波照射下では，マイクロ波の分布が不均一な場合，反応系内に不均一な温度分布が発生しやすいため，温度の均一性と不均一性を常に意識して反応系内の温度測定を行う必要がある。均一溶液系の反応であれば，反応系の攪拌が重要となる。

Kappeらは，マイクロ波特殊効果が見られるとLoupyらが報告した有機合成反応の系を温度測定ならびに攪拌の点に注意を払って再現を試み，特殊効果が現れないことを示し，Loupyの実験系では，温度に不均一な分布があり，これが特異効果の原因になっている可能性を述べた。通常の手法では温度が計測・制御できないという温度測定手法の問題，さらに不均一な温度分布の問題は，マイクロ波照射系を正確に記述するためには極めて重要であり，以前からこの問題は指摘されていたが，実際の実験系で実例を示したKappeの指摘は慎重に取り扱わなければならない。

3 確実に観測されるマイクロ波の熱的効果

3.1 無機ナノ粒子合成における迅速加熱・内部加熱・均一加熱

マイクロ波を物質に照射したときに得られる迅速加熱，内部加熱という特性は，まぎれもない事実である。この特長は，マイクロ波が物質の構成単位の運動エネルギーに直接転化する加熱機構に基づいている。したがって，この特長が化学反応に直接効果として現れる現象は，"マイクロ波熱的効果"と定義することができる。

この特長がもっとも現れやすい例を無機ナノ粒子合成反応に見ることができる。マイクロ波照射下でのナノ粒子合成では，通常加熱では困難なナノサイズ制御と粒径分布の狭小化が可能となる。これは，マイクロ波エネルギーが物質構成単位と直接相互作用し，熱エネルギーに転化するというマイクロ波加熱現象の原理と密接にかかわっている。

筆者が経験した銀ナノ粒子合成にその例を取ろう[8]。銀の長鎖アルキル基カルボン酸塩をヘキサノール中に分散し，マイクロ波加熱すると，5 min，413 Kの条件で粒径が4 nmの銀ナノ粒子が生成する。銀の長鎖アルキル基カルボン酸塩はヘキサノールには室温では不溶であるが，

マイクロ波化学プロセス技術Ⅱ

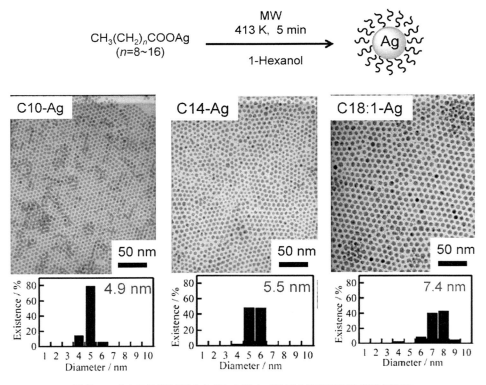

図2　マイクロ波照射下で合成した銀ナノ粒子の透過型電子顕微鏡写真

　373 K付近で溶解し，さらに続いて溶液が銀ナノ粒子のプラズモン吸収による黄色を呈する。すなわち，銀ナノ粒子がこの時点で生成したことがわかる。TEM像で観察すると（図2），粒径分布が極めて狭い銀ナノ粒子が確認できる。長鎖アルキル鎖の鎖長を変えることによって，銀粒子の粒径がnm刻みで制御できることも特徴のひとつである。マイクロ波照射下では，迅速かつ内部加熱により，反応系の均一な加熱状態を数秒で作り上げることができるため，銀塩の同時な還元的分解反応による均一な銀核発生が起こったのである。さらに，その後，銀核を触媒としてさらに銀塩が銀核表面で還元されて銀金属の析出が起こり，粒径成長が，独立に制御できたことになる。この手法は，銅（図3）[9]，ニッケルナノ粒子[10]など，種々の金属ナノ粒子合成に用いることができる。

　通常の加熱法，たとえばオイルバス，マントルヒーターで加熱した溶液内化学反応において，反応器内の反応溶液は，反応器壁からの熱伝導によって加熱される。反応器内壁に接触している溶液が，最初に温度上昇し，さらに溶液内の温度勾配が形成された結果起こる対流によって反応器内を循環する。この状態で熱の反応系内外の熱移動のバランスが成立したところで熱的定常状態となる。マイクロ波では，熱伝導によらない直接のエネルギー注入によるため加熱が迅速であり，化学反応に用いる数百mlの溶液であれば10秒以内に100 K以上の温度上昇が可能である。

第1章 マイクロ波化学における特殊効果

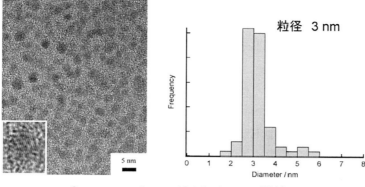

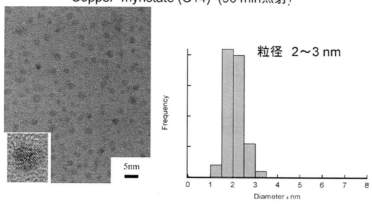

図3 銅ナノ粒子の透過型電子顕微鏡写真

マイクロ波は，溶液内に浸透し，そのエネルギーを熱として物質に与え，内部からの発熱（内部加熱）が起こる。マイクロ波の反応溶液内への浸透深さは，マイクロ波と物質の相互作用の強さ，言葉を変えれば，物質特有の誘電損失係数で決まる。

3.2 ナノ粒子系内均一発生の確認

上でマイクロ波照射下においてナノ粒子が反応系内で均一に発生している機構を述べた。筆者らは，銀ナノ粒子表面における有機分子の表面増強ラマン現象を観測手段として用い，確かにマイクロ波照射下では，反応溶液内において均一にナノ粒子発生反応が進行することを示すことができた[11]。銀核の生成を溶液中で *in situ* 観察する手段として，電子顕微鏡，XRD など生成する粒子を分離乾燥しなければならない観測手段は不適当である。銀ナノ粒子表面に吸着したローダミン 6G 分子は，表面増強ラマン散乱現象を示す。長鎖アルキルカルボン酸銀塩の還元的分解による銀粒子生成初期に生成する銀クラスター（核）の発生開始時点を，ローダミン 6G 分子の表

面増強プラズモン吸収を観測すれば，間接的ではあるが銀核発生時点を特定できると考えた。マイクロ波照射には，シングルモードキャビティーを用い，反応溶液を入れた試験管を電場極大点に設置した。マイクロ波照射下におけるレーザーラマン散乱測定を可能にするため，サイズ，材質を特注することにより，ラマンプローブを試作した（図4）。反応器の壁際と中心にラマンプローブを挿入し，マイクロ波照射下と通常加熱下でローダミン6Gの散乱スペクトルを比較した結果，銀のナノ粒子の核が発生した時点で，色素分子が粒子との相互作用で表面増強ラマン現象を発現し，ラマン散乱を与える。ローダミン6Gに起因するラマン散乱により，銀粒子発生時点を特定することができた。観測されたラマン散乱スペクトル（図5）において1521 cm^{-1}のピークの時間変化を追えば，銀ナノ粒子核の生成開始時点が特定できる。マイクロ波照射下では，通常加熱下に比べ，温度上昇に遅れがあり，その遅れの分だけ銀ナノ粒子発生が遅れることがこの

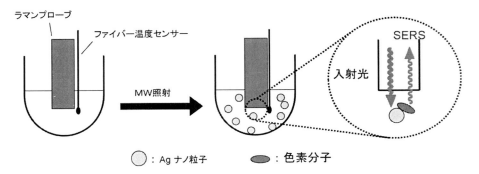

図4　ラマンプローブを用いたマイクロ波照射下 in situ ラマン分光による銀ナノ粒子発生観察

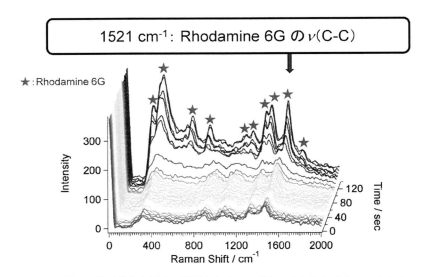

図5　銀ナノ粒子発生と同時に観測されるローダミン6GのSERSスペクトル

第1章 マイクロ波化学における特殊効果

実験で確認できた。マイクロ波では，反応容器内において壁際と中心のどちらでも同時に均一なナノ粒子発生が起こっていることが確認できた。

3.3 物質選択加熱によるマルチ元素ハイブリッドナノ粒子精密合成

　マイクロ波の発熱現象は，物質とマイクロ波との相互作用で決まる。マイクロ波は，誘電体の誘電損失現象と呼ばれる双極子を有する分子あるいは物質構成単位の運動とかかわる電場エネルギーの運動エネルギーへの変換として熱エネルギーとなる。また，磁性成分は，物質の有する磁性損失係数と呼ばれるスピンの運動と関連するエネルギー転換現象により熱へ変換する。さらに，電子や荷電粒子は，電場あるいは磁場成分との相互作用によりジュール損失と呼ばれる熱変換現象も起こす。損失係数が大きい物質は，マイクロ波により選択的に加熱されやすい。したがって，マイクロ波加熱では，系内に存在する複数の物質の中から損失係数の大きな物質を選択的に加熱することが可能となる。銀ナノ粒子合成終了後の溶液に，銅の長鎖アルキルカルボン酸塩を加え，銀粒子合成時より少し高い温度まで加熱することにより，銀コア-銅シェルナノ粒子を合成できる（図6）。この複合構造をコアシェルとするか，どんぐり型とするかという構造制御もマイクロ波によって可能である。銀のコアを合成したのちに，銅のシェルで周囲を被覆する場合には，銀のコアがマイクロ波照射下で局所的選択加熱されており，銀コアが銅塩の還元反応

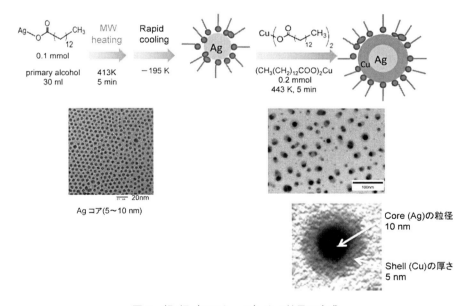

図6　銀-銅（コアシェル）ナノ粒子の合成

に対して触媒反応場として働く。この触媒作用のため，銅塩を単独で還元することによって銅ナノ粒子を合成する場合よりも低温で銅金属は銀コアの表面に析出する。

4 マイクロ波特殊効果としての"非平衡局所加熱現象"

4.1 固体表面上の非平衡局所加熱

マイクロ波加熱は，振動電磁波であるマイクロ波と物質の相互作用によるもので，物質それぞれの有する損失係数によって決定される。上でも述べたように，誘電体内の双極子の運動にかかわる誘電損失，磁性体内の磁子の運動にかかわる磁性損失，電荷の運動によって誘起されるジュール発熱としてジュール損失が，主な3つの損失機構である。それぞれ，物質の構成単位である原子・分子の種類，構造で決定されるため，マイクロ波加熱が物質を選ぶ選択的加熱であることがここでは重要である。

たとえば，誘電損失の小さなデカリンの中に磁性損失を有するコバルト粒子を分散した系にマイクロ波照射する例を考えよう（図7）。マイクロ波の大部分は，デカリン中を透過するが，磁性損失を有するコバルト粒子では，熱となって散逸する。結果的に，この系中では，デカリンの温度は変わらず，コバルト粒子が選択的に加熱される。温度上昇は，容器底部に沈降しているコバルト粒子近傍でまず起こり，その後，熱伝導と対流により熱の拡散が起こる。これが，マイクロ波による選択的加熱であり，また，温度勾配にはまったく無関係であるため"非平衡局所加熱"現象と呼ぶことができる。マイクロ波加熱においては，温度勾配に逆らってエネルギー注入が可能であることは，極めて重要な特長であり，反応系内の局所を選択的に加熱できる。

上記の"非平衡局所加熱"を明確に局所温度測定で示した例を紹介する。コバルト分散DMSO（ジメチルスルホキシド）溶媒系の中に温度プローブとして，ラマンプローブを挿入し，コバルト粒子表面に接している分子の温度を計測した（図8)[12]。ラマン散乱スペクトルでは，被測定対象分子の与えるストークス線とアンチストークス線の比にはボルツマン項が含まれているので，

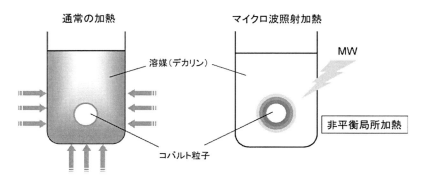

図7 マイクロ波照射下で起こるデカリン中に分散したコバルト粒子の非平衡局所加熱

第1章　マイクロ波化学における特殊効果

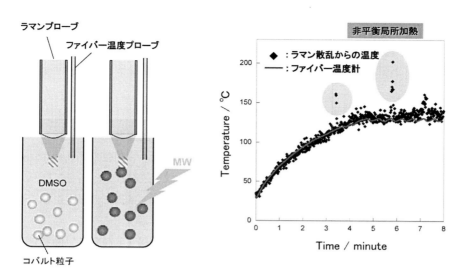

図8　マイクロ波照射下においてコバルト粒子表面に発生した非平衡局所加熱のラマン散乱による検証

ラマン散乱測定によってこれらの比を求めれば，被測定分子の温度が算出できる。DMSO 中にコバルト粒子を分散し，ラマンプローブを挿入した系をマイクロ波照射する。温度の変化をラマンプローブによる温度とラマンプローブ脇に併設した光ファイバー温度計で計測した温度を同時に計測記録する。光ファイバー温度計では，溶液の平均温度が測定され，マイクロ波照射とともに溶液の温度が上昇する。ラマンプローブによる温度には，不規則なスパイクが得られ，光ファイバー温度計によって計測される周囲温度に比較して 20-100 K も高いことがわかった。

この現象は，コバルト粒子表面が 100 K 以上の"非平衡局所加熱"現象を起こしていることを示している。磁性体であるコバルト粒子は，磁性損失を有しているため，マイクロ波磁場成分と相互作用し，マイクロ波エネルギーを熱に変換し，コバルト粒子表面最近接の DMSO 分子を加熱したのである。この最近接分子は，DMSO の沸点（462 K）を超えて加熱されている。すなわち，非平衡状態となっている。

5　非平衡局所加熱によるマイクロ波特殊効果

5.1　固液反応で起こる化学反応促進効果

固体表面の非平衡局所加熱現象は，固体表面上で起こる化学反応の促進現象として現れる[12]。コバルト金属表面における化学反応の一例として，有機溶媒中における含ハロゲン有機化合物の還元的脱塩素化反応が調べられている。コバルト，鉄，ニッケル，あるいはこれらの金属の酸化物をデカヒドロナフタレン（デカリン）中に分散し，ハロゲン化エチルベンゼン，ハロゲン化プ

ロピルベンゼン，ハロゲン化ブチルベンゼンの含ハロゲン化アルキルベンゼン誘導体の脱ハロゲン化反応をマイクロ波照射下と通常加熱下で比較したときに，大きな促進効果がマイクロ波照射系に対して観測されている。2-クロロエチルベンゼンでは，金属粒子を還元剤とする脱塩素化反応が起こり，エチルベンゼンおよび1,4-ジフェニルブタンが生成する。4-クロロブチルベンゼンでは，フリーデルクラフツ反応により，生成物として，1,2,3,4-テトラヒドロナフタレンを選択的に得られる。通常加熱では，ほとんど反応が進行しない条件においても，溶液温度が同じ状態で比較した場合，マイクロ波加熱では，反応が進行し，大きな促進効果が見られることがわかっている。通常加熱下とマイクロ波照射下で反応機構が変化しないとの仮定でマイクロ波の促進効果を温度に換算すると，50 K 前後，温度が周囲高いとして見積もることができる。これは，マイクロ波による固体表面の非平衡局所加熱現象が特殊効果として観測されることを，その原理機構が明らかな形で示した例である。

シングルモード型のマイクロ波照射器を用いれば，電場と磁場を分離して照射することが可能となる。鉄，コバルト，ニッケル，マグネタイトなどの強磁性体の金属粒子は，大きな磁性損失係数を持っているため，マイクロ波の交番磁場と相互作用し，マイクロ波を効率よく熱に変換する。そのため，上記の反応系では，磁場を選択的に照射したときに，大きな促進効果が現れることも明らかとなっている。磁場のもつ加熱あるいは本文章の最後に述べる電子移動過程に対する効果は，マイクロ波の特殊な効果として，極めて興味深く，今まで「マイクロ波非熱的効果」と言われていた現象とは異なる新しいマイクロ波化学につながっていくと期待されている。

5.2　気固反応で起こる化学反応促進効果

固体触媒反応は，現在の化学プロセスにおいて，極めて重要な役割を果たしているため，この反応系にマイクロ波の効果が確認できると，ラボスケールだけでなく，化学プロセスにまでその重要性が拡張される可能性がある。固体触媒反応の多くは，気固不均一系で行われているケースが多い。非平衡局所加熱現象は，熱の拡散・散逸が速い液固反応系よりも，気固反応系ではさらにはっきりと現れるはずである。Pdを担持した活性炭（Pd/C）を触媒としたメタノール分解反応に対するマイクロ波効果が顕著に現れることがすでにわかっている[13]。

マイクロ波を集中して照射するために楕円焦点型のマイクロ波照射系反応装置（図9）を示す。マイクロ波を閉じ込めるためのキャビティーを用い，発振器としては，半導体マイクロ波発振器を用い，マイクロ波と被照射系の整合を取るために，方向結合器，インピーダンス整合器を用いている。

この矩形の金属キャビティー内において，電磁波は，照射される物質の誘電率と形状に依存して分布し，誘電損失係数に依存して熱エネルギーに変換，熱として散逸する。電磁波分布シミュレーターにより，電磁波の分布を計算した。電場の分布（図10）ならびに磁場の分布（図11）は，キャビティー内でアンテナと触媒層との周辺に分布し，結果的に触媒層内での電力損失密度の分布も計算で得ることができる（図12）。たとえば，石英反応管中の触媒層径8 mm，高さ5, 10,

第1章　マイクロ波化学における特殊効果

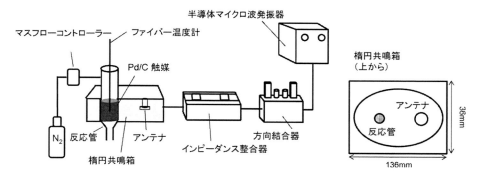

図9　楕円焦点型マイクロ波集中照射装置を用いた固体触媒反応装置

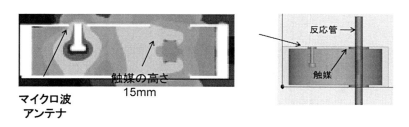

図10　アプリケーター（キャビティー）内の電場分布

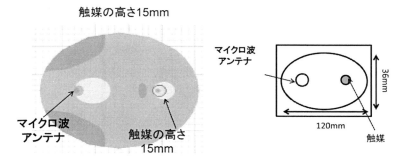

図11　アプリケーター（キャビティー）内の磁場分布

15 mmのPd/C触媒層中において，マイクロ波の電場磁場は，均一に分布し，電力損失すなわち熱に変換するエネルギー量も均一である条件を設定することができる。触媒層中の6点にファイバー温度計を設置し，マイクロ波照射下において温度測定を行うと，各測定点においてマイクロ波の照射とともに温度上昇が起こり，定常状態となることを確かめることができる（図13）。図13に示されているように，温度分布は，触媒層下部半分ではほぼ3℃以内に収まっており，上部半分層では，触媒層上部からの熱放散により温度が低くなっている。上部の温度が低くなっ

61

マイクロ波化学プロセス技術Ⅱ

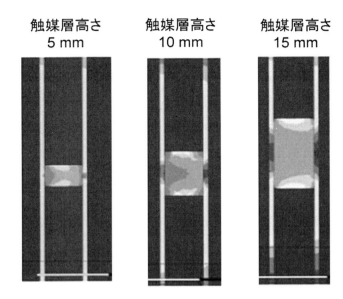

図12　触媒層内における電力損失密度分布のシミュレーション結果

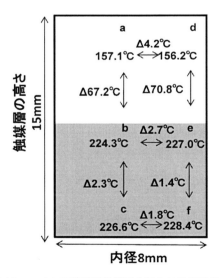

図13　マイクロ波照射触媒層内における温度分布

第1章　マイクロ波化学における特殊効果

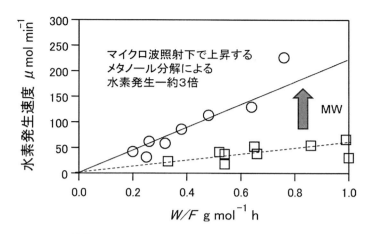

図14　Pd/C触媒によるメタノール分解反応速度の接触時間依存性（498K）
○：マイクロ波加熱，□：電気炉加熱

ているのは，熱が触媒層上部から放散されるためである．注意していただきたいのは，このマイクロ波照射系では，触媒層のみが選択的に加熱されており，それ以外は触媒層からの熱放散の加熱による温度上昇のみであるため，触媒層内の温度に比べ，反応器周辺部分の温度は極めて低くなっていることである．

ここにメタノールを窒素キャリアーにより流して分解反応を転化率10%以下で行ったところ，転化率が接触時間に比例する結果が得られ，この結果から，マイクロ波照射下において，本固体触媒系は理想的な微分型反応形式となっていることが確認できた．接触時間と反応速度の比例関係を示す直線の傾きから反応速度定数を算出することができ（図14），498Kにおいて，マイクロ波照射下では通常加熱に比較して約3倍の反応活性促進が起こっていることが確認できた．このマイクロ波照射固体触媒反応では，反応温度は，触媒層の約半分の下部が反応温度となっており，実際に反応に寄与している触媒量は，ここで反応速度定数を算出するために用いた量の半分程度であることを考慮すれば，実際には，本質的な速度促進は，6-7倍となっているはずである．促進の理由は，現時点では，固体触媒表面上に"非平衡局所加熱"が発生していることを推定している．

6　電子移動反応に対する促進効果

前節で例として示したハロゲン化有機化合物の脱ハロゲン化反応では，金属からハロゲン化有機化合物への電子移動が反応の鍵となる過程である可能性が高い．2-クロロエチルベンゼンの反応では，生成物としてエチルベンゼンの他に1,2-ジフェニルエタンが生じる．これは，反応中間体としてフェニルエチルラジカルが生成していることを強く示唆しており，従って，反応開始は，

電子移動により生成した2-クロロエチルベンゼンのアニオンラジカルである可能性が高い。金属あるいは他の固体の先端部にはマイクロ波の電場が集中し，電子を引き出すことによって引き起こされる放電現象が知られている。放電現象自身が，グリニヤール試薬の活性化に有効であるという報告は，Kappe らがすでに発表しているが[14]，ここで筆者が指摘しておきたいのは，このようなスパークのもつ制御不可能な効果ではなく，化学反応機構とかかわる電子移動反応に対する効果である。

マイクロ波は 10^9 Hz で交番する電場と磁場であるから，電子の運動に影響を与えるあるいは電子移動にともない周囲環境に影響を与えるという仮説があっても不思議ではない。最近筆者らは，固体表面上における酸化還元反応について，マイクロ波の促進効果が見られる現象を見出し，マイクロ波の交番電場と交番磁場が電子移動過程に与える影響に注目している。このマイクロ波の電子移動反応に対する特殊効果について言及するには未だ，知見があまりにも不足しているが，本書の性質上，ここに述べるだけは述べておきたい。

7　さらに提案されつつある"マイクロ波非熱的効果"

マイクロ波照射下で化学系が示す特異な挙動は，通常の化学反応だけではなく種々の分野にわたっている。ここでは，それらについて簡単に述べておきたい。

Deam らは，樹脂に含まれるクロペンタノンの乾燥速度をマイクロ波と通常加熱で比較し，理論的取扱を記述することにより，この乾燥過程に対してマイクロ波特殊効果があるとしている[15]。ここでは，分子拡散に対する電場の影響が示唆されているが，それ以上はこれからの課題とされている。選択的な加熱にかかわる特殊効果として，Stefanidis らは，1-プロパノールとプロピオン酸からの n-プロピル酸プロピル合成における反応蒸留において，マイクロ波による蒸留分離の促進が見られるとしている[16]。通常の平衡を用いる分離に比べて，気液界面をマイクロ波照射することによって，2相系の分離促進を報告した興味深い研究である。電解質中のイオンの挙動に対するマイクロ波効果[17]，マイクロ波によるシリカライト細孔内に吸着したメタノールの選択加熱の観測もなされている[18]。同じ吸着状態でもベンゼンには見られない現象であり，さらにこの系では，吸着状態で拘束されているため並進ではなく回転エネルギーとしてマイクロ波エネルギーが系に散逸することが述べられており，吸着状態では特殊なマイクロ波効果が起こる可能性を示唆している。

生体，生物化学におけるマイクロ波効果については，大内が担当しているので，ここでは単にDeiters らの論文指摘にとどめておくこととする[19]。生体，生命科学でのマイクロ波利用は複雑系であるだけ，種々の要因があり得，解明には時間を要すると思われるが，医療，生命現象解明を含めて，非常に重要な分野へと発展していくと考えられる。

第 1 章　マイクロ波化学における特殊効果

文　　献

1) "Microaves in Organic Synthesis, Second, completely Revised and Enlarged Edition, Andre", Loupy, Wiley-VCH (2006)
2) R. Gedye *et al.*, *Tetrahedron Lett.*, **27**, 279 (1986)；R. J. Giguere *et al.*, *Tetrahedron Lett.*, **27**, 4945 (1986)
3) D. A. Lewis *et al.*, *J. Poly. Sci.*, **30A**, 1647-1653 (1992)
4) A. Loupy *et al.*, *Pure Appl. Chem.*, **73**, 161-166 (2001)
5) S. Marque *et al.*, International Symposium on Microwave Science, Takamatsu (Japan), July 27th 2004.
6) J. G. P. Binner *et al.*, *J. Mat. Sci.*, **30**, 5389-5393 (1995)
7) M. A. Herrero *et al.*, *J. Org. Chem.*, **73**, 36-47 (2008)
8) T. Yamamoto *et al.*, *Chem. Lett.*, 158-159 (2044)
9) T. Nakamura *et al.*, *Bull. Chem. Soc. Jpn.*, **80** (1), 224-232 (2007)
10) Y. Wada *et al.*, *Chem. Lett.*, **28**, 607-608 (1999)
11) Y. Tsukahara *et al.*, *Chem. Lett.*, **35**, 1396-1397 (2006)
12) Y. Tsukahara *et al.*, *J. Phys. Chem. C*, **114**, 8965-8970 (2010)
13) S. Fujii, H. Kujirai, D. Mochizuki, M. M. Maitani, E. Suzuki, Y. Wada, N. Mayama, *in preparation.*
14) B. Gutmann *et al.*, *Angew. Chem. Int. Ed.*, **50**, 7636-7640 (2001)
15) C. Antonio, R. Deam, *Phys. Chem. & Chem. Phys.*, **9**, 2976-2982 (2007)
16) E. Altman *et al.*, *Ind. Eng. Chem. Res.*, **49**, 10287-10296 (2010)
17) K. Huang *et al.*, *New J. Chem.*, **33**, 1486-1489 (2009)
18) H. Jobic *et al.*, *Phys. Rev. Letts.*, **106**, 157401-1-4 (2011)
19) D. D. Young *et al.*, *J. Am. Chem. Soc.*, **130**, 10048-10049 (2008)

第2章　電磁波理論によるマイクロ波と物質との相互作用
マイクロ波化学反応機構の構築への序章

佐藤　啓[*1]，和田雄二[*2]

1　はじめに

　電磁波としてのマイクロ波の特徴の一つは，波長が他の可視光以下の電磁波と比較して長いことである。可視光からX線程度の波長までの電磁波の場合，電気的相互作用が磁気的相互作用よりも強いので電磁波特性として誘電関数（角振動数 ω の関数としての誘電率）が主役であるのに対して，マイクロ波の場合は，電気的相互作用のみならず，磁気的相互作用も考慮しなければならない。このようなマイクロ波と化学反応機構との相互関係についてはまだまだよく分かっていないというのが現状である。実験事実としてマイクロ波が多くの化学反応において有効であることは数多く報告されている。その大部分は誘電緩和による発熱効果に関連するものである。その代表的なものとしては，スーパーヒーティング，選択加熱，ホットスポットの形成等が挙げられる。実験結果より得られる，これらの特異的性質からマイクロ波による加熱方法は，高エネルギー分子や原子等との衝突に起因する熱拡散による方法とは本質的に異なっていると考えられる。その意味において，マイクロ波による選択的直接加熱のメカニズムの解明は極めて重要である。発熱機構についてもまだよく分かっていないというのが現状であるが，その解明の鍵になると考えられるのが物質を構成する振動子系との相互作用である。その主役は双極子である。このような展望に立ち，本章では振動子モデルを主眼とした説明をおこない，マイクロ波と化学反応についても考察する。はじめに，電磁波について最小限の必要事項を整理し，分極，誘電関数について基本的説明をする。次に発熱の主役である振動子のモデルを提示する。さらに磁化と磁気双極子について説明をおこなう。その結果，マクロレベルでは電気双極子と同様に，磁気双極子が扱えるようになる。ただし，ここでスピンが登場する。電磁場の理論で電場と磁場は表現形式がマクロでは対称的であるが，電場の発生メカニズムが比較的単純であるのに対し，物質の磁性は本質的には量子力学的効果であり，一般には複雑である。磁性の本質はスピンにあるからである。マイクロ波と物質の磁性との相互作用を考えるとき，スピンが重要な役割を担っているため，スピンから磁気双極子に至る想定のプロセスに関して以下でその概略を取り上げる。

　振動子モデルについては，電子やイオン等の変位による分極のモデルと有極性分子による分極のモデル（デイバイ型モデル）を提示する。マイクロ波との相互作用は後者のモデルが使われる

---

*1　Kei Sato　上野ゼミナール　代表取締役
*2　Yuji Wada　東京工業大学　大学院理工学研究科　応用化学専攻　教授

第2章　電磁波理論によるマイクロ波と物質との相互作用

が，前者のモデルが基本であり，後者は前者から導かれるため，二者を提示した．振動子とマイクロ波の相互作用は線形微分方程式で表される．このモデルは電場で議論を代表する．形式的には磁場もマクロレベルでは同様な議論が可能である．しかし，たとえば変動磁場と強磁性体の相互作用は，電場における議論と平行に扱えるほど単純ではない．振動子に印加される電場は角速度ωの変動電場であるので，このタイプの微分方程式の解は強制振動解として容易に求められ，線形を維持した微分項の追加修正による解も容易に求まる．これは状況に応じてモデルの修正が可能であることを意味している．この解より，物質の複素感受率，複素誘電率が求められる．熱振動の場合では，この複素誘電率が重要である．ところで，マイクロ波の吸収されるエネルギーについて注意すべきことがある．吸収されたエネルギーは自由エネルギーである．したがって，このエネルギーは熱として拡散されるものもあれば（系の内部エネルギーの上昇），系のエントロピー減少に寄与するものもある．熱効果だけではなく，系のエントロピー減少は化学反応機構に影響を与える可能性がある．また，吸収エネルギー量を計算するとき，誘電率は温度の関数でもあり，温度変化を考慮したエネルギー量の計算は一般には複雑である．以下で示したものは一定温度，つまり，誘電率を定数として扱ったものであることに注意．また，分極や磁化は一般には電場と磁場の関数であり，物質の性質によっては誘電率や透磁率はテンソルで表されるが，ここでは最も簡単なスカラーの場合についてのみ扱う．また，ここで使用されているベクトルの微分演算子について補足説明が章末にある．必要に応じて参照していただきたい．

2　電磁場の基礎理論と振動子モデル

2.1　電磁波

　マイクロ波は電磁波の一種であり，基本的な性質は電場の理論であるMaxwellの方程式から導かれる．この方程式は19世紀末までに，理論的にはMaxwellによりなされ，ここに現われる4つの簡潔な微分方程式として，Hertzによってまとめられたと言われている．電磁力学は，光（電磁波）を粒子として取扱う量子力学が作られる以前の古典論である．量子力学がミクロスコピックであるのに対し，電磁力学はマクロスコピックな理論である．電磁波と物質の相互作用を考えるとき，電磁波の波長が重要な因子となり，マイクロ波の波長域では量子効果が表出せずに，集積効果が現れる．10^8 Hzの振動数で等方的に発信する出力100 WのFMアンテナは，100 km離れた点で2乗平均の平方根がわずか0.5 mV/mの電場を生じるが，これでも10^{12}個／cm^2・sの光子の流束に対応する．放出，吸収される多数個の光子の集積効果は，連続で巨視的な観測可能な応答として現れる（Jackson）．このような場合，Maxwellの方程式は古典的ではあるが，記述には適している．これは，個々の光子の運動量が物質系の運動量に比べ小さい場合に相当する．以下単位は国際単位系とし，波の式は平面波（任意の時間における同一位相となる波面が平面となるもの）を用いる．

　多量の光子集団のつくる場は4つのベクトル空間ベクトル E, B, D, H で表され，時間tと空間

の位置ベクトル r の関数である。それぞれ電場（の強さ），磁束密度，電束密度，磁場（の強さ）である。rot, div, grad はそれぞれ，三次元空間ベクトルの微分演算子としての回転，発散，勾配を表すものとする。

(1) 真空中の Maxwell の方程式と電磁波の描像

電磁場は次の微分方程式で表される。

$$\text{rot } E + \frac{\partial B}{\partial t} = 0 \qquad (1\text{-}1) \qquad \text{rot } H - \frac{\partial D}{\partial t} = 0 \qquad (1\text{-}2)$$

$$\text{div } D = 0 \qquad (1\text{-}3) \qquad \text{div } B = 0 \qquad (1\text{-}4)$$

$$D = \varepsilon_0 E \qquad (1\text{-}5) \qquad B = \mu_0 H \qquad (1\text{-}6)$$

(1-1), (1-2) において両辺に rot の演算を行い，E, H でまとめると，

$$\text{rot rot } E + \varepsilon_0 \mu_0 \frac{\partial^2 E}{\partial^2 t} = 0 \qquad (1\text{-}7) \qquad \text{rot rot } H + \varepsilon_0 \mu_0 \frac{\partial^2 H}{\partial^2 t} = 0 \qquad (1\text{-}8)$$

が得られ，直交座標系での関係式 rot rot E = grad div $E - \Delta E$ と grad div $E = 0$ を用いると (1-7), (1-8) はそれぞれ，

$$\Delta E = \varepsilon_0 \mu_0 \frac{\partial^2 E}{\partial^2 t} \qquad \Delta H = \varepsilon_0 \mu_0 \frac{\partial^2 H}{\partial^2 t} \qquad (1\text{-}9)$$

となり，$\varepsilon_0 \mu_0 = \frac{1}{c_0^2}$（$c_0$ は真空中の光速）の関係より，E と H は光速で空間を伝播する同一振動数の波動であることが分かる。(1-9) の波動の微分方程式は平面波（$E = E_0 e^{-i(\omega t - k \cdot r)}$）を解にもつ。平面波の特徴として独立な解が2つ存在する。複素数表示は計算の便宜のためであり，実際の物理量はその実部に対応する。この平面波に対して，Maxwell の方程式は，

$$k \times E = \omega B = \omega \mu_0 H \qquad (1\text{-}10) \qquad k \times H = -\omega D = -\omega \varepsilon_0 E \qquad (1\text{-}11)$$

$$k \cdot D = 0 \qquad (1\text{-}12) \qquad k \cdot B = 0 \qquad (1\text{-}13)$$

と表せる。空間微分，時間微分の項が簡単なベクトルの内積（・）と外積（×）を用いた式に書き換えられることに注意。

また，(1-10) と (1-11) の連立方程式が解をもつための条件より，$|k| = k$, H の振幅を H_0, E の振幅を E_0 とすると，

$$k^2 = \omega^2 \varepsilon_0 \mu_0 \qquad k E_0 = \omega \mu_0 H_0 \qquad (1\text{-}14)$$

でなければならない。(1-14) より，

$$\frac{H_0}{E_0} = \sqrt{\frac{\varepsilon_0}{\mu_0}} \qquad (1\text{-}15)$$

の関係が成立する。H_0 と E_0 は互いに独立ではないことに注意。

(1-12), (1-13) より電場，磁場は進行方向（k と同方向）に対して垂直となる横波であるこ

第 2 章　電磁波理論によるマイクロ波と物質との相互作用

とが分かる。さらに (1-10), (1-11) より電場と磁場も互いに垂直であり，E, H, k はこの順序で右手系をなしている。

(2) エネルギーの伝播とポインティングベクトル S

電磁波はエネルギーと運動量（光子の静止質量はゼロであるが運動量をもつことは，アインシュタインの特殊相対性理論から導かれる。光子は止まることができないのである。）をもち，電磁波の伝播とともに空間の中を移動する。

ここで議論を簡略化するために，原点における一つの偏光 $E = (E_0 \cos(\omega t),\ 0,\ 0)$, $H = (0,\ H_0 \cos(\omega t),\ 0)$ について計算を行う。ただし，E_0, H_0 は振幅とする。

(1-5) と (1-6) の関係を用いて，電磁エネルギー密度の平均 $<u>$（1周期についての平均）は，

$$<u> = <\frac{1}{2}\varepsilon_0(E_0\cos(\omega t))^2 + \frac{1}{2}\mu_0(H_0\cos(\omega t))^2>$$

$$= \frac{1}{4}\varepsilon_0 E_0^2 + \frac{1}{4}\mu_0 H_0^2 \qquad ここで \ <(\cos(\omega t))^2> = \frac{1}{2}\ を用いた。$$

$$= \frac{1}{2}\varepsilon_0 E_0^2 \qquad (1\text{-}15)\ より \qquad (1\text{-}16)$$

エネルギーの流れであるポインティングベクトル $S = E \times H$ の時間平均は，同様にして，

$$<S> = \frac{1}{2}E_0 H_0 = \frac{1}{2}\sqrt{\frac{\varepsilon_0}{\mu_0}}E_0^2 = c_0 <u> \qquad (1\text{-}17)$$

となり，平均的エネルギー密度 $<u>$ が光速 c_0 で伝播する描像と一致する。

(3) 物質中の電磁波

物質中の電磁波は次の Maxwell の方程式を満たす。i は電流密度，ρ は電荷密度とする。

$$\text{rot } E + \frac{\partial B}{\partial t} = 0 \qquad (1\text{-}18) \qquad \text{rot } H - \frac{\partial D}{\partial t} = i \qquad (1\text{-}19)$$

$$\text{div} D = \rho \qquad (1\text{-}20) \qquad \text{div } B = 0 \qquad (1\text{-}21)$$

$$D = \varepsilon E \qquad (1\text{-}22) \qquad B = \mu H \qquad (1\text{-}23)$$

ここで誘電率と透磁率が真空中の ε_0, μ_0 から物質中の ε, μ に変わっている。

また，i と ρ については互いに自由に与えることができるものではなく，電荷量保存の法則が成り立たなければならない。すなわち，

$$\frac{\partial}{\partial t}\rho + \text{div } i = 0 \qquad (1\text{-}24)$$

実は，この式については (1-19) の両辺の div をつくることで得られる。すなわち，Maxwell の方程式では常に成立が保証されている。物質中での電磁波は真空中の電磁波の ε_0, μ_0 を ε, μ に入れ替えたものと考えることができる。したがって，電磁波と物質の相互作用は形式上，ε, μ に現れることになる。これは，物質に電場が作用すると，物質内で分極 P がおこり，磁場が作

用すると，磁化 M がおこるからであり，それぞれが，

$$D = \varepsilon_0 E + P \qquad (1\text{-}25) \qquad H = \frac{1}{\mu_0} B - M \qquad (1\text{-}26)$$

の関係で結ばれている。P と E，B と M がそれぞれ平行である場合は（1-22），（1-23）の関係式で表すことができる。平行でない場合はテンソル表示となる。

2.2 物質の分極 P

(1) 巨視的電気分極 P

誘電体に，外から電場 E を作用させると，正電荷と負電荷は力を受け，互いに逆方向に変位し，微視的な電気双極子を誘起し，電気的分極が生じる。また有極性分子からなる系では，平均電気分極ゼロのランダムな回転熱運動をしている極性分子が，電場により同方向に平均的に揃い，電気分極が発生する。ただし，巨視的電場 E に対して，微視的な場で作用する電場は局所電場と呼ばれ，E とは異なり，たとえばローレンツ補正項のような修正項を加えた電場である。この補正項の平均はゼロとなり，巨視的には現れない項である。ここで誘起された電気双極子モーメントと有極性分子の電気双極子モーメントを p として，位置 r における巨視的電気分極を，

$$P(\mathbf{r}) = \frac{\sum_i p_i}{\delta V} \qquad (2\text{-}1)$$

で定義する。これは電気分極を体積によって平均化したものである。δV の大きさは，一辺が 1 μm 程度の立方体の体積とすればよい。巨視的電気分極と平均化された微視的電気分極は，

$$P = n\langle p \rangle = n\varepsilon_0 \alpha E \qquad (2\text{-}2)$$

と表せる。α は分極率，n は電気双極子の数密度である。

このように電場に比例して電気分極が現れる誘電体を常誘電体といい，その電気分極は，

$$P = \varepsilon_0 \chi E \qquad (2\text{-}3)$$

と表され，比例定数 χ を電気感受率という。

(2) 誘電関数

角振動数 ω で周期的に変動する電場に対する物質の電気感受率は ω に依存する。ω の関数となる誘電率を誘電関数という。これは電気分極の担い手となるものがそれぞれ固有の運動をしているからである。時刻 t における分極は，

$$P(t) = \varepsilon_0 \int_{-\infty}^{t} \chi(t-t')E(t')dt' \qquad (2\text{-}4)$$

と表される。$\chi(t-t')$ は時間発展を考慮にいれた電気感受率である。時刻 t' における電場の作用がそれ以前の時刻には影響しない，つまり，$t-t' < 0$ のとき $\chi(t-t') = 0$ であるという因果律

第2章　電磁波理論によるマイクロ波と物質との相互作用

を満たし，さらに，重ね合わせの原理を満たすことを表現したものである。さらに電場を時間的フーリエ積分で表すと，

$$E(t) = \frac{1}{2\pi} \int_{-\infty}^{\infty} E(\omega)\exp(-i\omega t)d\omega \qquad (2\text{-}5)$$

となり，(2-4)，(2-5) より次の関係式が得られる。

$$P(\omega) = \varepsilon_0 \chi(\omega) E(\omega) \qquad (2\text{-}6)$$

この式により，P，χ，E を ω の式として扱うことができる。ただし、$\tau < 0$ において $\chi = 0$ なので積分区間の下限を $-\infty$ にした。

$\chi(\omega)$ は，$\chi(\tau)$ のフーリエ変換で，次式で得られる。

$$\chi(\omega) = \int_{-\infty}^{\infty} \chi(\tau)\exp(i\omega\tau)d\tau \qquad (2\text{-}7)$$

(2-7) の逆変換は，

$$\chi(\tau) = \frac{1}{2\pi} \int_{-\infty}^{\infty} \chi(\omega)\exp(-i\omega\tau)d\omega \qquad (2\text{-}8)$$

となる（補足 Euler の公式 $e^{ix} = \cos x + i\sin x$，この式は e（ネイピア数）と三角関数を虚数単位 i を用いてつないだ画期的な関係式である）。

2.3　振動子モデル

電場が周期的に変動する場合は，振動子モデルが使われる。代表的な2つを取り上げる。

(1) 振動子モデル1（イオンや電子などを振動子とするモデル）

電気分極の分極速度が大きくない場合は電磁誘導の効果を無視することが可能である。電場が周期的に変動する場合，

$$E = E_0 \cos \omega t = \text{Re}\left[E_0 \cos(-i\omega t) \right]$$
$$\text{Re}[\ ] \text{ は } [\ ] \text{内の複素数の実数部分} \qquad (3\text{-}1)$$

イオンや電子の変位による分極の微視的分極の平均値 $<p>$ に対する運動方程式は，

$$m<\ddot{p}> = -K<p> - m\gamma<\dot{p}> + q^2 E \qquad (3\text{-}2)$$

p の上のドットは時間微分を表し，K は復元力を表す定数，γ は抵抗力の係数，q は電荷量である。以下下付きの c は複素数であることを表す。実数値の物理量を，その実部として含むような複素数に拡張する場合，拡張された2つの複素数の積の実部が実数値の2つの物理量の積と一致するようなものでなければならないことに注意。

$$P_c = n<p_c> = \varepsilon_0 \chi(\omega) E_0 \exp(-i\omega t) \qquad (3\text{-}3)$$

71

により複素感受率を定義する。上の微分方程式の解として $\exp(-i\omega t)$ に比例する強制振動解を求め，複素感受率を求めると，

$$\chi(\omega) = \frac{nq^2}{\varepsilon_0 m[\omega_0^2 - \omega^2 - i\gamma\omega]} = \chi_1 + i\chi_2 \tag{3-4}$$

ここで $\omega_0 = \sqrt{K/m}$ と置き，これは復元力による微視的双極子の固有角振動数を意味する。

$$P = \text{Re}\left[\varepsilon_0 \chi(\omega) E_0 \exp(-i\omega t)\right]$$

$$= \varepsilon_0 E_0 (\chi_1 \cos(\omega t) + \chi_2 \sin(\omega t))$$

$$= \varepsilon_0 |\chi| E_0 \cos(\omega - \delta) \tag{3-5}$$

より複素感受率を上記のように定義することで，電気分極 P の振動の位相が電場の位相から δ だけずれることがわかる。ただし δ は，

$$\tan\delta = \frac{\chi_2}{\chi_1} = \frac{\gamma\omega}{\omega_0^2 - \omega^2} \tag{3-6}$$

である。さらに誘電体による平均エネルギー吸収率 W（電場による電気分極に対する仕事率）は，時間変動の1周期 T_p 平均をとると，

$$W = \frac{1}{T_p}\int_0^{T_p} P\,dE = \frac{\omega}{2}|\chi|E_0^2 \sin\delta = \frac{\omega}{2}\chi_2 E_0^2 \tag{3-7}$$

$$= \frac{nq^2 \gamma \omega^2 E_0^2}{2\varepsilon_0 m\{(\omega_0^2 - \omega^2)^2 + \gamma^2\omega^2\}} \tag{3-8}$$

(2) 振動子モデル2（デバイ緩和型モデル，極性分子の双極子が振動子）

極性分子が振動子となり，微視的双極子を形成し，電場がない状態ではランダムな力を受け，ブラウン運動をしている。電場がかかると，双極子モーメントの方向が揃い，分極が発生する。このモデルの (3-9) 式は振動子モデル1において復元力ゼロ（$K=0$），回転運動の慣性効果がほとんど無視できるのでその効果ゼロとした分極の方程式であり，$\chi(0)$ を静電場に対する感受率として，

$$\tau\dot{P} + P = \varepsilon_0 \chi(0) E \tag{3-9}$$

と書ける。振動子モデル1と同様に，強制振動解を求め，係数比較により，

$$\chi(\omega) = \frac{\chi(0)}{1 - i\omega\tau} = \frac{(1 + i\omega\tau)\chi(0)}{1 + \omega^2\tau^2} = \chi_1 + i\chi_2 \tag{3-10}$$

が得られる。この複素感受率をデバイ緩和型，τ をデバイの緩和時間という。χ_1 は $\omega\tau \ll 1$ のときは，ほぼ一定であり，ω が $\frac{1}{\tau}$ を超えるあたりから小さくなる。χ_2 は $\omega = \frac{1}{\tau}$ で極大になり，電場のエネルギー吸収率 $\frac{\omega}{2}\chi_2 E_0^2$ も極大になる。

第2章　電磁波理論によるマイクロ波と物質との相互作用

2.4　誘電体のエネルギー吸収

誘電体には，さまざまな分極機構（振動子と考えてよい）があり，それぞれが固有の角振動数をもっている。それぞれの分極機構からの総和として感受率 χ が決まる。各機構の固有振動数と電場の角振動数との関係から χ への寄与が決まる。逆に χ_1，χ_2（吸収率も同様）から誘電体の分極の微視的機構についての知見も得られる。

物質の複素感受率は量子力学により計算可能である。物質中にさまざまな固有角振動数をもつ振動子モデルを考え，その総和として複素感受率を計算する。それぞれの振動子は分極を担う固有モードに対応し，固有角振動数 ω，量子準位間の遷移エネルギー E_t とすると，

$$E_t = \hbar\omega \tag{4-1}$$

　　　ただし　$\hbar = 2\pi/h$　　h はプランクの定数

の関係がある。

χ_2 が極大となる ω_{max} に対して，エネルギー $\hbar\omega$ の遷移により電磁波が物質に共鳴吸収される。

2.5　物質の磁化

正負の電荷から分極により生じた電気双極子を用いて誘電性を説明することは非常に分かりやすい。しかし，そもそも磁荷が単独で存在しないにもかかわらず，磁荷の分極により生じた磁気双極子なるものが存在しているような議論が可能なのはなぜだろうか。マイクロ波の磁場と物質の磁性の相互作用を考えるとき，複雑な物質の磁性について，ある程度の本質的な理解は欠かせない。物質の磁性は量子力学的効果がその本質である。ここでは，磁気の担い手について概略を説明する。スピンは電子の専売特許ではないことに注意。

(1)　スピン角運動量

スピンという概念は，ディラックの相対論的量子力学の枠組みから自然に導かれる。粒子の状態は，時空間に抽象的なスピノール空間を補った空間における量子力学的状態として記述される。この理論によると，物質の磁性，すなわち巨視的磁性を議論するエネルギーレベルにおいては，相対論的効果はほとんど消えて，粒子のハミルトニアン（エネルギーの式）Ha は，近似的に，

$$Ha = \frac{1}{2m}(p - qA)^2 + q\phi + g\frac{q\hbar}{2m}s \cdot B \tag{5-1}$$

と表せる。ただし，この近似は原子の領域である 10^{-10} m 以上でなり立つもので，これより小さいレベルではなり立たないことに注意。ここで，m は粒子の質量，q は電荷，ϕ は電位，A はベクトルポテンシャル，$\hbar$ は $h/2\pi$ で角運動量の単位，g は粒子によって決まる定数，B は真空中の微視的磁束密度とする。この式に現れる s はスピン角運動量とよばれている量である。(5-1)の最後の項は s に比例する量と磁場との相互作用エネルギーである。電場と電気双極子との相互作用エネルギーの形の対比より，$\mu_0 g \frac{q\hbar}{2m}s$ をスピンによる磁気双極子モーメントと考えてよい。

荷電粒子の軌道運動による磁気双極子モーメントは $\mu_0[r \times qv]/2$ であり，スピンの双極子モーメントを加えた磁気双極子モーメント m_p は，

$$m_p = \mu_0 \left[\frac{[r \times qv]}{2} + g \frac{q\hbar}{2m} s \right] \tag{5-2}$$

$$= \mu_0 \left[\frac{q\hbar}{2m} l - \frac{q^2}{2m}(r \times A) + g \frac{q\hbar}{2m} s \right] \tag{5-3}$$

と表せる。ただし，磁場中の粒子速度 v と運動量 p の関係式 $mv = p - qA$ を用いた。

ここで l は粒子の軌道運動による角運動量 $r \times p$ を $\hbar$ を単位として表したものである。

(5-3)の第2項は反磁性に関するものである。s は仮想的2値空間であるスピノール空間における状態を表し，空間成分をもつベクトルであるがどの成分値も $1/2$ か $-1/2$ に限られている。s は粒子が運動していなくてももっている角運動量なので自転のように考えられたが，正しくないことが後に明らかとなった。(5-3)を用いて，(5-1)のエネルギーのうち，磁場の1次の項 Hz を取り出し，(5-3)の第2項の反磁性の項を除いたもの，

$$m = \mu_0 \left[\frac{q\hbar}{2m} l + g \frac{q\hbar}{2m} s \right]$$

を用いて，

$$Hz = -\frac{q\hbar}{2m}[l + g\,s] \cdot B$$

$$= -\frac{m \cdot B}{\mu_0} \tag{5-4}$$

と表せ，これが電場における電気双極子のエネルギーと同形になる。このエネルギーをゼーマンエネルギーという。

(2) 電子の磁気双極子モーメント

電子の磁気双極子モーメントについての角運動量の部分は，(1)において $q = -e$，$m = m_e$（電子の質量），$g = g_e$ とおけば得られ，

$$m_{electron} = -\mu_0 \frac{e\hbar}{2m_e}[l + g_e s] \tag{5-5}$$

と表せる。

(3) スピンのつくる微視的磁束密度と微視的磁場

点 r' に点状のスピン磁気双極子（その双極子モーメントを m_s とする）がある場合，それによって点 r につくられる微視的磁束密度 B_s は，m_s によってつくられるベクトルポテンシャル A_s を用いて $B_s = \mathrm{rot}\, A_s$ より求めることができる。以下の式は煩雑であるが，

$$A_s = \frac{m_s \times (r - r')}{4\pi |r - r'|^3} = \frac{-m_s}{4\pi} \times \nabla \frac{1}{|r - r'|} \tag{5-6}$$

より，

第2章　電磁波理論によるマイクロ波と物質との相互作用

$$B_s = \text{rot } A_s = \nabla \times A_s$$
$$= \frac{3[m_s \cdot (r-r')](r-r') - (r-r')^2 m_s}{4\pi |r-r'|^5} - \frac{2m_s}{3}\delta(r-r') \tag{5-7}$$

となる。第2項の$\delta(r-r')$はデルタ関数であり、この項は接触項とよばれ、$r=r'$のときのみ現れる部分である。また、計算過程を省略するが、

$$\text{div } B_s = 0 \tag{5-8}$$

も成り立つ。

ここでB_sを用いて微視的磁場H_sを次のように定義する。

$$H_s = \frac{1}{\mu_0}[B_s - m_s \delta(r-r')]$$
$$= \frac{3[m_s \cdot (r-r')](r-r') - (r-r')^2 m_s}{4\pi\mu_0 |r-r'|^5} - \frac{m_s}{3\mu_0}\delta(r-r') \tag{5-9}$$

この定義のH_sは、点状の電気双極子がつくる電場の式にキッチリと対応したものとなる。点状の電気双極子がつくる電場の式については電磁気学の本には必ずあるのでここでは省略した。(5-9)より、H_sは、スピン磁気双極子を磁荷N, Sの近接した対とみなしたときの磁場と仮定することが可能となる。これより、分極の議論が磁化についても同様な構造で行うことができるようになる。ただし、(5-9)の定義には一つ問題点がある。接触項については正しく表現されていないことである。しかし、マイクロ波と相互作用をおこなう対象は、多くの電子スピンの集まりの磁性によるものであるため、δ関数である接触項はゼロとみなしてよい。

(4) 電子の交換相互作用

2つの電子間のクーロンエネルギーの値は互いのスピンの向きによって異なる。スピンs_1, スピンs_2が平行な場合と反平行な場合のエネルギーの差を$-J$とすると、相互作用エネルギーHexは、

$$Hex = -2Js_1 \cdot s_2 \tag{5-10}$$

となる。(5-10)は2つの電子の配置交換による量子状態と関係するので、交換相互作用によるエネルギーである。Jは交換エネルギーと呼ばれている。電子の交換相互作用は、接触項による相互作用や磁気双極子による相互作用より、はるかに強い。

(5) 物質の磁化

電子が原子やイオン中で局在している場合、電子の軌道角運動量とスピン角運動量の間には相互作用があるので、その合成された角運動量になる。これをSとおくと磁気モーメントmは、

$$m = -\mu_0 m_B g S = -GS \tag{5-11}$$

と表せる。この微視的な双極子の集団のつくる磁化Mを求める。電気分極の式 (2-1) と同様に

して体積平均によって定義する。

$$M(\mathbf{r}) = \frac{\Sigma_i \boldsymbol{m}_i}{\delta V} \tag{5-12}$$

Mの単位は［Wb/m^2］である。微視的双極子は熱運動によりランダムな方向を向いているので，磁場HがあるときのSの磁場方向の成分がS_zとなる確率は，ボルツマン分布より，$\exp[GS_zH/kT]$に比例する。したがって磁場方向の磁気双極子モーメントの平均は，

$$\langle m_z \rangle = \frac{\sum\limits_{S_z=S,-S} -GS_z \exp[GS_zH/kT]}{\sum\limits_{S_z=S,-S} \exp[GS_zH/kT]} \tag{5-13}$$

となるが，高温近似，すなわち$GSH \ll kT$のとき，(5-13)の近似をとる。

$GSH/kT \ll 1$より，指数関数$\exp[GS_zH/kT]$をテーラー展開して，一次の項までとり，和を求めると，

$$\langle m_z \rangle = \frac{G^2 S(S+1)}{3kT}H \tag{5-14}$$

となり，この値は温度に依存する。$\langle m_z \rangle$の個数密度をnとして，磁化は，

$$M = n\langle m_z \rangle = \mu_0 \chi H \tag{5-15}$$

となり，磁場に比例する。χは磁気感受率を表す。

金属中の電子のように物質全体を動き回る自由電子の場合は，結果のみを書くと，

$$\langle m_z \rangle = \frac{3G^2}{8E_F}H \tag{5-16}$$

ただし，E_Fはフェルミエネルギーである。この場合は温度に依存しない。

2.6 強磁性体

微視的双極子の間の相互作用が強い物質は，外磁場がなくても自発的に磁気モーメントの向きがすべてそろう。このような物質は強磁性体と呼ばれ，マイクロ波と相互作用をおこなう。

3 マイクロ波と化学反応

3.1 平衡系から非平衡系へ

Loupyらは有機合成反応におけるマイクロ波の有効性について論じている。溶媒の極性の有無と溶媒なし，それぞれの条件下において遷移状態における分極との関係を検討している。その結論によると，遷移状態の極性が大きいものほどマイクロ波が有効であり，さらに活性化エネルギーの大きいものほど，有効性が高い，すなわち，ΔGが小さくなり安定化するといえる。Arrhenius則（$k = A\exp(-\Delta G/RT)$ただしAは頻度因子で温度に依存しない，ΔGは活性

第2章 電磁波理論によるマイクロ波と物質との相互作用

化エネルギー）を用いて，反応速度の議論もおこなっている。頻度因子 A は温度に依存することが知られており，現在では Eyring の絶対反応速度論を用いて議論されることが多い。ただし，これらの議論は反応物と活性錯体は常に平衡状態にあり，反応の速さは分子がどれだけの速さで活性錯合体を通って生成物領域に向かうかによって決まることを前提としている。マイクロ波との相互作用を考えるとき，平衡状態における議論から一歩進めて，基底状態から遷移状態に至るまでの反応物の非平衡な動的プロセスを対象とする微視的動力学の立場から，すなわち，遷移状態論の対場から反応速度定数を議論する必要がある。たとえば，選択加熱効果で溶質をスポットヒーティングする場合，溶質と溶媒が熱平衡の状態にはないからである。遷移状態論では反応速度定数は，たとえば，反応 A + BC → AB + C とすると，

$$k_{i \to f}(T) = \int_0^\infty F(E_k) v \, \sigma_{i \to f}(E_k) dE_k \tag{7-1}$$

と表せる。ただし，i, f, E_k, $F(E_k)$, $\sigma_{i \to f}(E_k)$, v はそれぞれ，初期内部状態，終内部状態，反応分子の相対運動エネルギー，運動エネルギーに関する Maxwell-Boltzmann 分布，内部状態変化（$i \to f$）に対応する運動エネルギー E_k での断面積，相対速度とする。また Maxwell-Boltzmann 分布は次式で与えられる。

$$F(E) = \left[\frac{8}{\pi \mu (kT)^3}\right]^{1/2} \exp[-E/kT] \tag{7-2}$$

$$\int_0^\infty F(E) dE = 1 \tag{7-3}$$

$$\mu = \frac{m_A(m_B + m_C)}{m_A + m_B + m_C} \tag{7-4}$$

また，衝突断面積 $\sigma_{i \to f}(E)$ は反応確率 $P_{i \to f}(E)$ を用いて，

$$\sigma_{i \to f}(E) = \frac{\pi \hbar^2}{2 \mu E} \sum_l (2l+1) P_{i \to f}^{(l)}(E) \tag{7-5}$$

と表せる。l は相対運動の角運動量量子数である。マイクロ波との相互作用による反応速度はこのような議論が必要である。また，溶液の場合，ケージ効果（かご効果）により，溶質分子等が周辺の溶媒と衝突を繰り返し，その際の反応過程の速さによって，扱いが変わる。反応過程が遅い場合は，遷移状態理論の熱力学表示が適用でき，速い場合は，拡散過程が律速になる。速い場合，スポットヒーティングの周辺で直ちに拡散が起こるため，現象としては現れにくいことを留意すべきである。

　非平衡系について補足説明する。非平衡系の基本的な考え方は，全体としては平衡ではないが，反応場の各点を中心とするその周辺，つまり局所でのみ平衡が成り立っているとみなし，その総体として全体の反応場を捉える，すなわち，局所平衡系として平衡でない場を扱う考え方である。一般相対性理論の多様体としての場の考え方に似ている。

4 マイクロ波と物質の内部構造との相互作用

4.1 非熱効果の可能性

　マイクロ波の非熱効果についてはよく分かっていないというのが現状である。マイクロ波のミクロレベルのエネルギーは半導体のバンドギャップを満たすほどの大きさはないので直接電子を飛ばすとは考えられないが，マイクロ波のエネルギーレベルが内部構造に直接関与できそうなのはスピンに関する項目である。電子スピン共鳴，hfc 機構，Δg 機構，ラジカル対のスピン変換等が挙げられるが，これらが関係する化学反応には非熱効果として期待される要因を含む可能性が十分にある。これらの議論は分子等の内部構造との相互作用による構造変化に関する議論であり，量子化学の領域になる。

5 おわりに

　マイクロ波と物質の相互作用による化学反応を考えるとき，反応物の極性や磁性等のマクロスコピックな構造との相互作用のみならず，スピン等に関係する内部構造と直接相互作用をおこない，内部構造を変える可能性がある相互作用が同時に起こる，非平衡反応系の理論の必要性に辿り着く。また，反応速度に関する Marcus 理論では反応速度定数の関係式に現れる ΔG を，分子の構造に関するパラメーターを用いて導出している。マイクロ波の発熱のメカニズムとの関連を示唆しているかもしれない。

6 補足説明

　数学をその論理のアルゴリズムにしたがって創出，記述する立場の数学者と，数学を道具として利用する立場の科学者の間には数学に対する認識が大きく異なっている。数学者はその対象をできる限り抽象化，一般化しようとするのに対し，科学者は自らの研究対象としての具体的で，限定的なものを前提として，そこに数学を道具として活用し，ときに大胆な近似をおこない，実験値との整合性と予測性の成否を利用基準としている。両者には数学に対する認識の隔絶があり，特に，科学者の側の数学に対するアレルギー反応はよく耳にすることであるが，その根本的原因は，数学にあるのではなく，純粋数学独特の記述方法や抽象性にあるように感じられる。数学にもいろいろな側面があり，とらえ方にも多様性があっていいのである。極論を言えば，化学数学という一分野があってもいいのではなかろうか。以下では，道具として活用する立場から簡略に一例について説明をおこなう。そのための手続きは，道具としての定義と規則を理解すること，実際に使ってみること，つまり，スキップしないで計算してみること，定義の具体的なイメージを描くことが大切であり，繰り返し使用し，言語的に無条件で使えるようになるまでやってみることが肝要である。例を通して本質的理解をえるために，最も単純な例を用いるのは効果的で

第 2 章　電磁波理論によるマイクロ波と物質との相互作用

ある。ベクトルの回転，発散が分かりにくいという声をよく耳にするので，あえて補足説明を追加した。

(1) ベクトルの内積と外積

三次元直交座標系の x 軸，y 軸，z 軸の正方向の単位ベクトルをそれぞれ e_1, e_2, e_3 として，2 つのベクトル $\mathbf{A} = A_1 e_1 + A_2 e_2 + A_3 e_3 = (A_1, A_2, A_3)$ と $\mathbf{B} = B_1 e_1 + B_2 e_2 + B_3 e_3 = (B_1, B_2, B_3)$ の内積と外積を定義する。2 つのベクトルのなす角を θ とする。基本ベクトルの一次結合で表現したものと，位置ベクトルとして座標で表現したものである。

内積の定義　　$\mathbf{A} \cdot \mathbf{B} = A_1 B_1 + A_2 B_2 + A_3 B_3$

　　内積はスカラーであり，その値は $|\mathbf{A}||\mathbf{B}|\cos\theta$ である。

外積の定義　　$\mathbf{B} \times \mathbf{A} = \begin{vmatrix} e_1 & e_2 & e_3 \\ B_1 & B_2 & B_3 \\ A_1 & A_2 & A_3 \end{vmatrix}$　行列式の形式を用いた表現

$$= (B_2 A_3 - B_3 A_2,\ B_3 A_1 - B_1 A_3,\ B_1 A_2 - B_2 A_1)$$

　　外積はベクトルであり，方向と大きさがあり，方向は，B を，なす角 θ の方向に A と重なるように回転させ，右ねじの進む方向とし，大きさは $|\mathbf{A}||\mathbf{B}|\sin\theta$ である。

　　$\mathbf{B} \times \mathbf{A}$ は A と B に垂直である。

(2) 演算子

演算子はそれ自身が値であったり，変数であったりするのではなく，何等かの対象に対して施す作用を記号化したものである。本来，定数や変数と同じ扱いをすべきものではないと考えるのが自然であるが，上の外積の定義では，行列式の形式において単位ベクトルとスカラーが同じレベルのもののように扱っている。以下の微分演算子もベクトルであるかのごとく扱っている。これは，対象が何であっても，その形式的使用規則に反しない限り，実は自由に扱えるという数学の自由性の一つの利点と考えることができる。

微分演算子

　　$\nabla = \left(\dfrac{\partial}{\partial x},\ \dfrac{\partial}{\partial y},\ \dfrac{\partial}{\partial z} \right)$　記号はナブラと読み，ナブラベクトルという。

　　　　アッシリアの竪琴にちなんでつけられた名前といわれている。

　　$\Delta = \nabla \cdot \nabla = \dfrac{\partial^2}{\partial x^2} + \dfrac{\partial^2}{\partial y^2} + \dfrac{\partial^2}{\partial z^2}$　Δ はラプラスの演算子でラプラシアンという。

　　回転　$\operatorname{rot} \mathbf{A} = \begin{vmatrix} e_1 & e_2 & e_3 \\ \dfrac{\partial}{\partial x} & \dfrac{\partial}{\partial y} & \dfrac{\partial}{\partial z} \\ A_1 & A_2 & A_3 \end{vmatrix} = \left(\dfrac{\partial A_3}{\partial y} - \dfrac{\partial A_2}{\partial z},\ \dfrac{\partial A_1}{\partial z} - \dfrac{\partial A_3}{\partial x},\ \dfrac{\partial A_2}{\partial x} - \dfrac{\partial A_1}{\partial y} \right) = \nabla \times \mathbf{A}$

発散　div $\mathbf{A} = \dfrac{\partial A_1}{\partial x} + \dfrac{\partial A_2}{\partial y} + \dfrac{\partial A_3}{\partial z} = \nabla \cdot \mathbf{A}$

勾配 grad $\phi = \left(\dfrac{\partial \phi}{\partial x}, \dfrac{\partial \phi}{\partial y}, \dfrac{\partial \phi}{\partial z}\right)$ 　ただし，ϕはスカラー関数である。

回転と発散の具体例を通じて考えてみる。

ベクトル場（空間内の各点にベクトルが定義されている場）として，2つのベクトルE_1とE_2を考える。$E_1 = (-y, x, 0)$，$E_2 = (x, y, 0)$とする。

先の定義にしたがって，回転，発散の計算を実際におこなうと，

$$\text{rot } E_1 = \begin{vmatrix} e_1 & e_2 & e_3 \\ \dfrac{\partial}{\partial x} & \dfrac{\partial}{\partial y} & \dfrac{\partial}{\partial z} \\ -y & x & 0 \end{vmatrix} = (0, 0, 2) \qquad \text{rot } E_2 = \begin{vmatrix} e_1 & e_2 & e_3 \\ \dfrac{\partial}{\partial x} & \dfrac{\partial}{\partial y} & \dfrac{\partial}{\partial z} \\ x & y & 0 \end{vmatrix} = (0, 0, 0)$$

$$\text{div } E_1 = \dfrac{\partial(-y)}{\partial x} + \dfrac{\partial x}{\partial y} + \dfrac{\partial 0}{\partial z} = 0 \qquad \text{div } E_2 = \dfrac{\partial x}{\partial x} + \dfrac{\partial y}{\partial y} + \dfrac{\partial 0}{\partial z} = 2$$

となり，ベクトルE_1は回転あり，発散なしのベクトル場であり，ベクトルE_2は回転なし，発散ありのベクトル場である。実際にベクトルE_1，ベクトルE_2の場を図示していただくとそれぞれの回転，発散がベクトル場の何を表しているかをイメージしやすくなるのではないだろうか。

文　　献

1) J. D. Jackson, Classical Electrodynamics, Third Edition, John Wily & Sons (1998)
2) P. A. M. Dirac, The Principles of Quantum Mechanics 第4版リプリント版, みすず書房 (1988)
3) 中山正敏, 物質の電磁気学, 岩波書店 (1996)
4) 平川浩正, 電気力学, 培風館 (1973)
5) 朝永振一郎, 角運動量とスピン, みすず書房 (2005)
6) 友田修司, 基礎量子化学, 京大学出版会 (2007)
7) 中村宏樹, 化学反応動力学, 朝倉書店 (2004)
8) 佐藤勝昭, 光と磁気, 朝倉書店 (2011)
9) L. Perreux, A. Loupy, *Tetrahedron*, **57**, 9199-9223 (2001)
10) 坂口喜生, スピン化学, 裳華房 (2005)
11) Y. Tsukahara et al., *J. Phys. Chem. C*, **114**, 8965-8970 (2010)
12) R. A. Marcus, *Ann. Rev. Phys. Chem.*, **15**, 155-196 (1964)

第3章　マイクロ波による物質加熱の物理機構

田中基彦*

1　マイクロ波による加熱の背景

　マイクロ波は，その電磁エネルギーが物質の内部へ直接到達することによる高い加熱効率，そして電磁応答性のため被加熱物質が限定される選択性という特異性をもつ．マイクロ波で加熱される代表的な物質は磁性体，誘電体，（非磁性の）金属粉体である．これらの物質は，マイクロ波磁場に対する電子スピンの応答，マイクロ波電場に対する分子電気双極子の回転応答，浸透したマイクロ波磁場が誘起する渦電流とそのジュール損失で加熱される．この章ではこれらの物質のマイクロ波による加熱の機構について述べたい．

　マイクロ波はレーザー光と同じく電磁波であるが，2 GHzにおける光子エネルギーが約 1×10^{-5} eV の低エネルギー電磁波である．原子の電子励起や化学反応は約 10 eV 以上のエネルギー領域で生じるため，マイクロ波が物質に何らかの変化を起こすには非常に多重周期にわたるエネルギー蓄積が必要である．これは吸収効率が100%としても 10^6 個（周期）の光子エネルギーに相当する．ところが，強レーザー光でも電子励起を含む多光子過程の効率は非常に悪く，すなわち，マイクロ波による加熱では単純な電子励起とは異なるエネルギー吸収と蓄積の過程が存在する．

　マイクロ波による物質の加熱は，広い周波数領域にわたる非共鳴過程であり，電磁波から物質へ正味のエネルギー移動を伴う非線形現象である．このときエネルギー転移が一方向に不可逆的に進むためには，エネルギーの逆戻りを防ぐ留め金としての散逸が必須である．これを提供するものは，水を含む液体では分子間の衝突であり，固体では格子間力や波動などを介した格子原子の非線形振動である．

2　磁性体のマイクロ波加熱の機構

　磁性をもつ物質がマイクロ波磁場により選択的に加熱される事実は，磁性の起源である電子スピンがその原因であることを示唆する．物質の磁気応答としてはESR（電子スピン共鳴）やFMR（強磁性共鳴）など磁気共鳴が想起されるが，マイクロ波による加熱が2 GHz帯に限らず広い周波数領域で生じることから，この加熱は主として非共鳴過程である．

　＊　Motohiko Tanaka　中部大学　工学部　共通教育科　教授

2.1 磁鉄鉱の加熱機構

マイクロ波の磁気成分により，強（フェリ）磁性体であり製鉄原料である磁鉄鉱 Fe_3O_4 が加熱される物理機構は以下の通りである[1]。磁鉄鉱の化学式は $FeO + Fe_2O_3$ と分解でき，2価および3価の鉄イオンが酸素と副格子を構成する。1辺約8.4オングストロームの立方体の単位格子中には，2価鉄が8個，3価鉄が16個，酸素が32個含まれ，これらの鉄イオンは立方体頂点にあたる8面体（B）サイトと，Bサイトの半数を占める酸素を両端とする正4面体（A）サイトに配置されている。磁鉄鉱はAサイトとBサイトの鉄イオンがもつ反対向きの磁化どうしが部分的に打ち消しあい，磁性の一部が発現するフェリ磁性体である。

外部から磁場が印加されたとき磁鉄鉱がもつ内部エネルギーは，ハイゼンベルクモデルで，式(1)のように第1項の交換相互作用エネルギーと第2項のゼーマンエネルギーの和として表される。

$$H_s = -\sum_{i,j} J_{ij}(\mathbf{r}_i - \mathbf{r}_j)\mathbf{s}_i \times \mathbf{s}_j + g\mu_B \sum_i \mathbf{s}_i \times \mathbf{H} \tag{1}$$

ここで，$\mathbf{s}_i$ は鉄原子の電子スピンを表す3次元ベクトルで，磁鉄鉱を構成する2価鉄では絶対値 $|\mathbf{s}_i| = 5/2$，3価鉄では $|\mathbf{s}_i| = 2$，$\mu_B = e\hbar/2mc$ はボーア磁子（9.27×10^{-24} J/T），$g \approx 2$ である。交換相互作用係数 J_{ij} は 5 meV（$1\,\mathrm{eV} = 1.60 \times 10^{-19}$ J）程度であり，距離とともに急速に減衰するため，第1項の和は最近接サイトの鉄イオンどうしで計算する。このため，鉄原子あたりの交換相互作用エネルギーは60 meV程度である。室温300 Kでの熱エネルギーが $k_B T \approx 23$ meV であるので（k_B はボルツマン定数），交換相互作用エネルギーはキュリー温度858 Kにおいて熱エネルギーと等しくなる。つまり，キュリー温度での磁化消失は，熱雑音による電子スピンの向きの乱雑さが原因である。ところで，交換相互作用エネルギーとゼーマンエネルギーの比は $J_{AB}S/g\mu_B H$ であり，磁場揺動を10ガウス（10^{-3} T）とすると，この比は 10^5 と極めて大きい。これは，マイクロ波による小さな磁気揺動が「梃子の原理」により増幅され，大きな交換相互作用エネルギーの形で結晶中に蓄積されることを意味する。

周波数 ω，振幅 H_0 のマイクロ波磁場 $H(t) = H_0 \sin\omega t$ を磁鉄鉱に印加すると，その内部エネルギーは時間とともに周期的に変動する。このエネルギー変動幅が，マイクロ波から磁鉄鉱に渡される磁気エネルギーに比例すると考えてよい。数値解析では，与えた温度のもとマイクロ波磁場を擬時間軸に沿って周期的に変動させ，スピンの熱統計力学的な変動をモンテカルロ法で追跡する。そこでは，内部エネルギー ΔH_s が減少するランダムなスピン変化は順変化として常に採択し，エネルギーが増加する変化も確率 $\exp(-\Delta H_s/k_B T)$ で認めるメトロポリス規準を採用する。ここで興味深いことは，こうして得られる内部エネルギーの変動幅が，磁場変動に直結したゼーマンエネルギー項の変動幅に比べて桁違いに大きいことである。これが上で述べた，梃子の原理による増幅を介してマイクロ波磁気エネルギーが電子スピン群に蓄えられることの数値的証明である。

第3章　マイクロ波による物質加熱の物理機構

2.2　加熱の温度依存性

　理論的に求められた磁鉄鉱の加熱率を図1に示す。静磁場なしでマイクロ波磁場を磁鉄鉱のc軸（磁化軸）の向きに印加すると（●印），加熱率は温度とともに上昇し，キュリー温度付近で最大となり，高温側ですぐにゼロとはならずゆっくり減少する。これは磁化がキュリー温度で消滅することと対照的である。磁化軸と垂直方向に印加した場合（▲印），加熱プロファイルは同様だが加熱率は数分の1になる。この温度依存性は，温度とともに上がるスピンの磁場への追従という正の要因と，スピンの乱雑さという負の要因が競合するためと解釈される。この理論解析は，キュリー温度をはるかに超えた1300℃まで磁鉄鉱が加熱される複数の実験をみごとに説明する。また磁性をもたないヘマタイト（$\alpha-Fe_2O_3$）がマイクロ波磁気成分で加熱できないこともこの理論は示す。

　磁鉄鉱のマイクロ波による加熱の時定数は，ハイゼンベルクモデルのスピン動力学方程式を解き，磁化率の虚数部分を求めることで得られる（ただし，モンテカルロ計算に比べて誤差が大きく計算時間が長い）。

$$\hbar \frac{ds_i}{dt} = 2\sum_{i,j} J_{ij}(\mathbf{r}_i - \mathbf{r}_j)\mathbf{s}_i \times \mathbf{s}_j - g\mu_B \sum_i \mathbf{s}_i \times \mathbf{H}(t) + [Relax] \qquad (2)$$

記号は式(1)と共通であり，右辺第3項の散逸はマイクロ波エネルギーが物質に向けて不可逆的に転移するために必須である。もし，散逸なしで式(2)を解くと，磁化率の虚数部分はゼロとなり，マイクロ波から磁鉄鉱への正味のエネルギー移動は生じない。この散逸にはマグノン（スピン波）やフォノンが介在する相互作用などが関与するだろう。この方法で求めた磁鉄鉱の加熱率（磁化

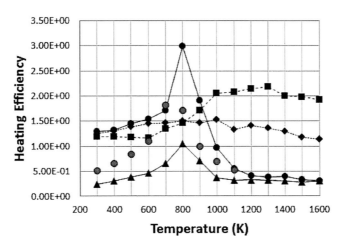

図1　ハイゼンベルク理論による磁鉄鉱加熱の温度依存性
静磁場なしでマイクロ波磁場が磁鉄鉱のc軸（磁化軸）方向（●印），磁化軸と垂直方向（▲印），静磁場ありでマイクロ波磁場が磁鉄鉱のc軸に平行（■印），c軸に反平行（◆印），a軸方向（○印）の場合。

マイクロ波化学プロセス技術 II

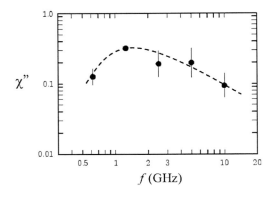

図2 マイクロ波による磁鉄鉱加熱の周波数依存性
縦軸はハイゼンベルクモデルで求められた磁化率の虚数部，横軸は周波数。

率の虚数部分）の温度依存性は，モンテカルロ法で求めた加熱率と符合しキュリー温度で最大となる[1]。

2.3 加熱の周波数依存性

磁鉄鉱のマイクロ波加熱の周波数への依存性を図2に示す。ここで縦軸は磁化率の虚数部であり，加熱率はマイクロ波帯の約2GHzで最大となり，高周波数側でゆっくり減少する。これは実験（文献1のRef.18や永田・東工大グループによる測定）とよく一致している。

2.4 静磁場への依存性

静磁場がマイクロ波磁場（c軸方向）と同時に加えられた時の加熱の様子を再び図1に示す。図では静磁場が磁鉄鉱のc軸（磁化軸）に平行のとき（■印），c軸に反平行のとき（◆印），a軸方向（○印）の場合を示す。静磁場が磁化軸に沿って印加された場合は，キュリー温度から高温側の温度域において加熱率が大きく増加する。これは，応答できる電子スピンの分布がc軸方向で多いためである。一方，静磁場が磁化軸に垂直に印加されたときは，スピン運動が拘束され加熱は抑制される。このように外部から静磁場を印加することで，電子スピンに新たな秩序が生まれ，結果としてキュリー温度より高温域において加熱が強まる。

3 金属粉体のマイクロ波加熱の機構

固体金属はマイクロ波では加熱できない。それは，自由電子による「表皮効果」のため入射電磁波が金属に浸透する距離が表皮長の程度であり，銅では2GHzにおいてわずか2μmである。ところが，数十μmサイズの金属粒子の粉末を成形した圧粉体は，磁性体ほどではないがマイクロ波で加熱される。マイクロ波による加熱率は，σを電気伝導度，ε''，μ''を誘電率，透磁率

第3章 マイクロ波による物質加熱の物理機構

の虚数部として以下の式で表される。

$$Q = \frac{1}{2}\sigma|E|^2 + \frac{1}{2}\omega\varepsilon''|E|^2 + \frac{1}{2}\omega\mu''|B|^2 \tag{3}$$

しかし，式(3)の電場 E と磁場 B は金属粉体「内部」での電磁場であり，金属粉体を取り巻く真空電磁場とは全く異なる。実際，電磁波の電場成分は金属微粒子内部には浸透せず加熱の原因となりえない[2]。

シングルモードキャビティの理論解析が，金属粉体の加熱が磁場の大きい領域（電場がほぼゼロ）で起きることを明確に示す[3]。すなわち，金属粒子の加熱機構は，粒子内部に磁場が浸透，電磁誘導で電場を誘起し，それが生成する渦電流が電気抵抗でジュール散逸することである。

3.1 最適加熱半径，実効媒質

マイクロ波と数μm 径の金属微粒子に厳密な Mie 理論を適用した研究では，金属粒子の半径が表皮長 δ の約 2.5 倍のとき加熱率が最大となる[2]。図3は粒子内の温度分布を示し，表面に近い濃いグレー部分ほど高温である。一方，現実の加熱実験で用いる金属圧粉体試料は数 cm のサイズであり，これを3次元で理論数値的に扱うためには抽象化が必要となる。誘電率，透磁率が与えられた微粒子で構成される物質は，実効媒質（effective medium）として扱うことができる[3,4]。この方法はステルス技術の開発でも利用され，有限要素法を用いることでマイクロ波の吸収を数値的に解析できる。その主な結果は，マイクロ波は銅微粒子の圧粉体のなかを（焼結前は）約 10 cm の距離にわたって浸透する，金属微粒子の表面を覆う酸化膜は粒子どうしの導通を妨げわずか 100 nm の厚みであっても加熱率を桁違いに増加させる，などである。

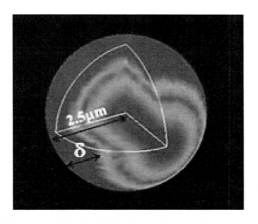

図3 厳密な Mie 理論に有限要素法を適用して求めた，マイクロ波により加熱された金属（銅）微粒子内部における温度分布
表面から表皮長 δ までが加熱され高温となる。

4 マイクロ波・遠赤外電磁波による水の加熱機構

　水，アルコールなどの誘電性液体および固体誘電体は，マイクロ波の電場により加熱される。生命の揺りかごである水・食塩水のマイクロ波による加熱では，分子回転描像がイメージされるが，これは液体の水の場合だけである。分子動力学による研究は，(i)「水（液体）」は加熱され「氷（固体）」は強固な水素結合により分子が動かず加熱されない[5]，(ii)微量でも食塩を添加すると加熱は促進されるが，液体では塩イオンが AC 電場で強く加速され，(iii)固体では氷結晶の水素結合を塩イオンが切断して加熱が発生する[6]。つまり同じ水でも，加熱機構はその相により異なる。

　つぎに，遠赤外線のテラヘルツ電磁波はマイクロ波より3桁ほど周波数が高いため，約20ピコ秒の時定数をもつ水分子の回転運動は追随しないが，分子内の原子振動と電子分極は電磁波に応答する。水分子で2つの水素原子は酸素分子に対して，H-O の伸縮振動（対称・反対称モード），H-O-H の偏角振動をする。これらの固有振動数は 110，113 THz および 50 THz であり，エネルギーを吸収・貯蔵する媒体となる。

　この加熱現象を理論で解析するため，量子力学に基礎を置いた密度汎関数法（DFT 法）に基いて分子動力学シミュレーションを行う[7,8]。この方法では，電子運動の自由度を原子運動から分離（断熱近似）して，各時刻における電子の空間内存在確率をコーン・シャム方程式（式(4)，(5)）で求める。そのため，分子内での電子移動による分極効果を扱うことができる。ここでは，AC 電場を付加する修正を行った Siesta コード[9]を用いている。

$$\left[-\frac{\hbar^2}{2m}\nabla^2 + v_{KS}(r,t)\right]\varphi_i(r,t) = \varepsilon_i \varphi_i(r,t) \tag{4}$$

$$v_{KS}(r,t) = v_{ext}(r,t) + \int d^3r' \frac{e^2 n(r,t)}{|r-r'|} + v_{xc}(r,t) \tag{5}$$

これは系が含む N 個の電子の密度汎関数 $\varphi_i(r,t)$ ($i = 1,..., N$) に対する方程式であり，式(5)の右辺は左から順に，外部場（マイクロ波電場），電子間の静電相互作用，交換相関相互作用ポテンシャルである。空間における電子の密度は $n(r,t) = \sum_i^{occ}|\varphi_i(r,t)|^2$ で与えられる。この研究では，図4のように系の両端に分子が存在しない真空領域が存在する非周期系を扱い，空間的に一

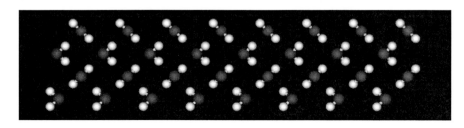

図4　テラヘルツ電磁波による水加熱過程の量子力学的分子動力学シミュレーション
水素結合した水分子を3次元的に整列させて置き，与えた温度のもと AC 電場を印加する。

第3章 マイクロ波による物質加熱の物理機構

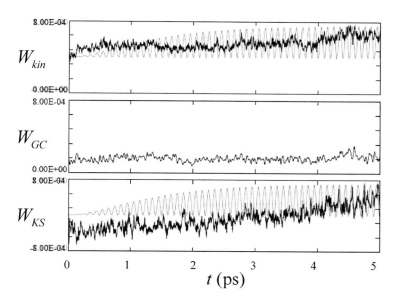

図5 室温の水にテラヘルツ電磁波を印加した後の，運動エネルギーW_{kin}，並進運動エネルギーW_{GC}および電子エネルギーW_{KS}の時間発展
時間の単位はピコ秒。

様な AC 電場 $E(t) = E_0 \sin\omega t$ をこの長軸の向きに印加する。

図5は，周波数 5 THz の AC 電場を室温の水に印加したときの系の時間発展である。上から順に，運動エネルギー（水素・酸素原子の振動，並進，回転エネルギーの和），その並進運動成分，電子エネルギーを示す。灰色の線は参照のために示す電場振幅の2乗値である。テラヘルツ波電場の印加後は，時間とともに分子の運動エネルギーおよび電子エネルギーが増加していく。これらは，それぞれ分子内原子の振動エネルギーおよび電子分極エネルギーと解釈される。分子内の原子振動を調べると，H-O 伸縮振動が約 94 THz，H-O-H 偏角振動が 48 THz で検出される。このように有限温度では，まず分子内での原子振動として電磁エネルギーが蓄えられ，その上で約 10 ps の緩和時間で分子の回転および並進つまり熱エネルギーに変換される。この点が直接分子の回転運動にエネルギーが入るマイクロ波加熱と異なっている。

文　献

1) M. Tanaka et al., *Phys. Rev. B.*, **79**, 104420 (2009)
2) M. Ignatenko et al., *Jpn. J. Appl. Phys.*, **48**, 067001 (2009)
3) M. Ignatenko and M. Tanaka, *Physica B*, **405**, 352-358 (2010)

4) M. Ignatenko and M. Tanaka, *Jpn. J. Appl. Phys.*, **50**, 097302 (2011)
5) M. Tanaka and M. Sato, *J. Chem. Phys.*, **126**, 034509 1-9 (2007)
6) M. Tanaka and M. Sato, *JMPEE*, **42**, 62-69 (2008)
7) M. Tanaka, H. Kono, K. Maruyama and Y. Zempo, "Microwave and RF Power Applications", pp. 185-188, ed. J. Tao, Cepadues Pub. (2011)
8) M. Tanaka *et al.*, Selected Papers of 2nd Global Congress on Microwave Energy Applications, Materials Research Society, USA (2012)
9) J. M. Soler *et al.*, Portal Siesta, at http://www.uam.es/siesta/ (Spain)

第4章　シミュレーション・可視化技術

滝沢　力*

1　はじめに

　電子レンジはマイクロ波を照射して食品を加熱する便利な加熱装置である。ガスの炎で鍋や窯を加熱し，加熱された鍋や窯の熱伝導で食品を加熱する外部加熱方式と異なり，マイクロ波加熱は直接食品を加熱することができ，エネルギーの利用効率も高く，加熱時間も短い。ガスの炎のように熱が外部の熱源より内部に伝達している様子を図1に，マイクロ波加熱の加熱様子を図2に示す。

　このようにマイクロ波加熱は食品を均一に加熱できるものの，電子レンジでおいしい料理を作るには失敗も多く，様々な工夫が必要であることは多くの人が経験している。

　例えばガスの炎を用いるフライパン料理では食品の色や，におい，音，温度の変化を感じ取ることができる。しかし電子レンジはドア越しに食品を見ることはできるものの，料理の加熱状態を直接感じ取ることは難しい。これは食品を電子レンジの内部に閉じ込めるため，電磁波漏えい対策の施されたドアを通して見えるだけで，主に「チン」と音が鳴るまで，加熱時間やマイクロ波出力をタイマーや調理モードに頼っていることにもよる。また，電子レンジ内にはマイクロ波の定在波が立つため電磁界分布が均一ではなく，食品の置く位置や材料の種類，量，温度等によって定在波の位置は異なり，加熱パターンが大きく変動することにもよる。

　このことはマイクロ波による加熱が，

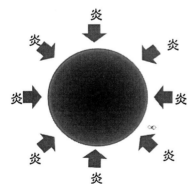

図1　従来の加熱方式

図2　マイクロ波加熱方式

＊　Tsutomu Takizawa　㈱エスイー　新製品開発部　担当部長

① 可制御性に優れてはいるが
② 可観測性に劣っている

ことを示している。マイクロ波加熱観測性を高めれば，より高度な可制御性に優れた加熱が行えるようになり，化学反応や産業用加熱分野の応用用途が広がると考える。そこでマイクロ波を化学反応や加熱に利用するためには可観測性に優れた技術が求められている。

ここではマイクロ波加熱の理解を深め，より高精度の制御をおこなうための可観察性を高めるための一つの方法である可視化技術の例をいくつか紹介する。

2 サーモグラフィー（thermography）

2.1 サーモグラフィーとは

サーモグラフィー（thermography）[1]は対象物から放射される赤外線を分析し温度分布を表した画像またはその装置のことをいう。サーモグラフィーの一例を図3に示す。

サーモグラフは，直接ものに接触せずに暗い場所でも物体の温度分布を映像化することができる。特徴としては，

① 広い範囲の表面温度の分布を画像としてとらえることができる。
② 危険で近づけないものや動いているものでも，温度計測できる。
③ 食品，薬品，化学製品などの温度計測ができる。
④ レンズの倍率やフォーカスを適切に合わせれば微小物体でも温度計測できる。
⑤ 短時間で画像を得ることができ，温度変化が激しい物の温度計測ができる。

等のメリットがある。その一方で，計測は波長が数 μm の波長をもつ赤外線を用いて計測しているため，使用に当たり次の点に注意が必要である。

⑥ 観察には赤外線を透過する窓の材質を選択する必要がある。

ソーダガラスやパイレックスガラスの赤外線透過域は μm までなので $10\mu m$ の赤外線で計測

図3　サーモグラフィー

第4章　シミュレーション・可視化技術

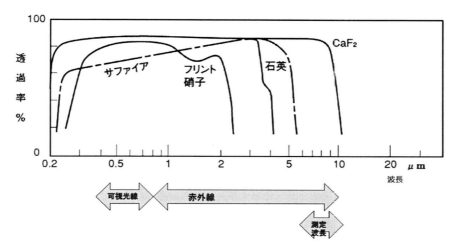

図4　ガラス材料の透過特性

するサーモグラフィーの観察窓には適さない。ガラス越しに観察する場合は使用するサーモグラフィーの波長を仕様書等で確認し，ガラス材料の赤外線特性を確認したほうがよい。たとえば10μmまでの波長域を持つフッ化カルシウム（CaF_2）やフッ化バリウム（BaF_2）（水溶性があり熱衝撃や振動に注意が必要である）や45μmまで透過する臭沃化タリウム（劈開性はないが柔らかい）等の材料は赤外線透過特性に優れている（図4）。

⑦　温度測定は放射率の影響を受け，特に放射率の低い金属表面の温度観察が難しい。

このため，金属表面をサーモグラフィーで観察すると，金属表面に移りこんだ画像部の温度が表示されることがある。清浄な表面より，錆びているほうが適切な表示に近いこともある。このような時は専用塗料を塗布したりテープを張り，観察するとよい。また，放射率の差によって温度表示が異なり，補正が必要なことを忘れてはならない。取扱説明書をよく読んでの使用が必要である。

2.2　サーモグラフィーによる観察例
2.2.1　恒温槽加熱

ハニカムセラミックの加熱状態をサーモグラフィーにより観察し，比較的単純な方法で均一な温度分布が得られるようになった加熱例を示す。

観察に使用したハニカムセラミックを図5に示す。この室温温度のハニカムセラミックを90℃の恒温槽内で10分加熱した時のサーモグラフィーを図6に示す。またサーモグラフィーより読み取った水平方向の断面温度分布を図7に示す。

図6や図7の断面温度より，外周部の温度が高く中心部の温度が低いため，熱は外周部から中心部へ向かって熱伝導していることがわかる。

マイクロ波化学プロセス技術 II

図5　加熱試験に用いたハニカムセラミック

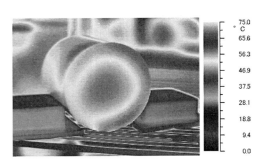

図6　恒温槽にて加熱した時のサーモグラフィー

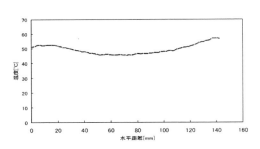

図7　水平方向の温度分布
（外周部の温度が高く中心部の温度が低い）

　中心部と外周部との温度差をつけたくない場合は，恒温槽の温度をゆっくりあげなくてはならない。しかしサイズが大きくなると長時間を要し，必要な加熱時間はほぼサイズの二乗比例する。このため大きいサイズになれば長い加熱時間が必要になる。

2.2.2　電子レンジ加熱

　そこで，加熱時間を短縮するために電子レンジによる加熱を試みた。ハニカムセラミックを電子レンジで加熱したときのサーモグラフィーを図8に，サーモグラフィーから読み取った温度分布を図9に示す。

　図8と図9より，電子レンジ加熱したハニカムセラミックは，中心部のほうが外周部より温度が高くなっていることがわかる。このことは，熱が中心部から外周部へと向かい伝導していることを示していて，恒温槽加熱とは伝熱方向が逆であることをサーモグラフィーの画像から見て取ることができる。さらにはハニカムセラミック内の熱は中心部から外周部方向へと伝導する一方で，電子レンジの内壁は低温であり，ハニカムセラミックの外周部の熱は電子レンジの内壁へと輻射により伝熱していることがわかる。このことから，電子レンジ内壁への伝熱を断ち切り，ハニカムセラミックの外周部を濡れた段ボールで覆い，再度電子レンジ加熱することを試みた。

2.2.3　電子レンジによるヒートウォール加熱

　マイクロ波は金属表面で反射するため，直接は電子レンジ内壁を加熱せずにハニカムセラミッ

第4章　シミュレーション・可視化技術

図8　電子レンジ加熱した時のサーモグラフィー

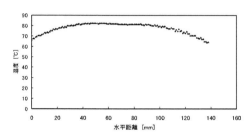

図9　水平方向の温度分
（中心部の温度が高く外周部の温度が低い）

図10　ヒートウォール方式により電子レンジ
　　　加熱した時のサーモグラフィー

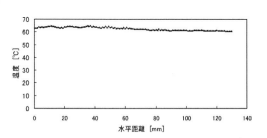

図11　水平方向の温度分布

クや濡れた段ボールを加熱する。段ボールは水を含んでいる。このためマイクロ波により昇温するが，沸点付近になるとマイクロ波エネルギーは水の蒸発熱に利用されるため約100℃で平衡状態になり，ハニカムセラミックスの周囲を一定温度に保つ壁となる。これをヒートウォールと名付けた。ハニカムからの輻射熱はヒートウォールへ向かうが，ヒートウォールからの輻射熱を受け取ることになり，熱バランスが取れる。この時のサーモグラフィーを図10，面の温度分布をサーモグラフィーから読み取ったものを図11に示す。

図10と図11より，ハニカムセラミックを外周部から内周部までほとんど温度差なく均一に加熱できていることがわかる。

電子レンジの加熱時間は約1分，恒温槽加熱時間の約1/10の時間で外周部から中心部まで均一に加熱できていることがわかる。この加熱方法は伝熱に頼らないため，熱時定数に影響されず，昇温時間は投入したマイクロ波パワーと非加熱部の熱容量によって決まるので，さらにマイクロ波パワーの出力を高めても均一に加熱することができることは容易に推測できよう。

この例ではサーモグラフィーは，温度分布を可視化でき，熱の流れる方向を直感的に見て取ることができ，新たな加熱方法の解決策を見出す足がかりに大いに役立った。

93

3 シミュレータによる可視化

3.1 シミュレータとは

マイクロ波は，電場と磁場が時間とともに交互に変化しながら伝搬していく。この電場と磁場の関係をマクスウェルの方程式として電磁場のふるまいを記述する古典電磁気学の方程式として表記されている。

$$\nabla \cdot B = 0 \qquad \text{磁場には源がない。→ 磁束保存の式} \qquad (1)$$

$$\nabla \times E + \frac{\partial B}{\partial t} = 0 \qquad \text{磁場の変化により電場が生じる。} \qquad (2)$$

$$\nabla \cdot D = 0 \qquad \text{電場の源は電荷である。} \qquad (3)$$

$$\nabla \times H - \frac{\partial D}{\partial t} = j \qquad \text{電場の時間変化と電流で磁場が生じる。} \qquad (4)$$

この方程式を計算機上で解いて電磁界のふるまいを解析することをシミュレータと呼ぶ。近年は計算機の演算能力が向上したため，高精度に大規模のものをシミュレートできるようになってきた。

時間的に変化しない電磁場解析には，静磁場解析や静電場解析ソフトが用いられている。時間的に変化する事象を扱うには，電磁波誘導解析や電磁波解析ソフトが有効である。電磁波解析には，積分型や微分型があり，解析したい目的に合わせて選択することをお勧めする。

積分方程式による方法としてはモーメント法（MoM）あるいは境界要素法（BEM），有限要素法（FEM）がある[2]。

微分方程式による解析は時間的領域差分法（Finite difference time-domain method）FDTD法がよく用いられている。

解析結果を求める場合に周波数領域（周波数ドメイン）法や時間領域（タイムドメイン）法によって使い分けが必要である。このため使用する目的や用途によって使い分ける必要がある。

これらのシミュレータは一般的には商用シミュレータとして市販されているが，残念ながら個人が使用するには高価なものが多い。そこで筆者はFDTD法を利用した簡易シミュレータを作成し，アプリケータ内の電磁界を簡易的に可視化することを試みた。精度的には問題があるものの，

① 定在波の立ち方
② コーナや突起物周辺での電場集中の状況

を画面上で確認することができる。また材料や寸法を変化させたときの電磁界分布の変化を見ることができるため，マイクロ波の理解や対策がアプリケータを製作する前に予測し対策を講じることができる。

第4章　シミュレーション・可視化技術

ただし，シミュレータは，
① 大サイズやメッシュが細いと大容量メモリーを使用し演算時間がかかる。
② 電気的パラメータ（誘電率，誘電損失）の正確な値が必要。
③ 配置を変更すると電磁界分布が大きく変化する。

このため実機による確認や補正を忘れてはならない。

シミュレーションでは，電磁界分布を任意の断面で可視化することができる。このため実際には測定できない内部状態や電磁界分布の観察性に優れ，局所加熱の可能性や，加熱状態に影響しやすいパラメータの抽出には便利である。

3.2 シミュレータによる解析例
3.2.1　サーモグラフィーによる観察[3]

セラミックス片を電子レンジの庫内に置いて加熱した際のサーモグラフィーを図12に示す。

3.2.2　シミュレーション

2.45 GHz±50 MHzはISM周波数帯として医療，産業，科学用途用に周波数帯が割り当てられていて，電子レンジもこの周波数帯を用いている。そこでこの周波数帯のほぼ中央値の2.44 GHzとISM下限の周波数の2.4 GHzの2つの周波数を選び電子レンジ庫内の電界分布をFDTD法によりシミュレートした。結果を図13～図15に示す。図13は電界分布の鳥瞰図，図14は底面の電界分布，図15はセラミックス片の電界分布である。セラミックス片のサーモビューアの観測結果（図12）と，図13～図15を見比べると，2.44 GHzの発振周波数の電界分布のシミュレーション結果の方が2.4 GHzよりも画像の相関関係も高い。今回の場合，電磁界分布は2.44 GHzのシミュレーション結果を用いたほうがよさそうであることを示唆している。このため使用した電子レンジの発振周波数はISMのセンター値の2.44 GHzで発信していることも推測できよう。

しかし注意しなければいけないことは，シミュレーションが様々なパラメータ（寸法，誘電特性，周波数）の中の一つのシミュレート結果であるにすぎないことである。このパラメータがす

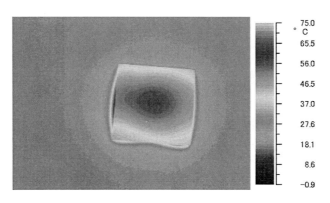

図12　電子レンジ加熱した時のセラミックス片のサーモグラフィー

マイクロ波化学プロセス技術Ⅱ

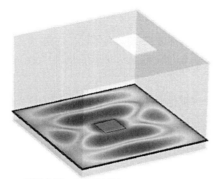

電界分布　f=2.44GHz　　　　　　　　電界分布　f=2.4GHz

図13　電子レンジ庫内の電界分布シミュレート結果

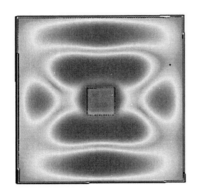

電界分布　f=2.44GHz　　　　　　　　電界分布　f=2.4GHz

図14　電子レンジ底板の電界分布シミュレート結果

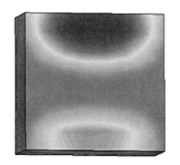

電界分布　f=2.44GHz　　　　　　　　電界分布　f=2.4GHz

図15　セラミックス片の電界分布シミュレート結果

96

第4章　シミュレーション・可視化技術

こし変化しただけでシミュレーション結果が大きく変化することは図13～図15 に示したように周波数を 2.4 GHz から 2.44 GHz に変えただけで，電磁界分布は見かけ上大きく変化する。実際の使用に当たってはこれらのことを十分注意して使用することが必要である。特に大出力の産業用マイクロ波加熱装置は複数のマグネトロンを使用しているため，内部の電磁界分布は時間的にも空間的にもさまざまに変化している。このためたった一枚のシミュレータ画像からアプリケータ内の電磁界を予測することは非常に難しいことである。

4　感熱ゲル[4]

界面活性剤の曇点を利用した感熱ゲルを作製した。一般的に溶液の温度を上昇させると溶解度がアップする。しかしこれとは反対に一部の非イオン性界面活性剤は温度を高めると溶解度が低下し白濁するものがある。この白濁を曇点といい，白濁が開始する温度を曇点温度という。最近は透明性に優れた曇点のある界面活性剤が作られている。曇点温度は界面活性剤の種類や溶液のpH によって変化する。この透明な非イオン性界面活性剤を水に溶かし，適当な容器に入れて電子レンジ加熱すると曇点以上に温度上昇した部分が白濁するので，曇点温度以上になった部分を目視で観察できる。曇点のある界面活性剤を水に溶かしたままでは対流がはじまりマイクロ波の局所加熱部分を確認することができない。そこで，界面活性剤をゲル化剤でゲル化することにより対流がおきないようにすることで，局所加熱部分を推定することができる。この反応は可逆的なので，温度が下がれば透明になるので何度も使用することができる。ゲルの代表例は寒天であるが，柔らかい（ゲル強度が少ない）ので，ゲル強度の高いものを選ぶとよい。感熱ゲルで曇点のある界面活性剤を電子レンジで加熱した時の写真を図16 に示す。容器の形状や容量を変え電子レンジ加熱するとさまざまな加熱パターンを観察することができる。

この界面活性剤とゲルによる可視化方法は加熱された部分が可視化できるが，加熱部の断面の温度変化を直接見ることができない。断面を見るためにはたとえばゲルをナイフで切断すれば見れないこともないが，繰り返し実験するには適していない。今後，非加熱物の温度分布を 3D で観測する方法が望まれる。

5　光電界センサー

光電界センサーは，電界強度に応じて光動波路を通過する光の強度を変換する素子である（図17）。レーザ光を光ファイバーにより伝送すれば，このセンサーにより電界によって強度変調されたレーザ光が得られる。光ファイバーはマイクロ波から見るとほとんど透明で，電磁界分布を乱すことが少ない。光ファイバーを使用しているため計測できる温度範囲は比較的低いもののファイバーの先端部の電磁界を測定することができる。少し手間がかかるが，ファイバーの先端を少しづつ動かして電界強度を図り，合成すれば庫内の電磁界分布を得ることができる[5]。

図16 感熱ゲル
(曇点のある界面活性剤＋透明ゲル)

図17 光電界センサー

6 簡易空間可視化センサー[5]

　光電界センサーはファイバー1本当たりセンサーが1つなので，電界分布を測定するには上記のように少しずつ場所を変え測定した結果を合成する必要があり，瞬時に分布を得ることはできなかった。ここに紹介する簡易空間可視化センサーは，簡易的に磁界分布を可視化するためのセンサーである。

　ループアンテナの先端に発光ダイオードと検波ダイオードを組み合わせた簡易空間可視化センサーを複数個平面的に並べたものを図18に示す。このセンサーは電子レンジ内の磁界の変化を検出し，ある一定レベル以上になると発光ダイオードが発光する。電子レンジのように強力な電磁界分布の中に置くと，磁界の強い部分が発光するので，図19に示すように定在波を可視化することができる。

　最近は電子レンジ庫内でも動作する温度センサーを内蔵し，一定温度に達すると発光するものも作られている（図20)[6]。この様な防水加工したセンサーを液体の中に入れておけば，所定の液温に達したことが電子レンジの外から直接見ることができ，便利である。ココアや牛乳等が，設定温度に到達するとセンサーが発光し適温になったことを知らせてくれる。このため加熱しすぎや，逆にぬるすぎて電子レンジで温めなおすことを少なくすることができる。電子レンジ庫内の電磁界強度は非常に高いため，内部回路を小型に作製することは重要なことであり，場合によっては金属で電磁波を遮蔽する必要がある（図の回路では素子が小型のため特に電磁界遮蔽は必要ない)。

　ループアンテナの共振周波数を2.45 GHzに同調するように設計すれば，高感度のセンサーが実現する。この様なものを電子レンジ庫内で使用すると素子やアンテナが焼損する。しかし電磁

第4章　シミュレーション・可視化技術

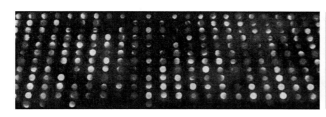

図18　空間可視化センサー

図19　簡易可視化センサーの使用例（電子レンジ庫内）

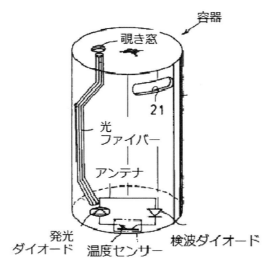

図20　電子レンジ内で動作する温度確認センサー

波漏洩の有無の検出や漏えい個所の発見には，この様な高感度センサーは役にたつ。このセンサーの欠点としては，ループアンテナに指向があるため，垂直方向の電波が検出できないこと，LEDや検波ダイオードの特性が温度等の影響を受けやすいため精度的な問題がある。

99

7 まとめ

　マイクロ波加熱は内部加熱による制御性に優れた加熱方法だといえる。このため電子レンジ以外にも産業用途としての応用分野が広く，化学反応の場としてもその応用範囲を広げている。しかし高精度に加熱するためにはマイクロ波の出力や照射時間を制御することが求められる。幸いにマイクロ波は瞬時に出力を変更できる。測定データをもとにマイクロ波出力や照射方法等適切に制御を行えば非常に優れた加熱を行うことができる。測定は温度ばかりでなく，温度分布，電磁界強度分布，誘電率等様々なものが考えられる。化学反応場では，反応熱も重要なファクターである。また，材料の形状，量，位置，比熱，重量，誘電パラメータ等でも加熱状況は大きく変化する。可視化技術は，これらの難しい問題を視覚的に我々に画像として直感的に示す技術であり，マイクロ波加熱の技術を発展させるうえで重要な課題と考えている。

文　　献

1) ウィキペディア，サーモグラフィー
2) 橋本修，実践 FDTD 時間領域差分法，森北出版（2006）
3) MWE2008（Microwave Workshops and Exibition Novenber 26-28, 2008）企業出展セミナー，「マイクロ波電力応用分野と装置の紹介」，ミクロ電子㈱　滝沢力（11月27日）
4) 第1回マイクロ波可視化ワークショップ資料，日本電磁波エネルギー応用学会，2011年1月7日
5) 一般社団法人日本エレクトロヒートセンター編，エレクトロヒートハンドブック，7章，オーム社（2011）
6) 特開 2011-95233，加熱温度確認センサー

第5章　誘電特性・透磁特性の測定

二川佳央*

1　はじめに

　液体，固体，粉体などの誘電体や磁性体のマイクロ波帯における特性は，誘電率・透磁率およびそれらの損失係数で与えられる。材料定数と呼ばれるこれら材料の特性は，マイクロ波プロセスを実施する際の材料に対するマイクロ波吸収特性に対する理解を深め，より効果的なプロセスを実施するために必要不可欠な要素となる。

　マイクロ波において材料定数を測定する際の測定法として，平行金属板法，線路法，共振器法，自由空間法等が挙げられる。これら測定法はマイクロ波プロセスの対象となる材料が液体，固体，あるいは粉体等の状態によって，また材料そのものの材料定数によって測定方法を考慮，工夫する必要がある。各種測定法の特徴を表1に示すが，得られる結果に対する精度も選択する測定方法のみならず，材料定数そのものの特性により異なる。

　平行金属板法とは，平行金属板間に試料を挿入し，そのときの容量変化を測定するものであり，線路法とは，導波管または同軸線のような伝送線の導体間に被測定材料を挿入して負荷とし，その反射波や透過波を測定し，材料定数を求めるものである。また，共振器法とは空洞共振器に試料を挿入し，その時の共振周波数やQ値を測定するものであり，自由空間法とは，自由空間中に試料を配置し，その試料の反射波や透過波を測定し，材料定数を求めるものである[1]。

　本章では，マイクロ波帯における材料の誘電率・透磁率等を測定するこれらの測定方法の概要について述べる。また，マイクロ波プロセスを併用した測定の具体例として共振器法にマイクロ波加熱を応用し，材料に温度変化を生じさせると同時に誘電率・透磁率およびそれらの損失係数の測定を行う，材料定数の動的測定方法について述べる。

表1　各種測定法の特徴

	液体	粉体	固体	特徴
平行金属板法	試料容器を考慮	密度を考慮	電極の密着を考慮	低周波数の測定
線路法	界面を考慮	密度を考慮	試料の加工	高損失材料の測定
共振器法	試料容器を考慮	試料容器を考慮	試料の加工	低損失材料の高精度測定
自由空間法	試料寸法を考慮	試料寸法，表面状態を考慮	試料寸法，表面状態を考慮	大面積材料に対する測定

---

*　Yoshio Nikawa　国士舘大学　大学院工学研究科　教授

マイクロ波化学プロセス技術Ⅱ

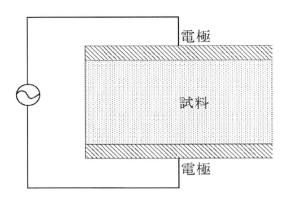

図1　平行金属測定法のモデル

2　各測定方法の概要

2.1　平行金属板法

　平行金属板法は，図1に示すようにその金属板間に被測定物を試料として設置することでコンデンサが構成され，コンデンサの容量，漏れ電流の計測を行い複素誘電率を求めるものである。測定にはインピーダンスアナライザなどが用いられる。電極間の電磁界放射が無視できる低い周波数領域で使用可能である。液体を測定する際には液体を試料容器に充填する。その際，空隙の発生は大きな誤差を生じる。また，粉体を測定する際には電極から粉体に加わる圧力変化により粉体の密度変化が生じ，実効誘電率も変化するので注意を要する。固体の測定に対しては電極の密着性が誤差要因となるので同様に注意が必要である。尚，電極の端部における電界の歪や，端部の容量による誤差が発生するのでこれらを考慮する必要がある。

2.2　線路法

　導波管または同軸線路の内部に材料を充填すると，その特性インピーダンスは材料定数の関数になる。従って，導波管法は矩形導波管や同軸管の途中や終端に試料を挿入し，定在波測定器やネットワークアナライザにより定在波や反射・透過係数を測定することにより材料定数を測定する方法である。この方法では，反射波または透過波の振幅と位相の測定値より複素誘電率を求めるので，これらの周波数特性の測定を容易に行うことができる。しかし，反射係数が1に近い場合には低損失試料に対する測定精度が下がる。線路法は比較的高損失の材料に対する測定に有効である。以下に伝送線路を使用する具体的な方法について簡単に説明する。

2.2.1　先端短絡法による誘電率の測定

　比透磁率を1とする誘電材料の比誘電率は，図2のように終端が電気的に短絡になるように導波管または同軸線路に挿入して試料前面から見た規準化入力インピーダンス Z_{sc} をネットワークアナライザの反射係数等の測定から求めることができ，周波数特性の測定や，$\lambda/4$ が大きくな

第5章　誘電特性・透磁特性の測定

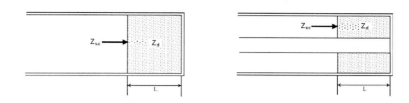

$$Z_{SC} = Z_d \tanh(\gamma \cdot L)$$

Z_{sc}：試料前面から規準化入力インピーダンス
Z_d：試料部分の規準化インピーダンス
γ：試料のインピーダンス

(a) 導波管による測定　　　　　　(b) 同軸線路による測定
図2　先端短絡法による誘電率の測定

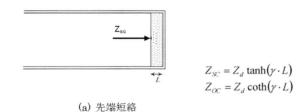 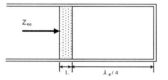

$$Z_{SC} = Z_d \tanh(\gamma \cdot L)$$
$$Z_{OC} = Z_d \coth(\gamma \cdot L)$$

(a) 先端短絡　　　　　　　　　　(b) 先端開放

導波管による測定

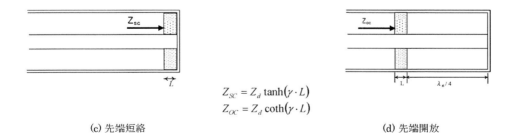

$$Z_{SC} = Z_d \tanh(\gamma \cdot L)$$
$$Z_{OC} = Z_d \coth(\gamma \cdot L)$$

(c) 先端短絡　　　　　　　　　　(d) 先端開放

同軸線路による測定

図3　先端短絡および開放による誘電率，透磁率の測定

る周波数帯の場合に使われる[2]。

2.2.2 先端短絡および開放法による誘電率,透磁率の測定

図3(a),(c)のように終端が電気的に短絡になるように導波管または同軸線路に挿入して試料前面から見た規準化入力インピーダンス Z_{sc} をネットワークアナライザの反射係数の測定等から測定し,次に図3(b),(d)のように短絡板から $\lambda_g/4$ の位置に試料を置き,電気的に開放の状態にして規準化入力インピーダンス Z_{oc} を測定すると,誘電率,透磁率を分離測定できる。

2.2.3 Sパラメータ法

Sパラメータ法は図4のように試料を挿入し,Sパラメータを測定するのみでよいので電気的短絡,開放の条件も不必要で広帯域にわたり,誘電率,透磁率を分離測定するのに適している。測定された S_{11}, S_{21} と試料を無限長とみなしたときの反射係数 Γ, 透過係数 T との関係から,試料の誘電率,透磁率を計算できる。Sパラメータ法は反射法より測定周波数幅が広い利点がある。

2.3 共振器法

種々の構造の共振器に小さい試料を挿入すると,共振周波数やQ値が僅かに変化する。共振器法は,この共振周波数やQ値の変化量の測定から,試料の誘電率,透磁率を測定する方法で

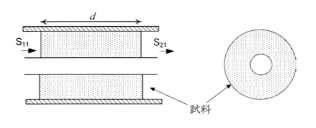

$$S_{11} = \frac{(1-T^2)\Gamma}{1-T^2\Gamma^2} \qquad S_{21} = \frac{(1-\Gamma^2)T}{1-T^2\Gamma^2}$$

図4 Sパラメータによる測定

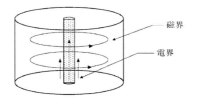
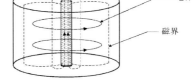

(a) 誘電率の測定（TM_{010}）   (b) 透磁率の測定（TE_{011}）

図5 円筒空洞共振器による ε_r, μ_r の測定

第 5 章　誘電特性・透磁特性の測定

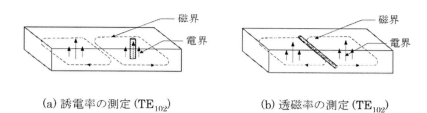

(a) 誘電率の測定 (TE$_{102}$)　　　(b) 透磁率の測定 (TE$_{102}$)

図 6　矩形空洞共振器による ε_r, μ_r の測定

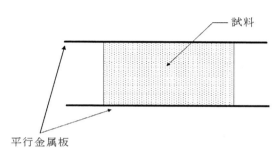

図 7　誘電体共振器による誘電率の測定

ある[3]。共振器法は損失正接が小さい材料の精密測定に適している。

2.3.1　空洞共振器法

図 5, 6 に示すように空洞共振器法は，矩形または円形導波管の両端を金属板で閉じた空洞に微小な寸法の試料を挿入した場合の共振周波数や Q 値から測定する方法である。空洞共振器に挿入した微小試料に対して摂動法と呼ばれる理論を用いると，試料挿入前後の空洞共振器内の電磁界が等しいと仮定するため材料定数の算出式が簡単になる。比較的低損失な材料の測定に適している。また，空洞共振器内に磁界がゼロで電界が強い場所，あるいは電界がゼロで磁界が強い場所が存在するので，試料の挿入する位置を変えることにより，誘電率と透磁率を分離して測定することができる。

2.3.2　誘電体共振器法

誘電体円柱を 2 枚の平行平板導体で図 7 に示すように挟んだ構造で，現在，誘電体共振器用高誘電率，低損失材料の標準的測定法と考えられているものである。一般に，電磁界が金属板の半径方向に放射しないモード (TE$_{0ml}$ モード) を用いて，試料の誘電率を測定する。

2.3.3　ストリップライン共振器法

主として MIC 基板の誘電率およびマイクロストリップ導体の測定に使用されるもので，通常の MIC 技術によりマイクロストリップを作り，図 8 のように 2 枚重ねて平衡形のストリップ線路として放射損を少なくしている。共振周波数 f_0，Q_0 値の測定およびストリップ線路の長さ L と端効果 ΔL から，誘電率を求めることができる。ストリップライン共振器法などの平面回路はデバイスとして実際に使われる電磁界と似た電磁界を用いた測定ができる利点を有している。

マイクロ波化学プロセス技術 II

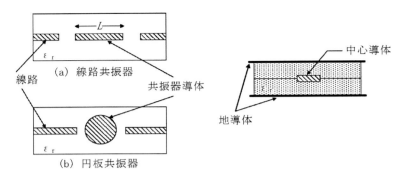

図8 ストリップライン共振器法

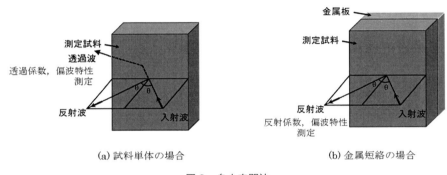

図9 自由空間法

2.4 自由空間法

図9に示すように、自由空間に設置された試料に対してマイクロ波を照射したときの反射波、透過波の特性を測定することで試料の特性を求める方法である。試料は波長に対して十分大きいものである必要がある。このため、マイクロ波の周波数が下がると試料は大きくなる一方、ある程度の面精度を有する平板であれば測定でき、導波管内や共振器内に試料を挿入する必要がないことから、ミリ波まで含めた周波数の高い領域で有効な測定法である。自由空間法の測定精度は、測定試料の反射量の変化に大きく依存するので、試料の厚みなどを調整して大きな反射量の変化を得るようにする必要がある。また、周波数、偏波および入射角度など測定諸元を変化させ、種々の測定値より高精度な測定を行うことが可能となる。

3 誘電特性・透磁特性の動的測定

3.1 動的測定方法の概要

マイクロ波領域における材料の誘電特性・透磁特性は温度に依存する。特にマイクロ波を用いた化学反応や材料プロセスにおいて、対象となる材料の誘電特性・透磁特性の温度依存性を知る

第5章 誘電特性・透磁特性の測定

ことはプロセス装置設計開発の上で重要となる。本節では，このような目的をより簡易に達成するための方法として，矩形空洞共振器を用い，加熱と測定を同一周波数で行う動的測定より，材料の複素誘電率温度依存性を評価する方法について示す。

3.2 摂動法による測定
3.2.1 摂動法

空洞共振器を用いた摂動法は，一般に空洞共振器あるいは誘電体共振器内の一部に，異なった ε, μ の微小体が存在しているときの共振周波数と Q の変化を求めるときや，導波路の一部に微小体が存在するときの伝搬定数，すなわち位相定数や減衰定数の変化を求めるときに使われる手法であり，材料定数の計算で応用が広い。空洞共振器内に小試料を挿入した場合における空洞の摂動法の原理[4]に従い，損失のある空洞が共振した時の複素角周波数を式(1)とすると，

$$\omega = \omega_r + j\omega_i \tag{1}$$

実数部は共振角周波数，虚数部は損失項を意味し，式(2)が得られる。

$$2\frac{\omega_i}{\omega_r} = \frac{1}{Q_L} \tag{2}$$

次に，共振状態にある空洞の内部に小試料を挿入すると，空洞の複素角周波数はわずかに変化し，式(3)のように表すことができる。

$$\frac{\delta\omega}{\omega} = \frac{\omega_2 - \omega_1}{\omega_2} \cong \frac{\omega_{r2} - \omega_{r1}}{\omega_{r2}} + \frac{j}{2}\left(\frac{1}{Q_{L2}} - \frac{1}{Q_{L1}}\right) \tag{3}$$

ただし，1，2 はそれぞれ，空洞への試料挿入前後の状態である。これらより摂動法を利用し体積 V の空洞共振器内部に置かれた微小体積 ΔV の試料の比誘電率 ε'_r, ε''_r, 比透磁率 μ'_r, μ''_r はそれぞれ式(4)，(5)で表される。但し空洞共振器の試料挿入前後の共振周波数および Q をそれぞれ f_0, f_L, Q_0, Q_L とし，空洞と試料形状から決定される誘電率係数，透磁率係数をそれぞれ α_ε, α_μ とする。

$$\varepsilon'_r = 1 - \frac{1}{\alpha_\varepsilon}\frac{f_L - f_0}{f_0}\frac{V}{\Delta V}, \quad \varepsilon''_r = \frac{1}{2\alpha_\varepsilon}\left(\frac{1}{Q_L} - \frac{1}{Q_0}\right)\frac{V}{\Delta V} \tag{4}$$

$$\mu'_r = 1 - \frac{1}{\alpha_\mu}\frac{f_L - f_0}{f_0}\frac{V}{\Delta V}, \quad \mu''_r = \frac{1}{2\alpha_\mu}\left(\frac{1}{Q_L} - \frac{1}{Q_0}\right)\frac{V}{\Delta V} \tag{5}$$

ここで f_0, f_L および Q_0, Q_L はそれぞれ試料挿入前後の共振周波数および Q 値であり，V と ΔV は共振器および試料の体積である。試料が十分小さいため，空洞内への試料挿入前後の無負荷時の Q と結合孔による外部 Q の変化はないと仮定する。これにより，試料挿入前後における Q 値の変化量および共振周波数を測定し，式(4)，(5)を用いて，材料の複素比誘電率（$\varepsilon'_r - j\varepsilon''_r$）または複素比透磁率（$\mu'_r - j\mu''_r$）が求められる[5]。

空洞の共振電磁界は空洞の形と共振モードとによって決まる分布をしていて，空洞内には磁界

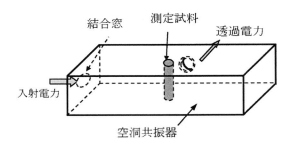

図10 空洞共振器を用いた測定

がゼロで電界が強い場所，あるいは電界がゼロで磁界が強い場所が存在する。比誘電率，比透磁率がともに1ではない小試料を空洞内の磁界がゼロで電界が強い場所に置くと，磁界による共振周波数への影響はなく誘電率だけが影響を与え，複素誘電率を求めることができる。一方，電界がゼロで磁界が強い場所に置くと，電界による共振周波数への影響はなく透磁率だけが影響を与え，複素透磁率を求めることができる。

図10に示すように空洞に小さい入出力の結合孔を設け，マイクロ波電力は結合窓から空洞共振器に結合し，別の結合孔から透過電力を測定する。結合孔による外部のQをそれぞれQ_{ex1}，Q_{ex2}とし，空洞に対して入出力伝送線を結合させた負荷時のQをQ_L，無負荷QをQ_0としたとき，次の関係が得られる。

$$\frac{1}{Q_L} = \frac{1}{Q_0} + \frac{1}{Q_{ex1}} + \frac{1}{Q_{ex2}} \tag{6}$$

共振時の空洞の挿入損失は次式で示される。

$$T(\omega_r) = \frac{4Q_L^2}{Q_{ex1}Q_{ex2}} \tag{7}$$

ここで$T(\omega)$は空洞共振器の共振時の入射電力に対する透過電力の割合である。試料が十分小さいため，空洞内への試料挿入前後の無負荷時のQと結合孔を含めた外部Qの変化はないと仮定する。従って，次式が得られる。

$$\frac{1}{Q_{L1}} - \frac{1}{Q_{L0}} = \frac{1}{Q_{L0}}\left(\sqrt{\frac{P_1}{P_2}} - 1\right) \tag{8}$$

但し，P_1，P_2は試料の空洞共振器挿入前後の透過電力である。従って，試料挿入前の空洞共振器のQ_{L0}とP_1，P_2を測定すれば，上式からQの変化が計算され，誘電損失が求められる。

3.2.2 実験

(1) 周波数固定動的測定法

材料の加熱等に広く用いられる2.45 GHzの周波数を用いる場合，プロセスに用いる波源としてマグネトロンなどの高出力素子が多く用いられる。このような素子は一般に発振周波数制御が困難であり，同調機能を持った空洞共振器を使用し，加熱と計測を行う。測定システムの概要を

第5章 誘電特性・透磁特性の測定

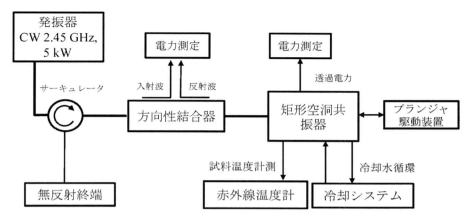

図11　周波数固定動的測定システム

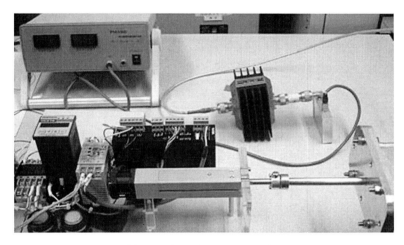

図12　周波数固定動的測定システムのプランジャー部

図11に示す。TE_{103} モード空洞共振器を利用し，ショートプランジャーを移動させ，共振状態で空洞共振器に挿入した結合ループから透過電力を測定する。移動可能なプランジャーを図12に示す。測定した透過電力より負荷時のQ値の変化量を求め，ショートプランジャーの移動量から共振周波数の変化量を計算し，材料の複素誘電率を求めることができる[6]。

(2)　**周波数掃引動的測定法**

安定した掃引周波数を発生するPLLシンセサイザーを用いたベクトルネットワークアナライザの信号等を発信源として，その信号を増幅することで加熱と計測を行えば，共振周波数が変化する空洞共振器に対して，常に安定した電力が供給可能である。測定システムの概要を図13に示す。このようなシステムでは同調機能を有する共振器を使用する必要がないため，使用できる空洞共振器の選択幅が広がる。尚，試料の温度は空洞共振器に空けられた観測窓を用いて赤外線

109

マイクロ波化学プロセス技術 II

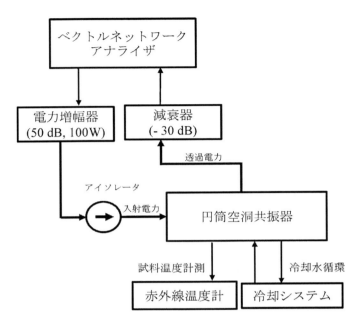

図13　周波数掃引動的測定システム

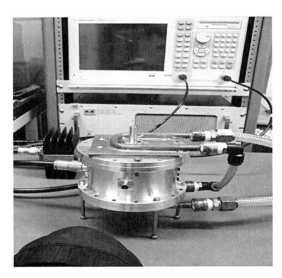

図14　TM$_{010}$モード空洞共振器を使用した周波数掃引動的測定システム

第5章 誘電特性・透磁特性の測定

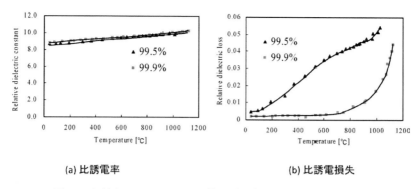

(a) 比誘電率　　　　　　　　(b) 比誘電損失

図15　各純度によるアルミナの複素誘電率の温度依存特性の変化

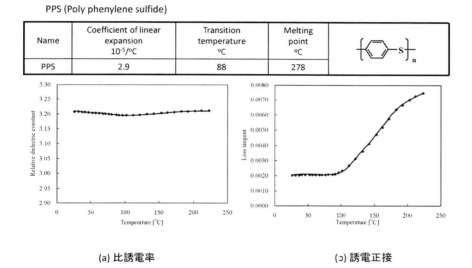

(a) 比誘電率　　　　　　　　(c) 誘電正接

図16　PPSの複素誘電率の温度依存特性

サーモグラフにより行う。TM_{010}モード空洞共振器を使用した周波数掃引動的測定システムを図14に示す。空洞共振器の温度を一定にするために冷却システムを設ける。材料と空洞共振器間の熱伝導の影響を抑えるために、断熱性の高い材料による固定が必要である[7]。

4　結果

動的測定方法により評価した材料の誘電特性・透磁特性を示す。図15には純度99.5％および99.9％のアルミナについて、図16にはPoly phenylene sulfide（PPS）、図17にはガラスエポキシの複素誘電率の温度依存特性測定結果を示す。また図18にはニッケル粉末の複素透磁率の温

111

マイクロ波化学プロセス技術 II

Epoxy

Name	Coefficient of linear expansion 10⁻⁵/°C	Transition temperature °C	Melting point °C	Classification
Epoxy	17	-	-	Thermosetting resin

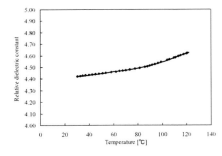
(a) 比誘電率

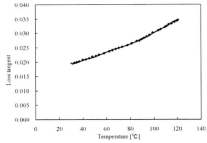
(b) 誘電正接

図17 ガラスエポキシの複素誘電率の温度依存特性

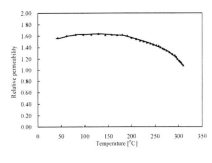
(a) 比透磁率

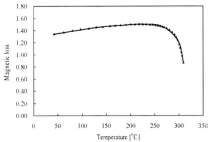
(b) 磁気損失

図18 ニッケル粉末（Ni）の複素透磁率の温度依存特性

度依存特性測定結果を示す。図15に示す結果より，アルミナでは高純度になるとよりガラス化転移温度を越えた温度における誘電損率の上昇が顕著になることが分かる。また，このことはPPSのような有機材料でも顕著である。一方，図17に示すガラスエポキシのような非晶質においては非線形的な誘電損失の変化は発生せずにほぼ直線的に変化することが分かる。図18に示す粉体の磁性材料では，キューリ温度近傍での透磁率の低下が著しいことが分かる。

第5章　誘電特性・透磁特性の測定

5　まとめ

　本章では，液体，固体，粉体などの誘電体や磁性体のマイクロ波帯における特性評価を行うための測定法について分類し概説した．マイクロ波プロセスを用いた測定の具体例として，空洞共振器内部に設置した試料に対してマイクロ波加熱を行いながら誘電特性や透磁特性等を測定する動的測定法について述べた．また，動的測定法によって得られた試料の誘電率・透磁率の温度依存特性の結果について，参考値を示した．特に温度変化により大きく特性が変化する材料に対しては，材料定数の温度特性を考慮することにより，効果的なマイクロ波プロセスが可能となる．

文　　　献

1) 橋本修，高周波領域における材料定数測定法，森北出版（2003）
2) 小口文一，太田正光，マイクロ波・ミリ波測定，コロナ社（1970）
3) 小西良弘，実用マイクロ波技術講座　理論と実際　第5巻，日刊工業新聞社（2002）
4) 岡田文明，マイクロ波工学——基礎と応用，山海堂（2004）
5) T. Nakamura and Y. Nikawa, "Study on Error Reduction for Dynamic Measurement of Complex Permittivity Using Electromagnetic Field Simulator", IEICE Transactions, Vol. E86-C, No.2, pp.206-212（2003）
6) 関勇，二川佳央，"低損失材料の複素誘電率温度依存特性評価装置に関する研究"，電子情報通信学会論文誌C，Vol. J88-C, No.12, pp.1187-1189（2005）
7) 関勇，二川佳央，"円筒空洞共振器を用いた材料の複素誘電率のマイクロ波照射による温度依存特性測定"，電子情報通信学会論文誌C，Vol. J89-C, No.12, pp.1032-1038（2006）

第6章 マイクロ波帯での各種固体，粉体および液体の複素誘電率，透磁率測定

福島英沖[*1]，近藤勇太[*2]

1 はじめに

複素誘電率のデータについて詳細にまとめられたものとして，Hippel らの報告[1]（1954年）が有名であるが，その後，体系的なデータ調査は見当たらない。材料も変わり，今まで難しいと言われていた金属もマイクロ波加熱できる時代になった。マイクロ波帯における各種材料の複素誘電率と透磁率をデータベース化し，我が国から世界に向けて発信していく必要がある。マイクロ波加熱をするうえで特に重要なのは，これらのうちの虚数部（誘電損率，透磁損率）である。材料によって，どの周波数が適しているのか，加熱とともに材料内の温度分布がどのように変化するのか，加熱室（キャビティ）の最適設計や材料の均一加熱を図るうえで，実際に用いられる粉末や溶媒（液体）の複素誘電率，透磁率の周波数依存性や温度依存性を把握しておくことが重要である。一方，複素誘電率，透磁率の測定法として，空胴共振器による摂動法，Sパラメータを用いた同軸法やフリースペース法，液体に適した同軸プローブ法等がある[2]が，測定精度や誤差がどの程度あるのか，測定法のクロスチェックが必要である。マイクロ波加熱プロセスの信頼性，安定性を高め，マイクロ波の優位性，経済性を判断する指標として，これらの材料特性値は極めて重要なファクターとなる。本報では，我々がこれまでに行ってきた摂動法による固体の複素誘電率の精密測定，マイクロ波直接加熱による高温測定法を紹介し，さらに摂動法および同軸法による粉体の複素誘電率，透磁率の測定，同軸プローブ法による液体の複素誘電率の温度，周波数の影響について報告する。

2 測定方法

固体の複素誘電率 ε（比誘電率 ε_r，誘電損率 ε''）の精密測定には直方体（矩形）空胴共振器（TE_{103} モード）による摂動法を用いた（図1）。クロスチェック用に円筒空胴共振器（TM_{010}）を用い，いずれも6 GHz帯で測定した[3]。粉末の複素誘電率 ε は摂動法および同軸法で測定し，複素透磁率 μ（比透磁率 μ_r，透磁損率 μ''）も測定した。空胴共振器（キャビティ）による摂動法は，図2に示すように，微小試料の挿入前後の共振周波数の変化から求められる。試料は

---

* 1 Hideoki Fukushima　㈱豊田中央研究所　無機材料研究室
* 2 Yuta Kondo　㈱デンソー　材料技術部

第6章　マイクロ波帯での各種固体，粉体および液体の複素誘電率，透磁率測定

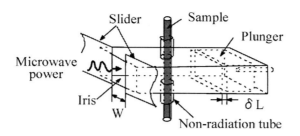

図1　矩形キャビティ（TE$_{103}$，6 GHz）

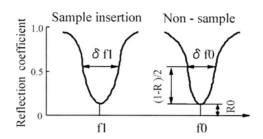

図2　試料挿入前後の共振波形の変化

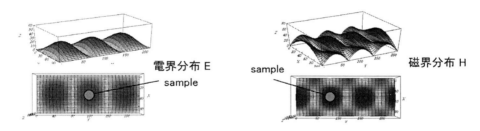

図3　矩形キャビティ内の電磁界分布（3次元画像）

キャビティ内の電界，磁界分布の最大箇所（Emax，Hmax）に置かれ（図3），それぞれ共振周波数の変化量からε_r, μ_rを，半値幅の変化量からε'', μ''が求められる。粉末測定の場合，石英管内に粉末を充填し，見掛けの複素誘電率，透磁率を求め，粉末のかさ密度と真比重の比から真の複素誘電率ε，複素透磁率μを求めた。粉末測定のクロスチェック用に市販（㈱関東電子応用開発）の円筒キャビティ（TM$_{020}$）を用いた。円筒キャビティではキャビティ中心部のEmaxでεを測定した。同軸法では0.5-8.5 GHzの範囲でε，μの周波数依存性を調べた。測定にはベクトル型のネットワークアナライザ（Agilent E5071C）を用いた。矩形キャビティでは反射S$_{11}$，円筒キャビティでは反射S$_{11}$/透過S$_{21}$，同軸法にはサンプルホルダ（内導体3.5 mm，外導体7 mm）を用い，専用ソフト（Agilent 85071E，Nicolson-Ross法[4]）を用いて解析した。

固体試料には9種類の棒状試料（直径3 mm）を用い，マイクロ波帯で既に報告されている石英，サファイアを基準試料とした。粉末試料には各種セラミックス粉末，金属粉末およびカーボ

ン粉末を選定した。また，試料形状や粉末充填率等の影響を調べ，カーボン粉末については粉末粒径，カーボン添加量の影響を調べた。

高温での誘電特性は，試料を矩形キャビティ内で直接マイクロ波加熱して測定した。キャビティ内のアイリス（結合窓）とプランジャ（短絡板）を調整し，加熱中のキャビティを常時共振させることによって，固体の高温誘電特性が測定される。高温測定のクロスチェックとして，電気炉による測定を行った[5]。Pt-Rh製のキャビティを小型電気炉内に設置し，1000℃までの複素誘電率を測定した。

液体の複素誘電率の測定には同軸プローブ（Agilent 85070E）を用い，サンプル端面からの反射 S_{11} による同軸プローブ法で測定した。測定周波数0.2～8.5 GHz，温度0～100℃で測定した。ウォーターバスに氷水（0.1～0.7℃）を入れ，ヒータで温度を調整した。ウォーターバス内を攪拌しながら温度を一定に保ち，液体の入った容器内の温度とウォーターバスの温度が同一温度になってから測定した。液体試料には，マイクロ波吸収性の高い水，エタノール，エチレングリコール EG，ジメチルホルムアミド DMF，ジメチルスルホキシド DMSO，イオン液体，食塩水を用い，過去の文献値[1]と比較した。

3 測定結果

3.1 固体の複素誘電率

表1に常温時の各セラミックスの誘電特性を測定した結果を示す。表中には比較のため，円筒キャビティでの測定値および基準試料の文献値も示す。各試料の比誘電率 ε_r には測定法による違いはほとんどなく，基準試料として用いた石英とサファイアの測定値は文献値とよく一致した。誘電損率 $\varepsilon"$ についても各測定法での値はよく一致し，矩形キャビティの方が円筒キャビティよりも測定範囲は広かった。そのときの相対誤差は，ε_r は3％以内，$\varepsilon"$ は10％以内（$\varepsilon" > 0.005$）であった。また，測定値と文献値との誤差も ε_r で2％以内であった。試料の組成成分を分析した結果，Na等のアルカリやFe等の遷移金属が含まれると $\varepsilon"$ が増大し，$\varepsilon"$ の値は純度よりむし

表1 常温時の各セラミックスの誘電特性（6 GHz）

sample	Rectangular cavity ε_r	$\varepsilon"$	Cylindrical cavity ε_r	$\varepsilon"$	Ref. value (0.3-10 GHz) ε_r	$\varepsilon"$
Silica	3.71	0.00025	3.77	0.00027	3.78	0.00019-0.0064
Sapphire	11.72	<0.0001	11.62	<0.0001	11.5	0.0001
Pyrex glass	4.87	0.035	4.78	0.037	4.7	0.022（1MHz）
Alumina (99%)	9.48	0.00092	9.35	0.00079		
Alumina (92%)	8.27	0.0103	8.32	0.0108		
Alumina (76%)	8.32	0.0107	8.44	0.0114		
Silicon nitride (1)	8.18	0.0055	8.12	0.0055		
Silicon nitride (2)	15.6	0.35	—	—		
Silicon Carbide	19.1	1.26	—	—		

第 6 章　マイクロ波帯での各種固体，粉体および液体の複素誘電率，透磁率測定

ろ焼結助剤や不純物の組成に大きく影響されることがわかった。

　試料挿入時のアイリス幅と誘電損率 ε''，プランジャ位置と比誘電率 ε_r には一定の関係があり，加熱時のアイリス幅とプランジャ位置を測定することにより，高温時の ε_r と ε'' を求めることができる。図 4 にマイクロ波で直接加熱して求めた誘電損率 ε'' の温度依存性を示す。図中には従来の摂動法による半値幅から求めた結果も示す。アルミナの場合，半値幅法では 1300℃ までしか測定できないが，アイリス法では 1800℃ まで測定可能であった。ε'' は 600℃ 付近から急激に増加し，1800℃ では常温の 100 倍以上の値となった。窒化ケイ素の場合，ε'' は 1300℃ 付近から急激に増加し，1700℃ での ε'' は室温の約 60 倍となった。

　電気炉で測定した各種セラミックスの高温時 ε_r と ε'' を図 5 に示す。いずれのセラミックスも温度とともに ε_r と ε'' は増加する傾向を示し，1000℃ までの高温測定が可能であった。マイ

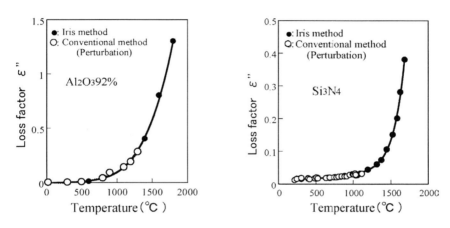

図 4　アルミナ，窒化ケイ素の誘電損率の温度依存性（マイクロ波直接加熱 6 GHz）

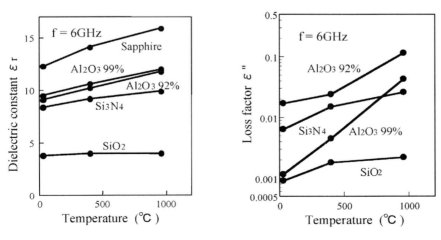

図 5　各種セラミックスの誘電特性の温度依存性（電気炉測定）

クロ波で直接加熱して求めた値と比較した結果，マイクロ波法と電気炉法による測定値はよく一致し，マイクロ波直接加熱法で精度良く求めることが可能なことがわかった。また，当所で測定した結果とMITで測定[6]したアルミナ誘電特性（～1000℃）を比較した結果，両者の測定値はよく致し，当所で開発したマイクロ波直接加熱法でも高精度で高温誘電特性を測定できることがわかった。

3.2 粉体の複素誘電率，透磁率

　誘電特性の測定誤差要因として，試料治具位置と試料形状の影響が大きく，高精度に測定するには試料治具位置，試料径および試料長さを適切に選定する必要がある。また，真の比誘電率 ε_r と誘電損率 ε'' は，粉末の真比重の時の値である。しかし，粉末を石英管に充填するため，粉末の真比重よりも小さい密度（かさ密度）になる。かさ密度と見掛けの比誘電率，誘電損率には直線関係があり，粉末の真の ε_r と ε'' は直線近似することができる[5]。測定には6 GHz帯の直方体キャビティ（空胴共振器）を用い，摂動法により各種粉末の誘電特性を求めた。

　代表的な粉末試料の比誘電率 ε_r と誘電損率 ε'' を測定した結果を表2に示す。粉末の ε_r は文献値よりも小さくなる傾向にあった。また，粉末の ε'' は文献値とかなり異なった値を示した。これは粉末と焼結体の違い，さらには粉末の種類の違いによるものと思われる。今回の測定の結果，PZT，PLZT，BaTiO$_3$ の ε_r，ε'' は他のセラミックス粉末に比べて極めて大きかった。ε'' が大きい粉末は ε_r も大きくなる傾向を示し，ムライトが最も小さかった。さらに，各種粉末の誘電特性を図6に示す。比誘電率 ε_r と誘電損率 ε'' は対数表示でほぼ直線関係にあり，石英 SiO$_2$ と純カーボンでは ε_r で2桁，ε'' で5桁以上も異なる。導電性粉末も測定が可能で，Ti，WCの ε'' は見かけ上10以上を示す。ただし，導電性粉末の場合はセラミックスなどの誘電体とは機構が異なると思われる。セラミックス粉末は結晶構造や価数によって ε'' の値が大きく異なり，炭化ケイ素系では βSiC > αSiC，アルミナでは γAl$_2$O$_3$ > αAl$_2$O$_3$，酸化鉄では Fe$_3$O$_4$ > FeO

表2　各種セラミックス粉末の誘電特性（6 GHz）

sample	Dielectric constant ε_r Measurement*	Ref. Value**	Loss factor ε'' Measurement*	Ref. Value**
AlN	5.8	8.0	0.058	0.02
Al$_2$O$_3$	6.2	8～10	0.061	0.001～0.025
Y$_2$O$_3$	8.3	11.0	0.2	0.001
ZnO	8.5	8～8.5	0.3	0.03～8
ZrO$_2$	13.0	25～40	0.088	0.1
TiO$_2$	20	90	0.14	0.18
PZT	39	—	0.83	—
PLZT	42	—	1.80	—
BaTiO$_3$	48	150	2.0	75
Si$_3$N$_4$	4.8	5.5	0.22	0.001～0.02
Mullite	4.4	6.4	0.013	0.003～0.03

＊ powder，＊＊ sinter (0.3～10 GHz)

第6章　マイクロ波帯での各種固体，粉体および液体の複素誘電率，透磁率測定

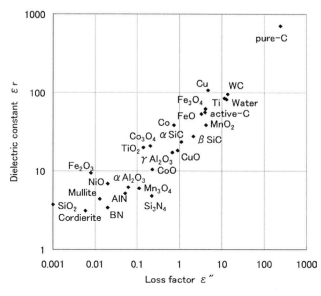

図6　各種粉末の誘電特性（6 GHz）

≫Fe$_2$O$_3$であり，酸化物セラミックスではMnO$_2$，Fe$_3$O$_4$のε"が特に大きく，これらの粉末はマイクロ波の吸収が極めて高い材料である。さらに，貴金属触媒を添加することにより，セラミックスのε"は桁違いに増加する。

　矩形キャビティのHmaxに粉末を挿入し，マイクロ波帯（6 GHz）における金属粉末の複素透磁率を摂動法で測定した[7]。マイクロ波吸収性を示す透磁損率μ"の高い材料として，金属粉末ではFe，Cu，Al，Co，Tiなど，金属酸化物ではFe$_3$O$_4$，γFe$_2$O$_3$，非酸化物系ではWCであった。また，通常非磁性に分類されているAl，Cu粉末も高いμ"を示した。誘電損率ε"の高い粉末として，酸化物ではFe$_3$O$_4$，SiC，B$_4$C，金属ではAl，Mnであった。さらに，粉末の複素誘電率，透磁率の周波数依存性を同軸法で測定した結果を図7に示す。SiCのε"は周波数とともに増加する傾向を示すが，磁性はほとんど示さない。Fe$_3$O$_4$は誘電性，磁性の両方の性質を持つが，γFe$_2$O$_3$はFe$_3$O$_4$に比べて誘電性が低い。また，Fe$_3$O$_4$，γFe$_2$O$_3$のμ"は2～3 GHz付近で最大となることがわかった。なお，同軸法で測定した値は，粉末を充填した見掛けの値である。実際には，充填率100%での真の誘電率，透磁率を求め，各測定法で比較する必要がある。同軸法で測定した粉末の複素誘電率，透磁率は充填密度や粉末形状の影響を受け[8]，摂動法でも粉末の充填率は広範囲にわたるため，充填率（かさ密度）の違いで見掛けの値は大きく変わり，マイクロ波の吸収性能（ε"，μ"）を各粉末で比較するのは困難である。従って，正確な粉末の複素誘電率，透磁率を把握するためには，標準の粉末サンプルが必要であり，基準試料を用いて各測定法でクロスチェックすることが重要である。

　各種カーボン粉末の誘電特性を同軸法で測定した結果を図8に示す。カーボン粉末は種類に

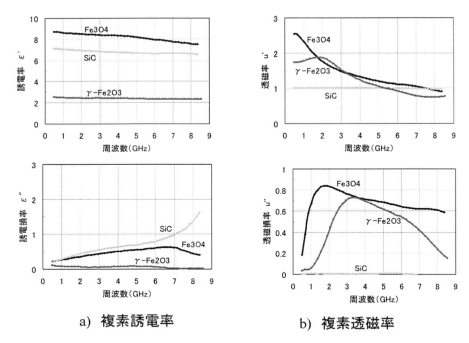

a) 複素誘電率　　　b) 複素透磁率

図7　粉末の複素誘電率，透磁率（周波数依存性，同軸法）

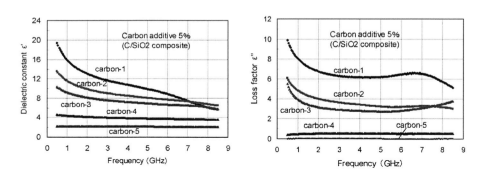

図8　各種カーボン粉末の誘電特性（同軸法，C/SiO$_2$混合粉末）

よって誘電特性が著しく異なった。比誘電率 ε'，誘電損率 ε"ともに低周波数側で増大する傾向を示した。また，粒径が細かくなるほど ε"が大きくなる傾向を示した。カーボン粉末を用いて各測定法の違いを調べた結果，誘電特性の順位は同じであったが，各測定により値が大きく異なり，特に円筒キャビティで測定したものが小さくなる傾向を示した。粉末の種類によってマイクロ波吸収性が大きく異なる原因を調べるために，粉末の比表面積をガス吸着法で測定し，複素誘電率との関係を調べた。比表面積と複素誘電率は，ほぼ比例関係で相関があることがわかり，これらの結果は堀田らの報告[9]とよく一致した。結晶子サイズと複素誘電率に相関はなく，また周波数が高くなるにつれて ε'，ε"は減少し，同一試料では粒径が細かいほど ε"が高くなること

第 6 章　マイクロ波帯での各種固体，粉体および液体の複素誘電率，透磁率測定

から，カーボン粉末の誘電性は空間電荷分極が支配的であると考えられる。

3.3　液体の複素誘電率

図 9，図 10 に代表的な液体の複素誘電率の周波数および温度依存性を示す。2.45 GHz，20℃ での値は，比誘電率 ε_r で水＞DMF＞EG＞イオン液体＞エタノール，誘電損率 ε'' で EG＞水＞エタノール＞DMF＞イオン液体の順であった。ε_r に比べて ε'' は周波数および温度依存性が大きく，各液体において著しく異なった。水の場合，周波数が高く温度が低いほど ε'' は大きくなるが，イオン液体は水とは逆に低周波数，高温で高い ε'' を示した。アルコール系（エチレングリコール EG，エタノール）は最適な周波数，温度が存在し，温度が高くなるにつれて ε'' のピークが高周波数側にシフトする傾向を示した。EG，エタノールの ε'' は，室温では 1 GHz 付近で最大となる。ε'' のピークが高周波数側にシフトしたのは緩和時間 τ の影響であり，温度の上昇とともに τ が小さくなったためと思われる[10]。非プロトン性極性溶剤である DMF の誘電特性は水とよく似た傾向を示した。100℃ 付近の ε'' は，900 MHz 帯ではイオン液体 ≫ 水（約 80 倍）であり，実際に使う溶媒（液体）の誘電特性の周波数および温度依存性を把握して反応実験を行う必要がある。また，イオン伝導性の強い食塩水は，0.1 mol/L の低濃度でも双極子を持つ水と

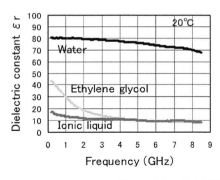 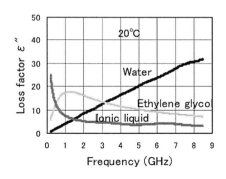

図 9　液体の複素誘電率の周波数依存性（20℃）

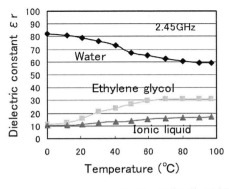 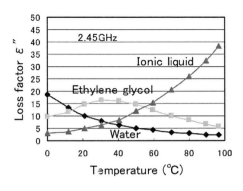

図 10　液体の複素誘電率の温度依存性（2.45 GHz）

マイクロ波化学プロセス技術 II

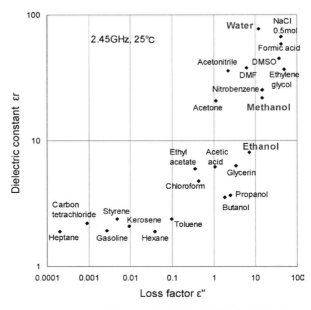

図 11　マイクロ波帯での各種液体の誘電特性（文献値）

は全く異なる特性を示した。すなわち，低周波数側で著しく高い ε'' を示し，高濃度になるにつれて直線的に増大し，915 MHz，室温，3 mol/L で水の 80 倍の ε'' を示した。

図 11 にマイクロ波帯での各種液体の誘電特性を示す[1,11]。極性，非極性の液体を比較すると，比誘電率 ε_r は 2 桁，誘電損率 ε'' は 5 桁ほど異なる。水やアルコールなどの水酸基をもった極性の大きな液体は，ε'' が他の液体に比べて桁違いに大きい。これに対して，ガソリンなどの炭化水素系の液体や有機溶剤は ε'' が小さく，マイクロ波加熱しにくい部類に属する。また，エタノール，エチレングリコールなど，2.45 GHz，室温での文献値は，今回の測定結果とよく一致していた。

4　まとめ

当所がこれまでに行ってきた摂動法を中心に，同軸法，同軸プローブ法を交えて固体，粉体，液体の複素誘電率と複素透磁率を測定した結果を報告した。空胴共振器（キャビティ）を用いた固体の複素誘電率の常温測定は高精度で測定でき，マイクロ波で試料を直接加熱することにより，1800℃ までの高温測定が可能であった。粉体の複素誘電率については，摂動法でセラミックス，高分子，金属など 100 種類以上の材料を測定してきたが，粉末充填率を同じにするのが難しいため，かさ密度と真比重の比から真の複素誘電率を求めた。同軸法による粉体の複素誘電率，透磁率の測定では，比較的簡便に周波数特性が把握できるが，同軸法で測定した値は粉末を充填した見掛けの値であり，充填率 100％ での真の値ではない。同じ充填率の粉体を摂動法（矩形お

第6章　マイクロ波帯での各種固体，粉体および液体の複素誘電率，透磁率測定

よび円筒キャビティ），同軸法で測定した場合，各測定法によってバラツキが大きく，正確な値が求め切れていない。金属を含めた粉末の測定については文献も少なく，正確な値を把握するためには，標準の粉末サンプルが必要であり，基準試料を用いて各測定法でクロスチェックすることが重要である。今後，各測定法の中身も吟味して，真の値を追求していく必要がある。一方，液体の複素誘電率は同軸プローブ法を用いることで，比較的高精度な測定が可能であり，過去の文献値ともよく一致した。液体の誘電特性は最適な周波数が存在し，実際に使う溶媒（液体）の周波数および温度依存性を把握してから，マイクロ波化学の研究を行う必要がある。

文　　献

1) A. R. Von Hippel, Dielectric Materials and Applications, p. 438, MIT Press (1954)
2) 橋本修，電波吸収体の技術と応用II，p.43-95，シーエムシー出版（2003）
3) 福島英沖ほか，精密工学会誌，**53**（5），743-747（1987）
4) A. Nicolson and G. Ross, IEEE Trans. Instrum. Meas., IM-19, 377-382 (1970)
5) 福島英沖，マイクロ波によるセラミックス加熱装置の開発と焼結・接合への応用に関する研究，博士論文，72-96（1999）
6) W. Bo Westphal, MIT Techo Rept., Contact AF 33 (616)-8353 (1963)
7) 福島英沖，近藤雄太，第5回JEMEAシンポジウム 講演要旨集，1A01，24-25（2011）
8) M. Hotta et al., *ISIJ. International*, **49**（9），1443-1448（2009）
9) 堀田太洋ほか，第4回JEMEAシンポジウム 講演要旨集，2B05，110-111（2010）
10) 杉山順一，電子情報通信学会，信学技報，MW2009-79，31-36（2009）
11) C. Gabriel et al., *Chem. Soc. Rev.*, **27**, 213-223（1998）

第7章　液相の誘電率測定・周波数効果

佐野三郎*

1　はじめに

われわれは，セラミックスや金属粉体のマイクロ波加熱のための基礎データ収集を目的としてマイクロ波吸収，マイクロ波誘電率，マイクロ波透磁率などの測定を行ってきた。これらの測定は同軸線路法，導波管法，自由空間法などにより行っているが，高温での材料のマイクロ波吸収特性を調べるために，円形断面導波管フィクスチャを試作し，真空炉中で加熱しながらの一端子反射法測定も行っている[1]。測定対象はバルク状あるいは粉体（固相）である。マイクロ波化学の分野では，主として液相でプロセスが進行するので，液相の誘電率測定が必要となるが，液相の誘電率を簡便に測定する方法に「同軸プローブ」法がある。この章では，同軸プローブ法について概説し，水および電解質水溶液の誘電率を測定した結果を紹介する。

2　同軸プローブ法

誘電率を簡便に測定する方法として，同軸プローブ法がある。この方法は，誘電損失の大きな液体あるいは半固体の測定に適した方法であり，広帯域という特徴がある。この種の測定フィクスチャは，測定用のプログラムとセットでアジレント・テクノロジー社から販売されている[2]。この方法では，図1のように同軸の解放端を試料に接触させ，そのときの反射（S11）から誘電率を計算する。試料が液体の場合には，同軸プローブ先端を下向きにし，容器に入った液体試料に浸漬して測定する。通常は，試料を測定する前にプローブ先端を開放（空気の測定に相当：誘

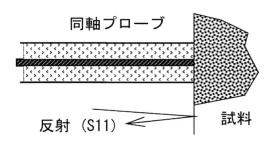

図1　同軸プローブによる誘電率の測定

---

* Saburo Sano　㈱産業技術総合研究所　サステナブルマテリアル研究部門　環境セラミックス研究グループ　主任研究員

第7章　液相の誘電率測定・周波数効果

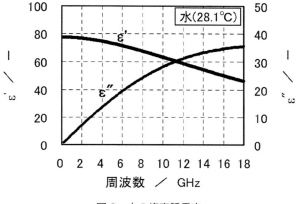

図2　水の複素誘電率

電率 ε = 1)，金属で短絡（反射係数 Γ = -1）および誘電率既知の試料（通常は水を使用）についての測定を行い，これらの結果をもとに測定系の誤差を補正する。プローブ先端と試料との間にエアーギャップがあると誤差要因となるので，固体試料を測定する場合には試料表面を十分に平坦にし，プローブ先端と試料を密着させなければならない。試料が液体の場合にも，プローブ先端に気泡が付いていると測定誤差の原因になるので，注意が必要である。

図2に，水（28.1℃）の複素誘電率の測定結果を示す。この測定は 0.2～18 GHz の周波数範囲で行ったが，水はこの周波数域で分散を示し，ε' は周波数と共に小さくなり，ε" は周波数と共に大きくなり 20 GHz 付近で極大を示すことが知られている。試料が液体なので，ギャップなしにプローブ先端と試料を接触させることができるため，測定結果は非常に滑らかな曲線になっている。

3　低温での水溶液の誘電率測定

田中らは，計算機シミュレーションの結果として，水が凍るとその誘電率が非常に小さくなりマイクロ波をほとんど吸収しなくなるが，氷の中に電解質（例えば NaCl）が存在するとマイクロ波吸収が大きくなることを報告している[3]。このことを実験的に裏付けるために，水溶液の氷点付近での複素誘電率を測定できる装置を試作して測定を行った。

図3に，試作した測定システムの模式図を示す。この測定システムでは，試料をペルチェ素子で -10℃ 以下まで冷却することができる。測定は，ネットワークアナライザとアジレント・テクノロジー社の同軸プローブ（85070B，測定プログラム付属）を組み合わせて行ったが，この同軸プローブは先端部の金属製のつばやプローブ保持具が大きいため，プローブを介しての熱流出が大きく，測定部分を十分に冷却することができなかった。そこで，外径 3.58 mm のセミリジッドケーブル（RG402/U）を使って同軸プローブを試作し，85070B は，測定用のプログラムだけを利用した。試作した同軸プローブの外観を図4に示す。試作プローブの先端には，熱収縮

マイクロ波化学プロセス技術 II

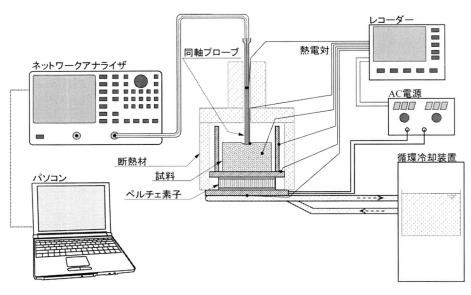

図3 同軸プローブ法による低温での誘電率測定システムの模式図

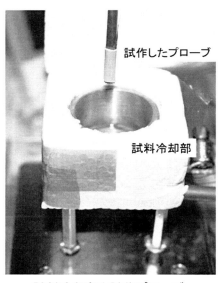

試料冷却部と試作プローブ

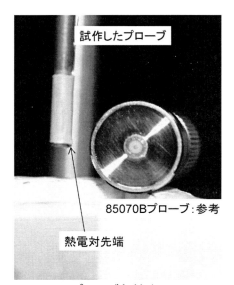

プローブ部拡大

図4 同軸プローブの外観

第7章　液相の誘電率測定・周波数効果

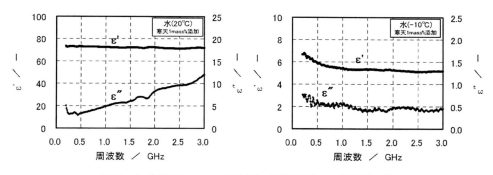

図5　水（寒天を1 mass%添加）の複素誘電率の周波数変化

チューブを利用して試料温度測定用の熱電対を取り付けてある。図3に示したように，温度は複数の点で測定しているが，冷却途中には同軸プローブ先端と試料の内部（同軸プローブ先端から1 cm程度離れた点）で10℃程度の温度差があった。この測定システムでは，同軸プローブ先端で測定した温度を試料温度としているので，実際に測定している部分との差は小さいと考えている。

電解質水溶液を凍らせる場合，冷却時に最初に凍る部分の電解質濃度は低く，凍結が進むにしたがって電解質の濃度が高くなると予想される。最後まで液相として残るのは，試料冷却面から遠い同軸プローブ先端付近だと考えられるので，凍結中の残存液相の濃度変化が測定結果に影響すると考えられる。そこで，凍結中に試料内部で電解質濃度が均一になるように，寒天を1 mass%添加したゼリー状の測定試料を作製し，寒天添加の影響を調べた。寒天だけを添加した水の複素誘電率を測定した結果を図5に示す。20℃における測定結果は，寒天を添加していない場合（図2）と良く一致しているが（測定周波数範囲の違いに注意），測定値に少しばらつきがある。これは，ゼリー状の試料表面と同軸プローブ先端との接触が，液体と接触する場合に比べて，完全ではなかったためと考えている。−10℃のとき，試料は完全に凍結した状態であったが，複素誘電率は非常に小さくなり，20℃の場合と比べると，ε'，ε''共に1/10以下になった。この結果も，寒天を添加していない場合と良く一致していた。このように，水に寒天を添加したゼリー状の試料を使っても，複素誘電率の測定結果にはほとんど影響しないことが確認できた。図6は，水（寒天を1 mass%添加）の2.45 GHzにおける複素誘電率の温度変化である。冷却過程で約7℃まではε'，ε''共に大きくなる傾向にあるが，7℃以下ではε'，ε''共に急激に小さくなり，凍結後はほぼ一定の値になっている。この測定システムで測定した，ε'とε''が急激に小さくなる温度範囲は約7℃であった。

図7は，寒天を1 mass%添加した1M-NaCl水溶液の複素誘電率の測定結果である。19℃での測定結果から，ε'は水に比べて少し小さくなっているだけであるが，ε''が非常に大きくなっていることが認められる。水は，この周波数範囲では，周波数が高くなるにしたがってε''が大きくなるが，1M-NaCl水溶液は低周波数側で対数的にε''が大きくなっている。これは，一般的に，

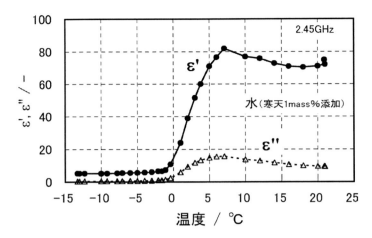

図6 水（寒天を1 mass％添加）の2.45 GHzにおける複素誘電率の温度変化

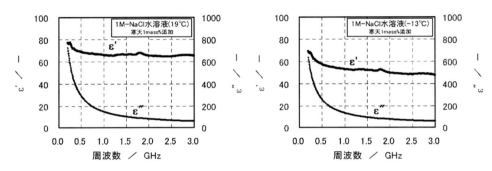

図7 1M-NaCl水溶液（寒天を1 mass％添加）の複素誘電率の周波数変化

電解質水溶液で見られる傾向である。試料が凍結しても（-13℃），複素誘電率は大きくは変化せず，20％程度値が小さくなるだけである。これは，凍結により複素誘電率が非常に小さくなる水とは大きく異なっているが，田中らのシミュレーション結果を支持する測定結果になっている。図8に，寒天を1 mass％添加した1M-NaCl水溶液の2.45 GHzにおける複素誘電率の温度変化を示す。この図から，1M-NaCl水溶液は凍結前後での複素誘電率の変化が小さいことが分かる。

図9は，電解質の量を少なくした0.1M-NaCl水溶液（寒天を1 mass％添加）の複素誘電率の測定結果である。複素誘電率の周波数変化の傾向は1M-NaCl水溶液の場合と同様であるが，低周波数側でのε"の値は1M-NaCl水溶液に比べて非常に小さくなっている。温度が低くなり試料が凍結すると，ε'は数分の一になるがε"の変化は小さい。図10は，寒天を1 mass％添加した0.1M-NaCl水溶液の2.45 GHzにおける複素誘電率の温度変化である。水の場合と同様に，氷点付近でε'とε"が小さくなる傾向が認められる。氷点付近でε'が急激に変化する（小さくなる）温度範囲は15℃以上であり，水の場合の約7℃と比べて広くなっている。凍結後のε"は水

第7章　液相の誘電率測定・周波数効果

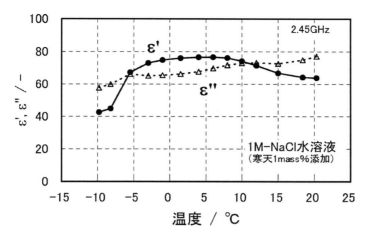

図8　1M-NaCl 水溶液（寒天を 1 mass％添加）の 2.45 GHz における複素誘電率の温度変化

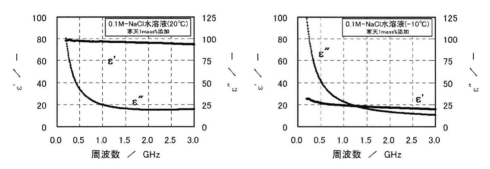

図9　0.1M-NaCl 水溶液（寒天を 1 mass％添加）の複素誘電率の周波数変化

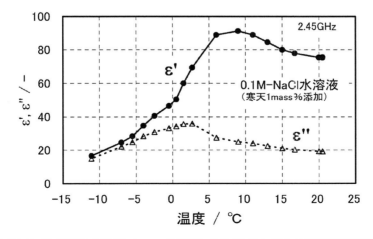

図10　0.1M-NaCl 水溶液（寒天を 1 mass％添加）の 2.45 GHz における複素誘電率の温度変化

に比べてかなり大きく，凍結前後での変化は小さかった。水および1M-NaCl水溶液と比較すれば，0.1M-NaCl水溶液は周波数変化，温度変化共に両者の中間的な変化を示している。

4　まとめ

このように，小径の同軸プローブを使用することにより，効率的に冷却しながらの複素誘電率測定ができる。また，水溶液が凍結する際には，最初に凍る部分の電解質濃度は低く，凍結が進むにしたがって残存する液相の電解質濃度が高くなるが，水溶液の複素誘電率に対する寒天添加の影響は小さいので，寒天を添加して試料をゼリー状にすることにより電解質濃度一定の条件下での測定が可能となる。

文　　献

1) 佐野三郎，高温学会誌，**29** (1)，13 (2003)
2) Agilent Technologies，誘電体測定の基礎，p17，Agilent Technologies (2012)
   URL：http://cp.literature.agilent.com/litweb/pdf/5989-2589JAJP.pdf
3) M. Tanaka and M. Sato, *JMPEE*, **42**, 62 (2008)

第8章　半導体式マイクロ波電源および反応装置

吉田　睦*

1　はじめに

近年マイクロ波を利用した化学反応プロセスの研究が，無機・有機反応プロセス，プラズマプロセス，セラミックプロセス，触媒化学，環境化学分野で盛んに行われている。これらの研究においては，半導体式マイクロ波電源とアプリケータ技術（シングルモード共振器）が融合し，金属を含む，有機・無機粉末の焼結・反応・合成・不純物除去をはじめ，特定のラジカル制御を狙ったプラズマプロセスやナノ粒子製造，新素材開発等において盛んに用いられるようになった。

これらの用途ではただ単に対象物を加熱するのではなく，精密に制御されたマイクロ波エネルギーが必要であり，半導体式マイクロ波電源を用い，その特性をよく理解した上で利用することが求められる。

2　半導体式マイクロ波電源

各種反応プロセスに用いられるマイクロ波帯周波数は，915 MHz，2.45 GHz，5.8 GHz，10 GHz 等が一般的である。システム全体の構成を図1に，半導体式マイクロ波電源の構成を図2に示す。

電源で作り出されたマイクロ波は導波管に出力され，シングルモード共振器に対しマイクロ波エネルギーを供給する。また精密制御コントローラーは，出力電力制御・PID温度制御・PLL式精密基準発振器・各種変調器等から構成されており，マイクロ波エネルギーを精密に制御することができる。

従来電子管式と半導体式によるマイクロ波電源の主な差異を下記に示す。

従来電子管式と半導体式の差異
(1)　従来電子管式
①電源の用途：衛星通信，放送局，レーダー，加熱，乾燥，焼結，反応，核融合，加速器，プラズマ
②電子管の種類：マグネトロン，進行波管，クライストロン，ジャイロトロン
③変調の種類：CW，PWM

---

*　Mutsumi Yoshida　富士電波工機㈱　第一機器部　取締役，第一機器部部長

マイクロ波化学プロセス技術Ⅱ

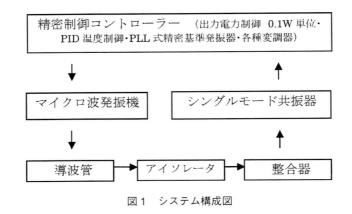

図1　システム構成図

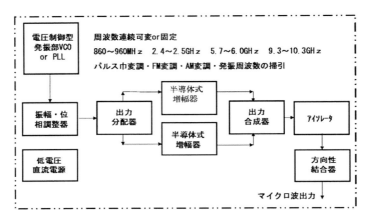

図2　半導体式マイクロ波電源の構成

④周波数帯：400 MHz〜数百 GHz
(2)　半導体式
①電源の用途：誘電加熱，誘導加熱，乾燥，焼結，反応，加速器，プラズマ
②半導体の種類：MOSFET，LDMOS，ガリウムヒ素，窒化ガリウム
③変調の種類：CW，PWM，FM，AM
④周波数帯：915 MHz，2.45 GHz，5.8 GHz，10 GHz
(3)　工業用マイクロ波電源の比較

特徴	半導体式	マグネトロン式
①周波数安定度	数 Hz	数 MHz
②周波数可変	1 GHz 程度	できない
③帯域巾（−3 dB）	100 Hz 程度	数十 MHz 程度
④出力安定性	0.1％	1％
⑤効率（商用→μ波）	60％	60％

第8章　半導体式マイクロ波電源および反応装置

⑥各種変調　　　　　　できる　　　　　できない
⑦制御性　　　　　　　良い　　　　　　悪い
⑧大きさ　　　　　　　小さい　　　　　大きい
⑨質量　　　　　　　　軽い　　　　　　重い
⑩寿命　　　　　　　　半永久的　　　　10000 h 程度
⑪価格　　　　　　　　高い　　　　　　安い

3　半導体式マイクロ波電源の製品例

半導体式マイクロ波電源の製品例を下記に示す。図4は915 MHz帯300 Wモジュールであるが，図3〜6の各周波数帯電源も同様のモジュールが内蔵されている。外形はほぼ同一寸法で，外部インターフェイスが共通化されている。

　　周波数　　　　　出力　　　アイソレータ　　方向性結合器
① 860〜960 MHz　　300 W　　　内蔵　　　　　　内蔵

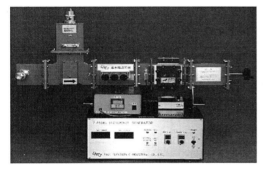

図3　2.45 GHz 500 W 実験装置

図4　5.8 GHz 130 W 実験装置

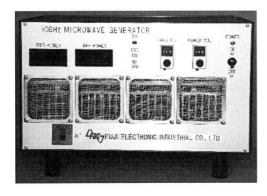

図5　10 GHz 50 W

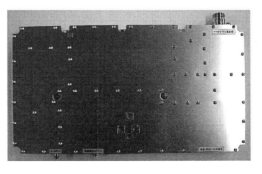

図6　915 MHz 300 W

② 2.4〜2.5 GHz　　　2000 W　　外付け　　　　外付け
③ 5.7〜6.0 GHz　　　130 W　　内蔵　　　　　内蔵
④ 9.3〜10.3 GHz　　　50 W　　内蔵　　　　　内蔵

4　半導体式マイクロ波電源の特徴

(1) 周波数帯を任意に選ぶことができる
　　⇒マグネトロン等の電子管に由来する，固有の共振周波数に依存しない
　　　製品例　860〜960 MHz　2.4〜2.5 GHz
　　　　　　　5.7〜6.0 GHz　　9.3〜10.3 GHz
(2) 周波数を任意に可変することができる
　　⇒負荷側の共振周波数に合わせることができる
(3) 発振 ON/OFF の立ち上がり，立ち下りが早い
　　⇒高速なパルス幅変調に対応可能
　　　ラジカルプロセス制御や加速器への応用
(4) 周波数純度が良い
　　⇒高 Q のシングルモードキャビティに対応
　　　加熱し難い材料の加熱

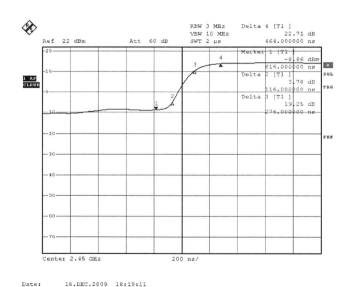

2450MHz　周波数純度　ピーク値57dBm(500W)

図7　立ち上がり特性
標準 500 ns　オプション 50 ns

第8章 半導体式マイクロ波電源および反応装置

　　VCO や PLL の入力精度に依存
(5) マイクロ波出力の設定精度が良い
　　⇒ 0.1 W 単位で設定可能
(6) パルス巾変調による加工が可能
　　⇒ プラズマ・レーザー等の励起，平均電力制御

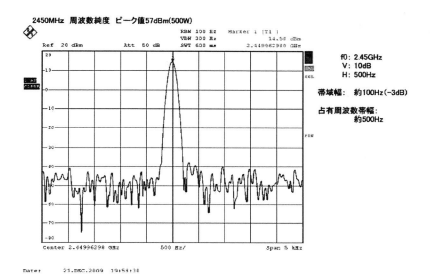

図8　周波数純度
帯域巾 100 Hz

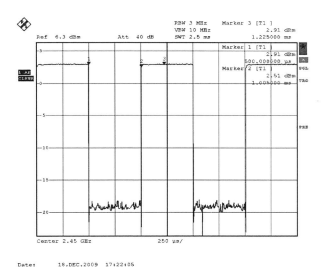

図9　パルス巾変調
変調周波数 100 KHz

135

マイクロ波化学プロセス技術Ⅱ

図10　電力合成器
500 W×2＝1000 W

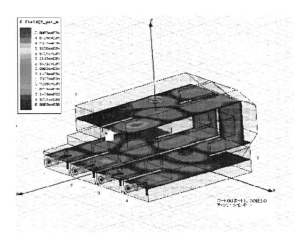

図11　電力合成器
500 W×4＝2000 W

5　半導体式マイクロ波電源の大電力化

電子管式マイクロ波電源の置き換えを考えると，大電力化が避けて通れない。

そこで500 W以下はプリント回路板，500 W以上では導波管型合成器を用い2000 W迄の大電力化を実現している。入力側は7/16インチ同軸コネクタ，出力側はWR-430導波管を使用している。図10に2合成器を，図11に4合成器を示す。

6　波動と共振器

(1)　波動の分類

電波が導波管の中を進むときには電界と磁界の形で存在し，TEMモード・TEモード・TMモードで表現される。それぞれにおいて電界と磁界がどの様に分布するか下記に示すが，これらの性質を使い様々な反応装置の製品化を実現している。

① TEMモード：軸方向には磁界成分も電界成分も存在しない，横方向には電界Eも磁界Hも存在する。
② TEモード（H波）：軸方向には磁界成分H_zだけがあるモード，横方向には電界Eも磁界Hも存在する。
③ TEモード（E波）：軸方向には電界成分E_zだけがあるモード，横方向には電界Eも磁界Hも存在する。

(2)　共振器（キャビティ）

共振器（キャビティ）は，6面を金属で覆われた容器で別名タンク回路とも呼び，電磁波を一定空間内に閉じこめる働きをする。一般的にこの共振器を反応容器として用いる。

第8章　半導体式マイクロ波電源および反応装置

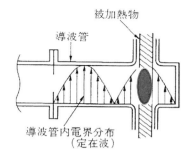

図12　シングルモードキャビティ
電界分布 TE102 モード

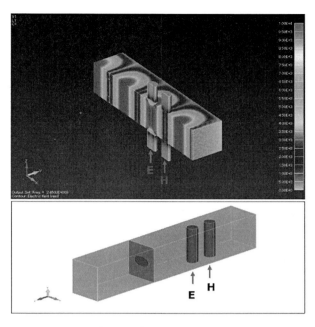

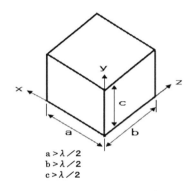

図14　マルチモードキャビティ

図13　シングルモードキャビティ
電界分布 TE103 モード

① 導波管の終端を短絡し，1/2 λg の整数倍の長さの所にマイクロ波導入用の窓（アイリス）を設けることにより，シングルモードキャビティとなる。
② キャビティの大きさを（縦，横，高さ）1/2 λ より大きくすると，マイクロ波のモードが複数発生する。マルチモードとは，複数のモードが混在するキャビティを指す。

7　反応容器へのエネルギー効率

マグネトロン式マイクロ波電源と半導体式マイクロ波電源では周波数占有帯域の違いから，共振器へのエネルギー効率に大きな差が発生する。
(1)　マルチモードキャビティとマイクロ波電源
マルチモードキャビティは一般に一辺の大きさが数 λ 以上設けることが多く，アプリケータ帯域が充分に大きいため，電源の差によるエネルギー効率差は殆どない。
(2)　シングルモードキャビティとマグネトロン式マイクロ波電源
シングルモードキャビティにおいて，その効率は非常に悪く一般的な例として，約5％程度し

マイクロ波化学プロセス技術Ⅱ

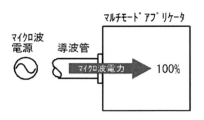

図15 マルチモードキャビティと効率

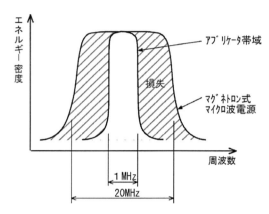

図16 マグネトロン式マイクロ波電源と
　　　アプリケータ帯域
　帯域外→効率　0%　帯域内→効率　5%

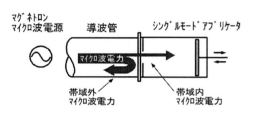

図17 シングルモード＋マグネトロン式
　　　の効率例（5%）

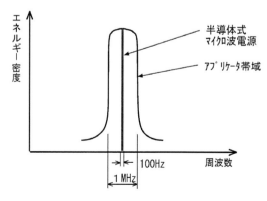

図18 半導体式マイクロ波電源とアプリケータ
　　　帯域
　帯域外→効率　0%　帯域内→効率　100%

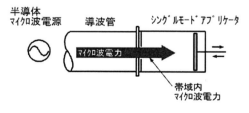

図19 シングルモード＋半導体式の効率例
　　　（100%）

138

第8章　半導体式マイクロ波電源および反応装置

かない。理由は従来型であるマグネトロン式電源から発生したマイクロ波は，周波数占有帯域が約20 MHz程度と広いのに対し，アプリケータの帯域は一般的な例として1 MHz程度しかなく，アプリケータに加えたエネルギーの殆どが損失となってしまうからである。

(3) シングルモードキャビティと半導体式マイクロ波電源

半導体式マイクロ波電源から発生したマイクロ波は周波数占有帯域が約100 Hz程度とアプリケータの帯域に比べ充分狭い。よってアプリケータに加えたエネルギーの全てがアプリケータ内で消費され，効率が非常に高い。

8　半導体式マイクロ波電源と反応

(1) シングルモード共振器において対象物にマイクロ波エネルギーを照射し，0.1 W単位の投入電力の制御および，PID制御による1℃単位の温度制御等，精密に照射エネルギーの制御が可能である。

(2) シングルモード共振器は一般的にQ値が非常に高い。半導体式電源は周波数占有帯域を狭くかつ周波数ドリフトを小さくすることができる。よって精密に電場および磁場における投入エネルギー量を制御することができるので，再現性のよい実験を行うことができる。しかし反応に伴う対象物の$\varepsilon \cdot \tan \delta$等諸特性の変化により，共振周波数やQが変化しやすく，調整は非常に難しく注意が必要である。図20にマグネトロン式，図21に半導体式の周波数スペクトラムの一例を示す。

(3) 化学反応系においてマイクロ波を金属溶液にパルス照射し，レーザー法と同様にナノ粒子の形成を行うことができる。半導体式マイクロ波電源はその特性から，パルス巾変調を行うことが容易である。その周波数は1 Hzから1 MHz程度まで，パルス巾にすると500 ns程

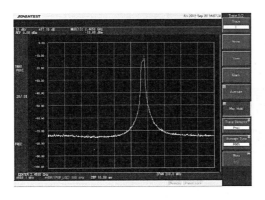

図20　マグネトロン式　周波数スペクトラム
周波数軸 20 MHz/div（横軸），6 kWマグネトロン電源にて3 kW出力

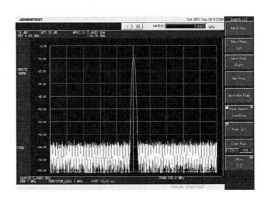

図21　半導体式　周波数スペクトラム
周波数軸 100 Hz/div（横軸），500 W半導体電源にて500 W出力

マイクロ波化学プロセス技術Ⅱ

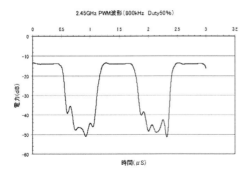

図22　半導体式　変調波形
2.45 GHz 500 W, 800 KHz Duty50%

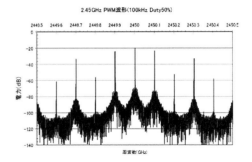

図23　半導体式　周波数スペクトラム
SPAN 1 MHz, 2.45 GHz 500 W, 100 KHz Duty50%

度まで自由に選択できる。また付与エネルギーにおいては平均電力の制御ではなく，パルスにおける先頭値電力を制御可能である。よってマイクロ波加熱による単純な熱反応ではなく，新奇なマイクロ波効果の発現も期待できる。図22, 23にパルス変調時の波形および周波数スペクトラムの一例を示す。

⑷　マイクロ波の搬送波に対し1 Hzから1 MHz程度の変調波を印加することにより，対象物に音波から超音波領域の振動エネルギーを付与することができ，新奇なマイクロ波効果の発現も期待できる。

9　製品使用例

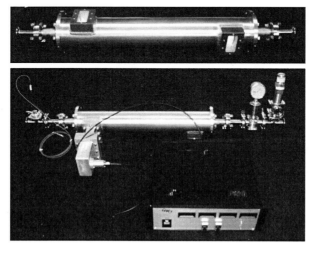

図24　液体加圧・加熱用アプリケータ
TE11 デュアルモード, 2.45 GHz　500 W×2＝1000 W

第 8 章　半導体式マイクロ波電源および反応装置

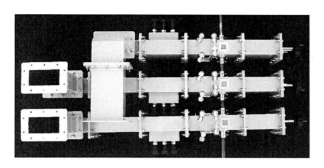

図 25　磁場加熱用 3 連アプリケータ
TE103,　2.45 GHz　500 W×3＝1500 W

図 26　ナノ粒子合成装置
2.45 GHz　500 W×2＝1000 W

10　まとめ

　半導体式マイクロ波電源とシングルモード共振器の組み合わせでは，従来からあるマグネトロン式マイクロ波電源では不可能であった様々な制御が可能となり，研究・開発部門向けに盛んに用いられるようになった。しかし，その特性を良く理解した上で利用することが求められる。

第9章 新しいマイクロ波反応装置の設計および各種合成反応などへの応用

西岡将輝*

1 はじめに

マイクロ波は,周波数 300 MHz から 300 GHz の電磁波の総称であるが,化学プロセスへの利用としては 900 MHz(波長 30 cm)から 5.8 GHz(5 cm)が多く利用されている。マイクロ波照射は,その波長程度で電磁波分布にムラができることが多いため,精密な温度制御が必要となる化学反応には注意が必要である。

マイクロ波照射のもう一つの留意点として,電磁波の浸透深さがある。マイクロ波が誘電体中に入るとき,エネルギー密度が 1/e になる距離は,

$$D = \frac{c_0 \sqrt{\varepsilon'}}{2\pi f \varepsilon''} \tag{1}$$

c_0:光速, ε':誘電率, ε'':誘電損率, f:周波数

とあらわされる[1]。代表的な溶液の誘電率,浸透深さは表1にあらわされるよう,水の場合 2.45 GHz では 1 cm 程度でエネルギー密度が半減し表面のみが加熱されることになる。

このため,マイクロ波利用の化学反応プロセスを設計するうえでは,加熱ムラと浸透深さを十分配慮しなくてはならない。たとえば,加熱ムラの課題を克服する簡単な方法として,電子レンジではターンテーブルにより加熱媒体を回転させたり,金属製プロペラにより電波を散乱させるなどの工夫が考えられる。また,有機合成用マイクロ波装置では,溶液を攪拌させることで,電磁波浸透深さの課題にある程度対応している。しかし,マイクロ波の拡散操作や溶液の攪拌操作は,本来マイクロ波の持っている,自己発熱による高速な温度制御性を 100% 生かせていないの

表1 溶媒の誘電率,誘電損率[2]

物質	比誘電率 $\varepsilon'[-]$	誘電損率 $\varepsilon''[-]$	浸透深さ D [cm]
水(20℃)	80	11	1.5
水(80℃)	60	4	3.7
エチレングリコール	37	50	0.2
エタノール	24.3	23	0.4
トルエン	2.4	0.1	30

---

* Masateru Nishioka ㈱産業技術総合研究所 コンパクト化学システム研究センター 主任研究員

第9章　新しいマイクロ波反応装置の設計および各種合成反応などへの応用

ではと感じる。

本章では，マイクロ波の拡散や撹拌によらず，均一加熱を達成するシングルモードによるマイクロ波化学反応プロセスについて紹介する。

2　シングルモードの利用について

電磁波を照射する空間を，照射するマイクロ波の波長 λ の定数倍 $n \times \lambda$ の長さで設計すると，進行波と反射波の重なり定在波が形成される。このような特定の定在波を形成させるマイクロ波照射状態をシングルモードとよび，この時のマイクロ波の周波数を共振周波数と呼ぶ。定在波は最大振幅や最小振幅の位置が変化しないため，最大振幅の位置に反応容器を設置することで，容器内の電磁波強度分布が予測でき，かつエネルギー密度も高い状態でマイクロ波照射が可能になる。

3　矩形導波管を用いたシングルモードマイクロ波反応器

シングルモードによるマイクロ波照射には，矩形型導波管が用いられることが多いが，その時の電界強度分布を図1に示す。これは TE_{103} モードと呼ばれる定在波となっており，導波管長手方向に3つの定在波が形成されている様子である。この中に，加熱対象物を挿入すると，その物質の持つ誘電率 ε，透磁率 μ に応じて波長が変化する。定在波の形成を維持するためには，その波長変化に応じて，マイクロ波照射空間（以下キャビティと呼ぶ）のサイズを調整しなければならない。先の矩形型導波管型キャビティでは，キャビティの一端の壁を稼働できるようプランジャーを取り付け，プランジャーの位置を動かすことで定在波が形成されるよう調整が必要となる。また，プランジャーの移動により，定在波が最大となる位置も変化するため，反応管位置の微調整が必要な場合もある。

表1に代表的な溶媒の誘電率を示す[2]。物質により誘電率が違うほか，温度によっても誘電率が異なることがわかる。シングルモードキャビティを用いる場合は，物質の温度変化によってもプランジャー調整が必要となる場合もある。

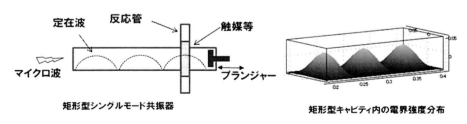

図1　シングルモード（TE_{103} モード）の電界強度

4 円筒型キャビティによるシングルモードマイクロ波リアクター

内部を円筒型にくり抜いた形状のキャビティでは円筒の半径をaとし,円筒内の比誘電率 ε',比透磁率 μ', とすると,以下の周波数のマイクロ波を照射すると,TM$_{010}$モードとよばれる定在波が形成できる[3~5]。

$$f_{010} = \frac{11.5}{\sqrt{\mu' \varepsilon'} \cdot a} \tag{2}$$

TM$_{010}$モードにおける電界強度分布は図2に示すように,中心軸が最大,円筒外周で0となり,円筒軸にそっては電界強度が一様であるという特徴を持っている。つまり,中心軸方向に沿って反応管を設置すれば,反応物に均一なエネルギーでマイクロ波を照射することができ,温度ムラを防げる。

5 誘電率変化と共振周波数

式2からわかるように,TM$_{010}$モードの定在波を形成するキャビティ(以下TM$_{010}$キャビティとする)においても,キャビティ内に挿入する加熱対象物の誘電率により共振周波数が変わる。ただし式2は,キャビティ内の空間と挿入物との合成の誘電率・透磁率であることに注意が必要である。マイクロ波発生器がマグネトロンのように発振周波数固定の場合は,円筒の直径を変えるか,円筒内に金属片や誘電体片を挿入することで共振周波数を発振周波数に一致させる必要がある[6]。発振周波数が可変できる半導体式のマイクロ波発生器を用いる場合は,発振周波数を調整し共振周波数と一致させることもできる。図3は,直径90 mmのTM$_{010}$キャビティ内に内径2.0 mmの反応管を設置し,反応管内部の充填物の誘電率を1(=空気)から80(=水)に変化させた時の共振周波数の変動範囲を示している。

図2 電界強度分布(TM$_{010}$モード)

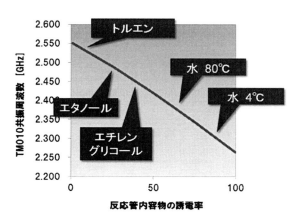

図3 反応管内容物によるTM$_{010}$共振周波数の違い
(キャビティ内径90 mm,反応管内径2 mm)

第9章　新しいマイクロ波反応装置の設計および各種合成反応などへの応用

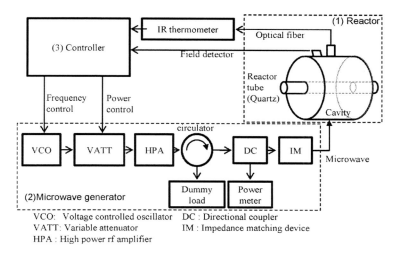

図4　周波数制御によるシングルモードマイクロ波照射装置のブロック図

6　発振周波数制御による均一マイクロ波制御

図4は，共振周波数を自動的に調べ，周波数可変発振器（図中のVCO；Voltage Controlled Oscillator）の発振周波数を共振周波数に一致するようフィードバック制御を行っている例である[7]。このように円筒型キャビティと発振周波数の自動調整を組み合わせた場合，誘電率変化が変化しても常に円筒中心にマイクロ波が集中しかつ軸上は一様であるため，精密な温度制御につながるなど利点がある。

7　気相反応への応用[8~10]

気体物質を対象にした化学反応は，反応管内にペレットや粉末状の固体触媒を詰めた固定床型の触媒反応器が使われることが多い。この場合，固体である触媒を撹拌することはできないため，特に電磁界分布の均一性が重要になる。このような例でも，シングルモードによる均一加熱は有用である。図5は，多孔質セラミック管表面にパラジウム触媒を担持したチューブ状のメンブレンリアクターの触媒層のみの均一加熱を試みた例である。中心軸上に沿って，支持体となる多孔質セラミック管，その外表面にγアルミナを5μmの厚さでコートし，パラジウムを無電解メッキ法により担持した。断面のSEM・EDX像を図5(b)に示すが，チューブ表面のみに触媒が分布している。この，チューブ状触媒を評価するため，揮発性有機溶媒（VOC）ガスの分解を試みた。TM_{010}モードの定在波が形成されるよう共振器，発振器を調整したところ図5(c)に示す熱画像のように，触媒表面全体を一様な温度分布となるよう加熱制御できている。VOCガスとしてエチレン5ppmを含む空気をチューブ触媒内側から，外側に流通するように供給した。マイクロ波

マイクロ波化学プロセス技術Ⅱ

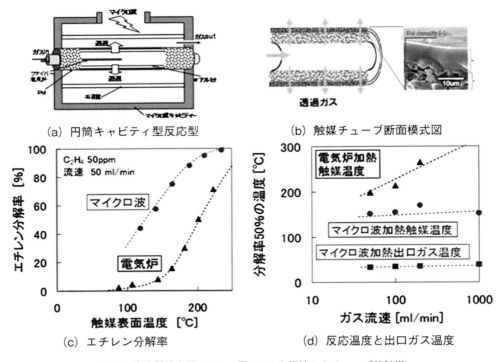

図5　多孔質管表面の5μm層にPdを担持したチューブ状触媒

はチューブ外表面の5μmに担持した触媒層のみが吸収するため，ベンゼンはここを通過する極めて短い時間に触媒上で分解する。この時，ガスは短時間しか加熱部分に接触しないので，ガス温度は触媒の表面温度（200℃）ほどは上がらず，実測で室温+50℃程度の温度上昇であった。TM_{010}モードと円筒状の触媒を用いることで，このような，触媒の均一加熱，触媒層のみの選択加熱，ガス温度の上昇を抑えた温度制御などが実現できる[8]。

8　液相反応への応用

金属ナノ粒子の合成においては，反応場全体で均一にナノ粒子の核生成を行い，その後の粒子成長を進行させれば，粒子径分布の狭い均一なナノ粒子合成が可能である。マイクロ波照射は，反応系全体を直接加熱するため，反応系全体を均一にかつ短時間に加熱できることから，粒子径の精密制御が可能であることが知られている[9~11]。最近では，導電性ペーストや，燃料電池電極，触媒などの用途から，ナノ粒子の大量合成が望まれており，マイクロ波によるナノ粒子合成のスケールアップが望まれ，開発が進められている[12]。一方で反応容器が大きくなると，マイクロ波照射においても昇温にかかる時間は数分から数十分程度かかり，また電磁波浸透深さから溶液の

第9章 新しいマイクロ波反応装置の設計および各種合成反応などへの応用

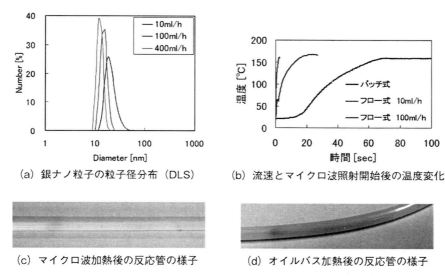

(a) 銀ナノ粒子の粒子径分布（DLS）　　(b) 流速とマイクロ波照射開始後の温度変化

(c) マイクロ波加熱後の反応管の様子　　(d) オイルバス加熱後の反応管の様子

図6　TM_{010}キャビティによる金属ナノ粒子の連続合成

撹拌が必要になり，必ずしも反応溶液全体が均一に加熱されなくなってくる。このため，小さい反応容器でも流通型（フロー式）にすることで連続的にナノ粒子合成を行う研究が進んできている[13〜15]。円筒型キャビティもこの目的に利用することで，高品質のナノ粒子合成が可能である。反応管として，円筒中心軸に内径1.0 mmのテフロンチューブを取り付け，そこに前駆体となる硝酸銀と保護剤のポリビニルピロリドン（PVP）を混合した反応溶液を，0.2〜7 ml/minで流通させ銀ナノ粒子合成した。マイクロ波照射空間は10 cmで，反応管出口で160℃になるようマイクロ波出力（最大100 W）を調整している。粒子径分布を動的光散乱法により分析した結果（図6(a)）を見ると，流速が速い方が粒子径分布が揃っている。反応管の温度分布をサーモビュアーで測定し，反応管入口からの経過時間で比較したものを図6(b)に示すが，流通式で流速を速めることで，迅速な加熱が実現できていることがわかる。また，同じテフロン反応管をオイルバスで加熱した場合（図6(d)）と，マイクロ波で加熱した場合（図6(c)），反応管壁での金属の析出に大きな差があることもわかる。オイルバスでは反応管壁が最も高温であるため，壁面での析出反応が促進されているためである。これに対してマイクロ波加熱では，反応溶液全体が発熱しているため，このような現象が起きていない。

9　反応場センシング[16]

図3では物質の誘電率により共振周波数が変わることが示されているが，材料の誘電率の測定にもこのTM_{010}キャビティなどシングルモード共振器が使われている[17]。材料の誘電率や誘電損率の温度特性を測定するために，マイクロ波加熱をしながら共振周波数や吸収量のリアルタイ

ムな測定も行われている[18]。

　化学反応の高速かつ精密な制御には，反応場の温度や圧力を迅速にセンシングすることと，その信号をもとに高速に温度制御を行うことが必要である。マイクロ波加熱は高速にマイクロ波出力を調整できるため，温度など反応場の情報も高速なセンシングが望まれている。さらに液相反応では，沸騰などによる気泡や固体の析出などによる異物の発生は，反応異常につながるため，センサなどにより監視が要求されることもあった。このような中，①反応場に各種センサを配置することなく，②高速に温度や異物を検出し，③高速に反応場の温度を制御することで，反応場中の流れを均一に保つことができれば，センサ劣化による部品交換リスクを削減できるうえ高品質な化学物質や医薬品を合成するプロセス技術が期待できる。

　図4に示す，周波数制御型のTM$_{010}$キャビティによる化学反応器では，反応器の誘電率変化などを回路中の周波数制御信号から推測することができる。図7は，エタノールと水を2台のポンプで供給し，キャビティ入口直前で混合しながら溶液全体を60℃となるようにマイクロ波加熱した時の，共振周波数変化を記録したものである。エタノールと水の送液量を変えることでエタノール濃度を変えると，それによって共振周波数が変化していることがわかる。エタノール濃度が低い部分で共振周波数の変動が大きいのは，合流部での2液の混合が不十分であるためである。共振周波数の変動などから混合状態のセンシングも可能である。

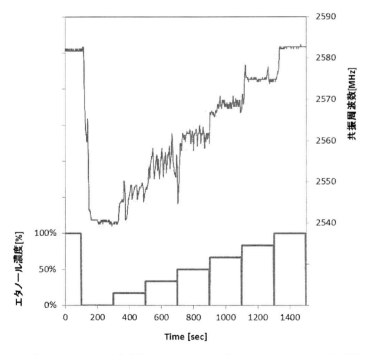

図7　水・エタノール混合溶液のマイクロ波加熱と共振周波数からの濃度検出

第9章　新しいマイクロ波反応装置の設計および各種合成反応などへの応用

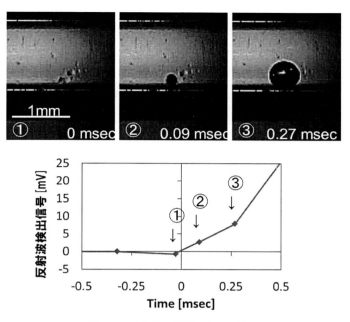

図8　気泡発生と反射波変化の様子

　図8は反応管内の異物（気泡）のセンシングを行った結果である。反応管内に溶媒と誘電率の異なる物質が挿入されると共振周波数が変わるが，照射マイクロ波の周波数を固定した場合には，共振周波数の変化により反射波が増加する。そこで，イオン交換水をマイクロ波加熱し沸騰により発生した気泡による反射波の変化を調べた。図8には高速度カメラにより気泡発生の瞬間を撮影しながら，反射波信号を記録した結果を示す。図中①までは，反射波は低いレベルで安定しているが，②気泡発生の瞬間から急激に反射波が増加していることがわかる。本実験では100 μsec 以内で直径 200 μm の気泡の発生をセンシングできている。この技術を用いれば，沸騰開始の予兆を検出し，マイクロ波出力を微調整することで沸騰への遷移を抑制するような制御が可能になると考えている。

10　おわりに

　ここでは，マイクロ波照射方法の一例としてシングルモードによる定在波を利用した化学反応器の紹介を行った。このように，マイクロ波照射を正確に設計できるようになると，温度制御が正確にできるだけでなく，電場の振動方向を揃えたり，電場や磁場の分離が可能になったり，反応管内の状態を分析できるようになるなど，他の加熱方法では実現できない機能を付与できるようになる。電波の照射方法は，マルチモード，シングルモードだけでなく，ケーブルや導波管を伝播する進行波，自由空間に照射するアンテナ，複数の波を合成するフューズドアレイなど様々

ある。今後，これらの技術を取り込んだ化学反応器の開発がすすんでくると思われる。

文　　献

1) 越島哲夫代表編集，マイクロ波加熱技術集成，p.8，エヌ・ティー・エス（1994）
2) エヌ・ティー・エス編集企画部，マイクロ波の新しい工業利用技術，p.6，エヌ・ティー・エス（2003）
3) 中島将光，マイクロ波工学―基礎と原理―，p.62，森北出版（1975）
4) S. Ramo et al., "Fields and Waves in Communication Electronics", 2nd ed., p.495, Wiley, New York (1984)
5) Jyh Sheen, *J. Appl. Phys.*, **102**, 014102 (2007)
6) M. Nishioka et al., Proceeding of Global Congress on Microwave Energy Applications, 835 (2008)
7) 西岡将輝ほか，第3回日本電磁波エネルギー応用学会シンポジウム　講演論文集，p.104（2009）
8) 西岡将輝ほか，第3回日本電磁波エネルギー応用学会シンポジウム　講演論文集，p.198，(2009)
9) 和田雄二，竹内和彦監修，マイクロ波化学プロセス技術，p.182-193，シーエムシー出版（2006）
10) Y. Wada et al., *Chem. Lett.*, 607 (1999)
11) M. Tsuji et al., *Mater. Lett.*, **58**, 2326 (2004)
12) T. Yamauchi et al., *Bulletin of the Chemical Society of Japan*, **82** (8), 1044 (2009)
13) M. Nishioka et al., *Nanoscale*, **3**, 2621 (2011)
14) M. Nishioka et al., *Chem. Lett.*, **40** (10), 1204 (2011)
15) M. Nishioka et al., *Chem. Lett.*, **40** (12), 1327 (2011)
16) 西岡将輝，宮川正人，第5回日本電磁波エネルギー応用学会シンポジウム　講演要旨集，p.88（2011）
17) 橋本修，高周波領域における材料定数測定法，森北出版（2003）
18) Y. Guan, Y. Nikawa, *Electronics and Communications in Japan (Part II : Electronics)*, **90** (11), 1 (2007)

【第3編 有機・高分子合成】

第1章　マイクロ波有機合成化学

小島秀子[*]

1　はじめに

　マイクロ波を照射すると有機合成反応が飛躍的に速くなることが1986年に初めて報告されて以来[1,2]，多数の有機反応について促進効果が報告され，論文数は優に4,000件を超えるまでになった。マイクロ波有機合成の書籍の改訂版[3,4]や新版[5,6]も出版され，新たな総説も発表されている[7,8]。マイクロ波合成装置の市販機も充実してきた。初期の頃はマイクロ波加熱するとオイルバスで加熱還流するよりも反応時間が時間単位から分単位に短縮されるといっただけの報告が多かったが，徐々にマイクロ波有機合成の研究は洗練されてきており，また広がりも見せている。最近のトピックスの1つは，マイクロ波の非熱的効果の解明に関する研究であろう。反応としては水中での反応，ラジカル反応が挙げられる。医薬品合成への利用も広まってきており，また，フロー法によるスケールアップなど実用化に向けての研究も行われている。本章では，初版では触れられなかったマイクロ波有機合成に関するこれらトピックスを中心に，2006年から2012年7月までに発表された報告を基にまとめた。

2　マイクロ波の非熱的効果

　マイクロ波加熱によって有機反応が速くなるのは，分子自体の誘電加熱による急激な温度上昇，すなわち「熱的効果」によるところが大きい。初期の論文はマイクロ波を照射すると反応が分単位，秒単位で完結すると報告しているだけで，温度測定を行っていない場合が多い。しかし中には，マイクロ波とヒーターを用いて同じ温度で反応させているにもかかわらず，マイクロ波加熱をするとヒーター加熱よりも短時間で反応が完結するという報告があり，総説も出されている[9]。これは「非熱的効果」と呼ばれているが，その存否の確認，および非熱的効果の機構については未だに解明されておらず，マイクロ波化学の基礎が確立されていない。このためマイクロ波化学が一般に認知されず，工業的な製造プロセスとしてもマイクロ波加熱が広まっていない。
　Kappeらは，非熱的効果を解明するに当たって，最初に，マイクロ波加熱を行うときに試料の撹拌をしなければ容器内の温度がかなり不均一になることを実際の測定で示し，撹拌と温度のモニタリングの重要性を指摘した[10]。そして，同じ容器を用いてオイルバス加熱とマイクロ波加熱によるDiels-Alder反応を行い，収率に差がないという結果を得た（図1a）。トリアゾールの

---

[*]　Hideko Koshima　愛媛大学　大学院理工学研究科　教授

アルキル化の位置選択性についても，オイルバス加熱とマイクロ波加熱で位置選択性に差がないことを示した（図1b）。また，「非熱的効果」が現れ易くするために，容器を冷却しながらより強いマイクロ波を照射しても，不斉反応において，オイルバス加熱と同じ収率と光学純度しか得られず，マイクロ波の非熱的効果は認められなかったと結論した（図1c）[11]。

炭化ケイ素（SiC）はマイクロ波を吸収し易く（tan δ, 0.15, 50℃, 2.45 GHz），熱伝導も良い材質である。このためPyrex容器と異なり，SiC製の反応容器では器壁でマイクロ波はかなり吸収されてしまい，中の試料にまでマイクロ波はほとんど届かない[12]。Pyrex容器を用いて，ヘキサンのような無極性溶媒をマイクロ波照射しても温度はほとんど上がらないが，SiC容器ではマイクロ波により加熱された器壁からの熱伝導によってヘキサンでも温度が上昇するので，マイクロ波加熱であっても通常加熱を行ったのと同じことになる。そこでKappeらは，形と大きさが全く同じで材質だけがSiCとPyrexと異なる容器を用いて，同じマイクロ波照射装置により反応を行った。その結果，Pyrex容器とSiC容器では反応結果に有意差がなく，マイクロ波の非熱的効果は認められなかったと結論した（図2）[13]。しかし有機反応は無数にあり，非熱的効果が

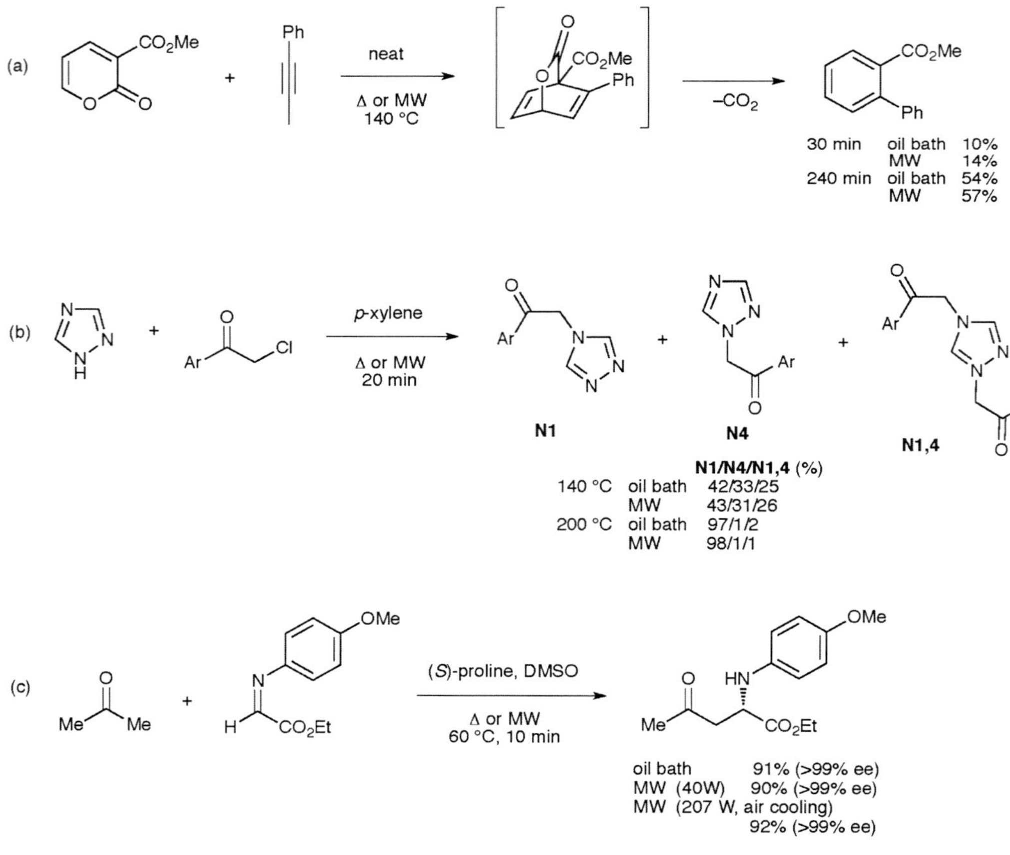

図1 通常加熱とマイクロ波加熱の比較

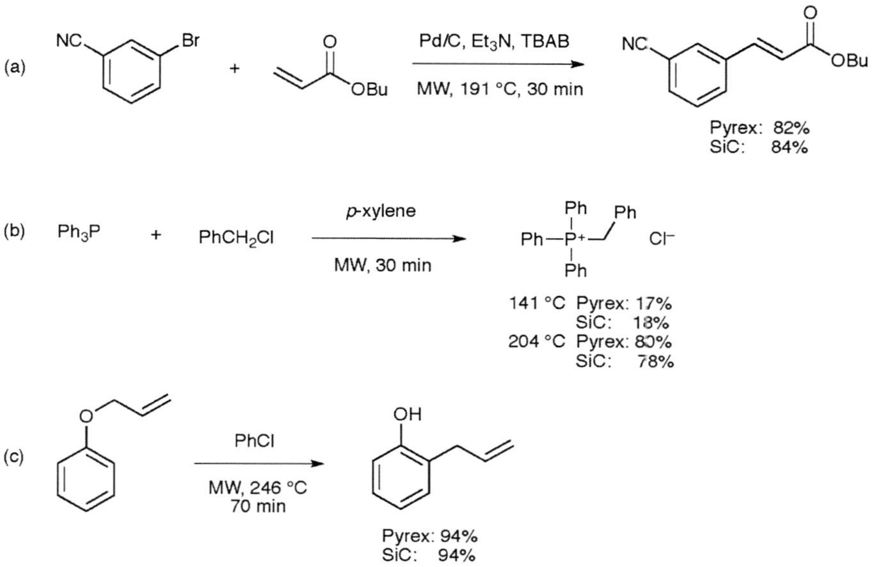

第1章 マイクロ波有機合成化学

図2 SiC容器とパイレックス容器の比較

現れ易い反応系もあると考えられるため，限定された反応系の結果をもって非熱的効果は存在しないと結論づけるのは早計と思われる．今後，このような有機化学的アプローチではなく，分光学的手法などを用いて，物理化学的にマイクロ波の非熱的効果の存否を確認するとともに，非熱的効果による加熱機構を解明する必要があろう．

3 水中でのマイクロ波合成

水は安価で毒性がなく不燃性であることから安全でクリーンな溶媒とみなされるため，環境に配慮した合成法の1つとして，水中での有機合成が1990年代から行われてきた．最近は水を溶媒として用いるマイクロ波合成も行われるようになり，既に多数の反応が報告されている[14]．水系での問題の1つは，有機化合物は水に溶けないものが多いことであるが，助溶媒，イオン性物質，界面活性剤の添加により溶解度，分散性の向上が図られている．図3aに示すSuzukiカップリングでは，出発物質は水に溶けないので，TBABアンモニウム塩を共存させて分散性を良くしている[15]．もう1つの問題は，水の$\tan\delta$（0.123，25℃，2.45 GHz）は大きいので，マイクロ波照射により急速に加熱されるが，100℃以上では$\tan\delta$が低下するために温度が上昇しにくくなる．この対策として塩類の添加が行われている（図3b）[16]．また，エステルの加水分解は通常，酸または塩基触媒を必要とするが，近臨界水（295℃，77 bar）中では何も添加する必要がない（図3c）[17]．これは，水のイオン積pK_Wは室温では14であるが，近臨界水（150-350℃，4-200 bar）のpK_Wは11となり，酸性，塩基性が強くなるために水自身が触媒として働くためと説

153

明されている。

4 ラジカル反応

ラジカルが関与する反応は初期の頃はそれほど行われていなかったが，徐々に報告が増加し，ごく最近，総説も発表された[18]。オレフィンへのCCl$_4$のラジカル付加は，オイルバス中（85℃）では30時間も要するが，マイクロ波照射（160℃）では10分で終結する（図4a)[19]。TEMPOは安定なラジカルとして知られているが，TEMPOを含むアルコキシを用いた付加環化によるキノリン合成は，オイルバス加熱（140℃）では3日間も要するが，マイクロ波加熱（180℃）では10分で終結する（図4b)[20]。これら2例とも，通常加熱に比べてマイクロ波加熱の温度がかなり

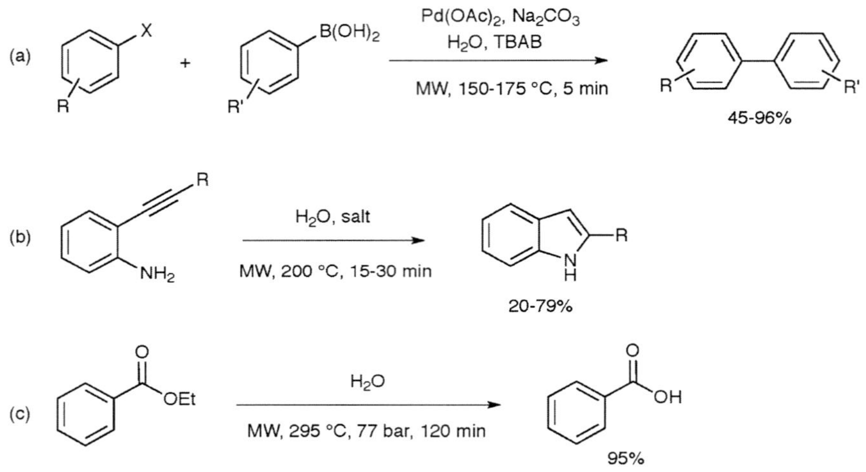

図3 水中での反応

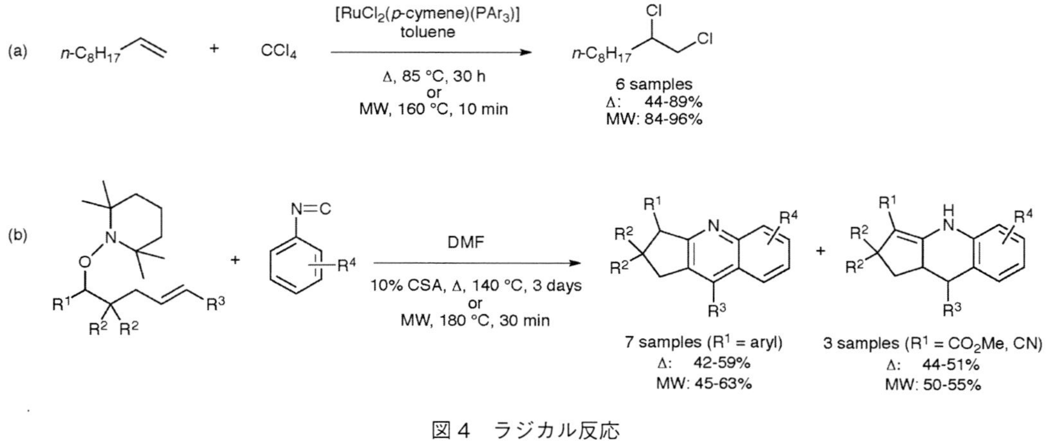

図4 ラジカル反応

高いことが反応時間の大幅な短縮に寄与していると思われるが，数日間も要していた反応がわずか数十分で済むようになるのは合成的に意義がある。

5 医薬品合成への応用

医薬品や生理活性物質の合成は，多品種，少量単位であり，多段階反応が多いので，合成時間の短縮，合成プロトコルの規格化，自動化が求められており，マイクロ波合成が適している。また，新薬発見のためのコンビナトリアル合成もマイクロ波による迅速合成が適している。医薬品や生理活性物質などのマイクロ波合成は，2000年頃から増加しはじめ，2011年には100報近い論文が発表されるようになり，書籍については既に改訂版も出版されている[4]。総説についても，ペプチド，糖鎖などの主要な生理活性物質[21]，結核，HIV/AIDS，マラリア，C型肝炎などの伝染病や感染症に対する医薬品[22]，抗腫瘍薬，抗菌剤，抗ウイルス剤など[23]，についてまとめられている。アミノ酸が連なったポリペプチドは，ホルモン，酵素，抗体など様々な生理活性機能をもつが，マイクロ波ペプチドシンセサイザーが既に市販されている[24]。DNAシンセサイザーがゲノム科学の進歩に寄与したように，ペプチドシンセサイザーによる自動合成がタンパク質科学の発展に寄与することを期待したい。

医薬品合成の一例として，がん遺伝子 BRAF (V600E) の阻害剤の1つである PLX4720 の全合成を示す（図5）[25]。反応は4段階から成っており，通常加熱による各反応時間はいずれも 1-2 日，合計で6日も要するのに対して，マイクロ波加熱での反応時間はそれぞれ 30 分程度，合計で3時間と大幅に短縮されており，全収率も同程度の値が得られている。多段階反応が多い医薬品の合成にとって，マイクロ波加熱による合成時間の短縮は魅力があり，今後ますます利用が増えると思われる。

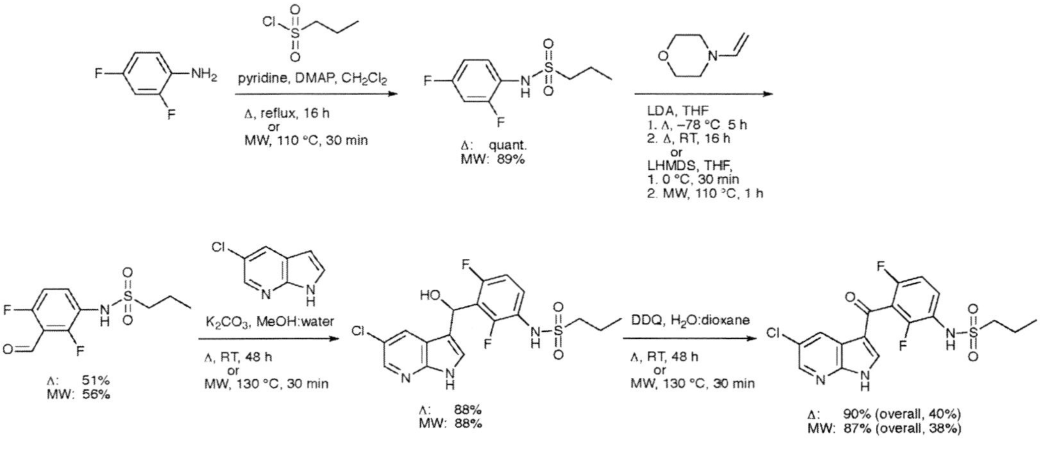

図5　がん遺伝子 BRAF (V600E) の阻害剤の全合成

6 スケールアップ

　マイクロ波有機合成の反応例は多数報告されており，次なる段階として実用化が望まれているが，マイクロ波合成の欠点の1つはスケールアップが難しいことである。解決策の1つはフロー系で行うことである。フロー系とすれば小型のマグネトロンでキログラムスケールの合成も可能となる。これまで，単純な連続フロー系，触媒カラムを組み込んだ方式，フローとバッチの併用など，様々な方式が検討されている[26, 27]。既にマイクロ波フロー合成機も市販されている。ただし，フロー法の欠点の1つは，不均一系はキャピラリーが目詰まりするため，不均一触媒などを用いた反応には適用できないことであり，均一反応に限定される。

　図6aにスルホンアミドへのエポキシドの開環付加，環化によるSultam酵素阻害剤のフロー合成例を示す[28]。シングルモードのマイクロ波照射器のキャビティにガラスキャピラリー（内径1.7 mm）をセットし，シリンジポンプを連結して，スルホンアミド，エポキシド，DBUを混合したDMSO溶液を0.1-0.2 ml/minの速度で送液しながらマイクロ波加熱を200℃で行うことにより，12種類のSultamを1時間当たり約3グラム得ている。また，フロー法での2段階合成によるヌクレオシドの合成も報告されている（図6b）[29]。最初のラインで保護基のついた糖と核酸塩基とのグリコシド結合形成，次のラインで塩基による脱保護を行う。3種類のヌクレオシドが高収率で得られている。以上の例のように，フロー法はプロトコルの定まった医薬品や生理活性物質のグラムスケールの合成に適している。

　バッチ法によるスケールアップも行われており，市販機も入手可能である。ここでは一例として，バッチ法による1-2モルスケールのピリミジン誘導体の合成例を紹介する（図7）[30]。装置は，

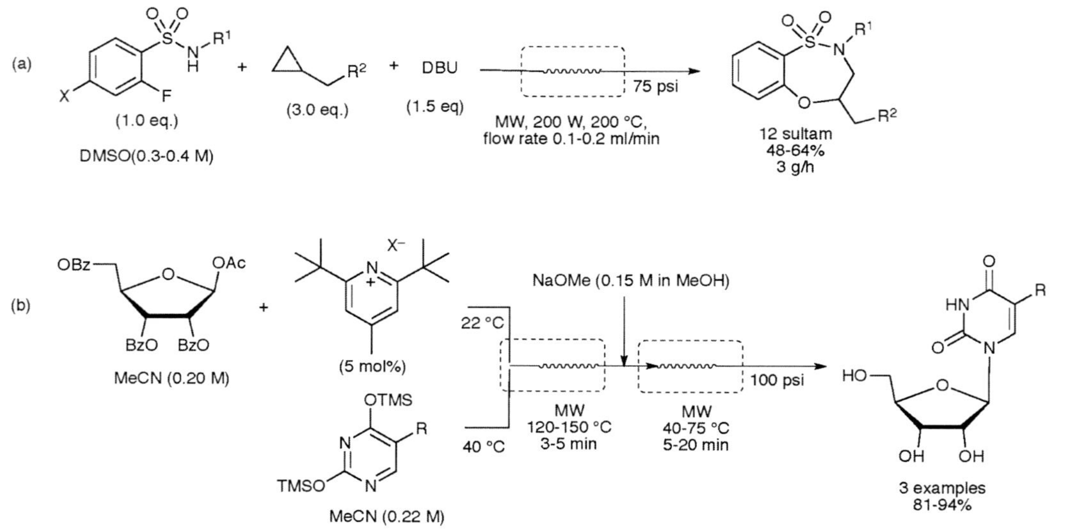

図6　フロー合成

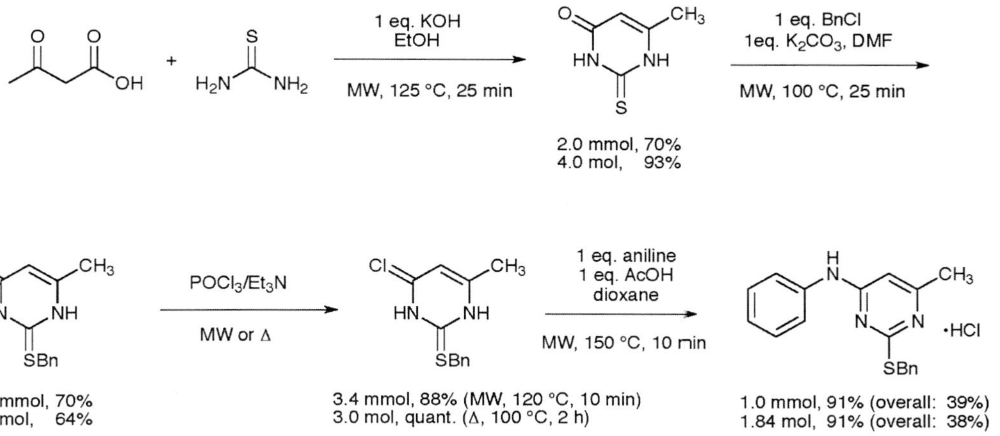

第1章 マイクロ波有機合成化学

図7 バッチ法によるスケールアップ

2.45 GHz の水冷型 2.5 kW マグネトロン3台（7.5 kW），5-13 L のガラス反応容器，羽根板撹拌機，ファイバー温度計を装着した 350 psi（24.1 bar）までの耐圧性をもつ合成装置を用いている。反応は4段階から成り，反応条件としてミリモルスケールと同じ反応温度，反応時間の適用が検討された。その結果，ミリモル量と同じ反応条件でモル量の合成が達成された。小スケールの反応条件を変更することなく同条件でスケールアップできることはメリットがある。1段階目の反応生成物チオウラシルは析出するが，濾過によって簡単に分離することができる。また，3段階目の反応では，POCl₃ はトリエチルアミンには溶解せず懸濁状態であり，フロー法で行うことはできない反応である。このようにバッチ法は不均一系にも適用できるのが利点の1つである。

以上，最近のマイクロ波有機合成の進歩と問題点について概説した。これからは，マイクロ波化学の基礎的研究とマイクロ波プロセスの実用化の両方を車の両輪として同時に進めることが大切であり，これにより互いに相乗効果が現れることが期待できる。

文　　献

1) R. Gedye et al., *Tetrahedron Lett.*, **27**, 279 (1986)
2) R. J. Giguere et al., *Tetrahedron Lett.*, **27**, 4945 (1986)
3) "Microwaves in Organic Synthesis" 2nd ed., Vol. 1 and 2, ed. by A. Loupy, Wiley-VCH, Weinheim (2006)
4) "Microwaves in Organic and Medical Chemistry" 2nd ed., ed. by C. O. Kappe, A. Stadler and D. Dallinger, R. Mannhold, H. Kubinyi, G. Folkers, Wiley-VCH, Weinheim (2012)
5) "Microwave Methods in Organic Synthesis", ed. by M. Larhed and K. Olofsson, Springer,

Berlin (2006)
6) "Practical Microwave Synthesis for Organic Chemists", ed. by C. O. Kappe, D. Dallinger and S. S. Murphree, Wiley-VCH, Weinheim (2009)
7) S. Caddick and R. Fitzmaurice, *Tetrahedron*, **65**, 3325 (2009)
8) C. O. Kappe and D. Dallinger, *Mol. Divers.*, **13**, 71 (2009)
9) A. de la Hoz *et al.*, *Chem. Soc. Rev.*, **34**, 164 (2005)
10) M. Hosseini *et al.*, *J. Org. Chem.*, **72**, 1417 (2007)
11) M. A. Herrero *et al.*, *J. Org. Chem.*, **73**, 36 (2008)
12) S. Robinson *et al.*, *Phys. Chem. Chem. Phys.*, **12**, 10793 (2010)
13) D. Obermayer *et al.*, *Angew. Chem. Int. Ed.*, **48**, 8321 (2009)
14) D. Dallinger and C. O. Kappe, *Chem. Rev.*, **107**, 2563 (2007)
15) N. E. Leadbeater and M. Marco, *Org. Lett.*, **4**, 2973 (2002)
16) A. Carpita *et al.*, *Tetrahedron*, **66**, 7169 (2010)
17) J. Kremsner and C. O. Kappe, *Eur. J. Org. Chem.*, 3672 (2005)
18) R. T. McBurney *et al.*, *RSC Adv.*, **2**, 1264 (2012)
19) Y. Borguet *et al.*, *Tetrahedron Lett.*, **48**, 6334 (2007)
20) B. Janza and A. Studler, *Org. Lett.*, **8**, 1875 (2006)
21) I. Nagashima and H. Shimizu, *J. Syn. Org. Chem. Jpn.*, **70**, 250 (2012)
22) J. Gising *et al.*, *Org. Biomol. Chem.*, **10**, 2713 (2012)
23) N. M. Nascimento-Júnior *et al.*, *Molecules*, **16**, 9274 (2011)
24) L. Malik *et al.*, *J. Pept. Sci.*, **16**, 506 (2010)
25) R. Buck *et al.*, *Tetrahedron Lett.*, **53**, 4161 (2012)
26) T. N. Glasnov and C. V. Kappe, *Macromol. Rapid Commum.*, **28**, 395 (2007)
27) T. N. Glasnov and C. V. Kappe, *Chem. Eur. J.*, **17**, 11956 (2011)
28) M. G. Organ *et al.*, *J. Flow Chem.*, **1**, 32 (2011)
29) A. Sniady *et al.*, *Angew. Chem. Int. Ed.*, **50**, 2155 (2011)
30) J. R. Schmink *et al.*, *Org. Process Res. Dev.*, **14**, 205 (2010)

第2章 マイクロ波有機金属化学

安田　誠[*1], 馬場章夫[*2]

1 はじめに

有機合成化学の分野において，有機金属化学の貢献は近年ますます大きくなってきており，様々な金属試薬が開発されている。有機金属試薬を活性化させる手段としては，金属の種類に応じて配位子や添加物を組み合わせることが一般的に行われる。一方，マイクロ波は有機合成反応において，一般的な活性化手段のひとつとなっており，短時間で効率的に生成物を与える例が多く報告されてきている。そこで本章では，最近10年ほどのマイクロ波照射下での有機金属試薬が関わる有機合成反応の報告例を示しつつ，本分野の全体像を概観する。

2 有機金属試薬の発生

有機金属種の代表であり有機合成における重要な化学種でもある有機マグネシウムハライド (Grignard試薬) の試薬調製段階におけるマイクロ波照射の影響が検討され，電場の強さの違いによって，その発生挙動が異なることが報告されている。低い電場密度においてGrignard試薬の発生が大きく加速されたのに対し，高密度においては不活性化された (式1)。これはMg表面に対する電場影響の相違が原因と推察される。これはマイクロ波の非熱的効果として顕著に結果を示した注目すべき実例といえる[1]。

Grignard試薬を有機ハライドと削状の金属マグネシウムから調製する際には，注意深い条件制御に加えて，あらかじめ不活性雰囲気下でマグネシウムを激しく撹拌したり，少量のヨウ素やジブロモエタンを添加したり，マグネシウム-アントラセン錯体を用いる等の前処理が必要である。しかし，マイクロ波を用いることで，このような操作を必要とせずに，Grignard試薬を容易に発生させることに成功した (式2)。THFのみの系およびマグネシウムとTHFの混合系をマイクロ波照射時での温度変化を比較したところ，マグネシウムが存在する場合は極めて早く

[*1] Makoto Yasuda　大阪大学　大学院工学研究科　応用化学専攻　准教授
[*2] Akio Baba　大阪大学　理事，副学長；同大学　大学院工学研究科　教授

180℃程度の高温にいたることがわかった。すなわち金属とマイクロ波の特異な相互作用が存在し，高温条件を瞬時に達成可能であることが一因であることが示唆される。二酸化炭素でトラップすることでGrignard試薬の発生の程度をみている。この反応は，臭化物だけでなく常法では活性の低い塩化物でも効率よく進行した。また，Grignard試薬発生段階のあとに，$ZnCl_2$を加えてアリール亜鉛を発生させ，パラジウム触媒を加えた根岸カップリングへの応用も示されている[2]。

$$\text{PhBr} \xrightarrow[\text{80°C, 10 min}]{\text{Mg, MW, THF}} \text{PhMgBr} \xrightarrow[\text{2) H}^+]{\text{1) CO}_2} \text{PhCOOH (88\%)} \qquad (2)$$

代表的な遷移金属錯体であるフェロセンは，通常はシクロペンタジエンの二量体の分解，塩基処理，金属導入の3段階を制御しつつ行う必要がある。ところがマイクロ波を用いることで，一段階の操作でフェロセンを合成することができた（式3）。この手法は置換基を有するフェロセン合成への展開も可能であり，実用的にすぐれている[3]。

$$\text{(dicyclopentadiene)} \xrightarrow[\text{KO}t\text{Bu}]{\text{MW, diglyme}} \xrightarrow[\text{DMSO}]{\text{FeCl}_2} \text{Ferrocene} \qquad (3)$$

3 有機ケイ素化合物の反応

有機ケイ素化合物は保存可能で取り扱い容易な試薬であるが，反応性が低くその活性化が困難である。したがって，効率のよい活性化手法が求められる。有機ケイ素化合物を用いる炭素-炭素結合形成反応として，ルイス酸を用いて反応相手のカルボニル化合物を活性化させることを鍵とする向山反応が知られている。一方，塩基を用いてケイ素への配位を鍵とした活性化による反応も報告されている。この後者のタイプの反応においてマイクロ波照射が効果的であることがわかった（式4）。通常加熱条件下に比べて，短時間でイミンとの反応が進行し，一段階でアミノエステルを高収率で与えた[4]。

$$\text{PhCH=NR} + \text{CH}_2\text{=C(OSiMe}_3\text{)OMe} \xrightarrow[\text{DMF, MW}]{\text{LiCl (0.2 equiv)}} \text{PhCH(NHR)C(CH}_3\text{)}_2\text{CO}_2\text{Me} \qquad (4)$$

4 有機ホウ素化合物の反応（鈴木-宮浦カップリング）

　有機ホウ素化合物は安定で取り扱いやすく，多様な官能基化された試剤を調製できる特長がある。その試剤を用いた遷移金属触媒による炭素-炭素結合形成反応は，「鈴木-宮浦カップリング」として知られる有用な合成手法となっている。

　芳香族化合物のアリール化は，医薬品，有機材料等，多様な用途の製品合成においてきわめて重要な反応である。アリールホウ素試薬を用いると，C–Cl 部位で選択的に反応が進行し，式 5 に示した位置で効率よく反応が進行した。通常加熱条件下では 50% 程度の収率であったものが，マイクロ波照射によってほぼ定量的に生成物を与えたことから，マイクロ波による促進効果が見られた[5]。なお，ホウ素化合物に代えて，臭化アリールを用いると反応位置が下式上に示すように変わることも合わせて報告されている。

　鈴木-宮浦カップリングは官能基耐性にすぐれていることが利点のひとつであるが，マイクロ波を照射してもその特徴が保持されている。ヘテロ元素であるセレンを分子内に有する化合物においても通常加熱条件下では 12 時間で 47% 収率であったものが，マイクロ波照射下では 20 min で 87% となり，大きな加速効果が見られた（式 6）。セレン含有のホウ素化合物にはさらにさまざまな官能基を持たせることが可能で，高い一般性が示されている。また，ハロゲン化アリールも多くのタイプを用いることが可能で，特にトリアリールエテニルハライドを用いた時は，4 置換エテンを合成することも可能である。これは，高度に共役を拡張した化合物であり，官能基化された有機材料合成において重要である[6]。

マイクロ波化学プロセス技術Ⅱ

触媒も溶媒も用いない鈴木-宮浦カップリングが，ナトリウムテトラフェニルボラートと高原子価ヨウ素との反応においてマイクロ波を照射することで達成された（式7）。きわめて短時間で高収率でカップリング生成物を与えた[7]。

$$Ph_4BNa + Ph-I(OAc)_2 \xrightarrow{MW, 2\ min} Ph-Ph\quad 91\% \tag{7}$$

重要な複素環化合物である N-shifted Buflavine analogue を鈴木-宮浦カップリングと閉環メタセシスを組み合わせることで，効率的に合成することに成功した（式8）。どちらの段階もマイクロ波の照射が重要な役割をはたしている。このような複雑な化合物を短時間短工程で合成できることは有機合成において価値が高い[8]。

(8)

パラジウムを高分子体の poly(N, N-dialkylcarbodiimide) に吸着させ，ナノ粒子としたものを触媒として反応させると，短時間でカップリング生成物が得られた。このように，錯体ではないパラジウムにおいてもマイクロ波は効果を示した。これは，金属とマイクロ波の相互作用が原因と考えられる[9]。

高度に共役系が伸長している化合物を合成することは有機材料の分野において重要であり，さらに一度に多くの芳香環を導入することができれば利得が大きい。マイクロ波照射下で KF-Al$_2$O$_3$ 表面上でのカップリングが効率よく進行し，複数点での炭素-炭素結合形成を同時に達成することができた（式9）。また，カルボニル基，アミノ基，ヒドロキシル基等が基質に含まれていても全く問題なく反応が進行した[10]。

(9)

第 2 章　マイクロ波有機金属化学

水溶媒中で Bu₄NBr と塩基を添加し，遷移金属触媒を用いずにマイクロ波を照射すると，鈴木-宮浦カップリングが進行し，高収率で生成物が得られた（式10）。この反応は，塩基に極微量の遷移金属が含まれている可能性が指摘されている。しかし，その指摘が正しいとした場合でも，きわめて微量の遷移金属触媒で高い効率で反応が進行していることは驚異的である[11]。

5　有機スズ化合物の反応

有機スズ化合物と有機ハロゲン化物のカップリング（小杉-右田-Stille カップリング）もマイクロ波で促進される。トリアゾールのジブロモ体に，異なるアリールスズ化合物を順次導入し，共役拡張した化合物をきわめて短時間に効率よく得ることができた（式11）。本手法により合成された複素環の連結した化合物は，材料および医薬品において重要である[12]。

6　有機亜鉛化合物の反応（根岸カップリング）

根岸カップリングとして知られる有機亜鉛化合物と有機ハライド間の遷移金属触媒反応もまた，有機合成において重要な反応である。

フッ素の小さな原子半径と高い電気陰性度により，フッ素化された有機化合物は医薬品において非常に重要である。RP1005 や nifrolidine homolog の合成において，マイクロ波照射による根岸カップリング反応がたいへん有用であった（式12）。下式には一例を示すが，有機亜鉛試薬の発生とカップリング反応がマイクロ波照射により効率的に反応を進行させている[13]。

163

Phthalazine は生理活性を有する重要な化合物群である。その塩化物を基軸にマイクロ波照射下で多様な合成を行った。塩素部位を亜鉛種に変化する際，マイクロ波照射が必須であり効率よく反応種を発生させた。この種は遷移金属を添加することなく，有機ヨウ素化物とのカップリングが進行した（式 13）。ハロゲン–金属交換は有機合成上，基礎的かつ重要なプロセスであり，その過程にマイクロ波が効果を示すことは興味深く，今後の発展が大きく期待される[14]。

$$\text{(13)}$$

　不均一系触媒でのマイクロ波の効果に関して Kappe らが詳細な報告をしている。選択的に触媒を加熱することによるマイクロ波の特殊効果を証明するために，遷移金属触媒を用いたクロスカップリングや水素化等をモデル反応として注意深く実験を行った結果，同温度条件下でのマイクロ波照射と通常加熱に差異は見られなかった。すなわちマイクロ波の特殊効果というものを優位に観測することはできなかった。最終的な結論のためにはまだ多くの実験が必要であると Kappe は述べている。注目すべきことは，反応時の撹拌速度がマイクロ波照射実験においてのみ大きな影響があったことである。詳細は不明であるが，今後の研究課題として重要な知見と考えられる[15]。

　芳香環が連結したビアリール骨格は生理活性天然物中に多くみられる重要な構造であり，またヘテロ原子含有ビアリールは均一系触媒の配位子として重要である。不斉反応における鈴木–宮浦カップリングおよび根岸カップリングを検討したところ，エナンチオ選択的にビナフチル化合物を得ることに成功した（式 14，15）。通常加熱では数日かかる反応が，マイクロ波照射下では短時間で生成物を高収率で与えた[16]。

$$\text{(14)}$$

$$\text{(15)}$$

第 2 章　マイクロ波有機金属化学

　不均一系触媒とマイクロ波の組み合わせは，これまでほとんど研究が行われていない分野である。不均一系触媒は後処理が容易，触媒の再利用が可能，環境調和型，経済的であるという利点がある。しかし反応速度が遅いことが唯一の欠点である。ニッケルのような貴金属ではない金属を不均一系触媒として用いることはさらに魅力的である。根岸カップリングによる炭素–炭素結合形成反応が，Ni/C を用いて，マイクロ波照射条件で大きく促進された（式16）。通常加熱条件では 12-24 h を要するものが，マイクロ波照射下では短時間にもかかわらず高収率で反応が進行した[17]。鈴木カップリングについても同様の結果が得られている。

$$\text{MeO}-\text{C}_6\text{H}_4-\text{ZnCl} + \text{2-Cl-C}_6\text{H}_4-\text{CO}_2\text{Et} \xrightarrow[\text{MW, 150 °C, 15 min}]{\text{Ni/C, THF, Ph}_3\text{P}} \text{4-MeO-C}_6\text{H}_4-\text{C}_6\text{H}_4-\text{2-CO}_2\text{Et} \quad 94\% \tag{16}$$

　同様に，Ni/C 触媒を用いた多様な官能基を有する化合物の鈴木-宮浦カップリングも可能となった（式17）。

$$\text{3-Cl-pyridine} + \text{3-CF}_3\text{-C}_6\text{H}_4-\text{B(OH)}_2 \xrightarrow[\text{MW, 200 °C, 30 min}]{\substack{\text{KF, LiOH}\\\text{Ni/C, dioxane, Ph}_3\text{P}}} \text{3-(3-CF}_3\text{-C}_6\text{H}_4)\text{-pyridine} \quad 90\% \tag{17}$$

　またこの不均一触媒系は，ハロゲン化アリールのアミノ化にも適用できた（式18）。鎖状のアルキルアミンおよび環状のアルキルアミンが適用可能であった。

$$\text{3-CF}_3\text{-C}_6\text{H}_4\text{-I} + \text{H}_2\text{N-}n\text{-Bu} \xrightarrow[\text{MW, 200 °C, 10 min}]{\substack{\text{KF, LiOH}\\\text{Ni/C, dioxane, dppf}}} \text{3-CF}_3\text{-C}_6\text{H}_4\text{-NH-}n\text{-Bu} \quad 80\% \tag{18}$$

　一般に芳香族塩化物はクロスカップリング反応において，対応する臭化物やヨウ化物よりも反応進行が極端に遅い。これは C–Cl 結合の活性が低いことが原因である。しかし，塩化物は安価で扱いやすく，原料として用いる利点はたいへん大きい。Kappe はパラジウムおよびニッケルを用いてマイクロ波条件下において塩化物を用いるクロスカップリング反応を達成した（式19）。根岸カップリングだけでなく，Grignard 試薬を用いる熊田-玉尾カップリングにも適用可能であった[18]。

$$\text{2-CN-C}_6\text{H}_4\text{-Cl} + \text{ClZn-C}_6\text{H}_4\text{-4-OMe} \xrightarrow[\text{MW, THF, 140 °C, 3 min}]{\text{cat. NiCl}_2(\text{PPh}_3)_2} \text{2-CN-C}_6\text{H}_4\text{-C}_6\text{H}_4\text{-4-OMe} \quad 62\% \tag{19}$$

ピリジンとピリミジン骨格を結合させた化合物は医薬品等の合成において興味深い。このタイプのクロスカップリング反応を通常加熱条件とマイクロ波照射条件下で比較した（式20）。通常加熱では，モノアリール化体が数時間加熱により生成した。マイクロ波を用いると5 min程度の短時間で同じ生成物を得ることができた。アリール亜鉛種を約2等量用いると，ジアリール化体が効率よく得られた。これはマイクロ波照射条件に特有の結果であり，効率の良い加熱条件を短時間で作れる点が合成の選択性に現れた[19]。

$$\begin{array}{c}\text{反応式 (20)}\end{array}$$

Oil Bath	66 °C	240 min	90%	5%	-
MW	130 °C	5 min	85%	3%	12%
MW	130 °C	5 min	trace	23%	84% (Organozinc; 2.67 equiv)

ワンポットの三段階（鈴木カップリング，脱水型イミン発生，環化反応）の反応により，Thiohydantoinを合成した（式21）。すべての段階でマイクロ波が効果を示した。短時間で反応を完結できるため，本手法により，下図のR置換基を変化させることでライブラリー構築が可能である。多様な置換基を持つ化合物を迅速に合成することは製薬において重要であることから，マイクロ波の利用が今後さらに進んでいくことが予想される[20]。

$$\begin{array}{c}\text{反応式 (21)}\end{array}$$

7　オレフィンメタセシス

Grubbs触媒を用いたオレフィンメタセシスに対してマイクロ波照射が効果を示した（式22）。通常加熱と比較して速い反応が実現した。高い温度条件を迅速に達成し，反応容器全体を均一に加熱することができることが鍵となっている[21]。

8 縮合型炭素-炭素結合形成反応

遷移金属触媒を用いたβ-ジカルボニル化合物とアルコールの直接カップリング反応が，マイクロ波照射化で効率よく進行した（式23）。通常加熱に比べてきわめて高い効率で反応が進行したことから，基質のアルコールがマイクロ波で直接活性化を受けている可能性があり，今後の展開に興味がもたれる[22]。

糖類は医薬品およびその中間体としてきわめて重要である。これらを効率よく官能基化することは価値が高い。マイクロ波を用いて，多官能性化合物である糖類を，その側鎖のアルキン部分だけで炭素-炭素結合形成させることができた（式24）。この反応は多段階ステップを経ているため，どの段階がマイクロ波の影響を受けているかは不明である[23]。

銅触媒を用いて，末端アルキン，アミン，アルデヒドの三成分カップリングが進行し，プロパルギルアミンが得られた（式25）。アルデヒドは脂肪族，芳香族のどちらも適応可能である[24]。

$$\text{Me}_3\text{Si}{-}{\equiv}{-}\text{H} \;+\; \text{PhCHO} \;+\; \text{pyrrolidine} \quad\xrightarrow[\text{MW, 15W}]{\text{CuBr, THF, 80 °C, 90min}}\quad \text{Ph-CH(N-pyrrolidinyl)-C}{\equiv}\text{C-SiMe}_3 \hfill (25)$$

9 反応の大スケール化

　マイクロ波照射下における実験は，しばしばスケールによって実験の再現性が大きく異なる現象が観測される。信頼性が高く，小スケールの実験条件のままでスケールアップできれば，マイクロ波合成化学を実用的に発展させる展望が開ける。Kappe らは，装置を工夫することにより，1 mmol スケールでの実験を，そのままの条件で 100-500 mmol へとスケールを上げることに成功した。典型的な装置として使用したものは，0 から 1,400 W のパワー設定が可能な 2 つのマグネトロン（2.45 GHz）を有し，そこに約 100 mL の 8 本の管を平行に配置し，同時に照射を行えるようにしたものである。石英もしくは PTFE-TFM の容器を用いて，最高 300℃，80 bar での使用を行う。マグネチックスターラーを用いた撹拌も可能である。本手法によって，1,000 mL スケール程度までのスケールアップが可能である[25]。

10 今後の展望

　このように，最近のマイクロ波を用いた有機金属を用いる有機合成に関する研究を列挙したが，どれも短時間での反応を達成しており，きわめて効率が高いことがわかる。ただ，そのメカニズムは単なる効率的加熱手法としての認識を越えるものはほとんどなく，マイクロ波特有の反応性が見られているものは少ない。金属の種類によるマイクロ波の相互作用の相違等を詳細に検討することで，今後新しい反応を見いだすことが可能になると予想される。マイクロ波の影響をいかんなく発揮できる有機金属反応剤の開発が望まれる。

文　　献

1) B. Gutmann *et al., Angew. Chem. Int. Ed.,* **50**, 7636-7640 (2011)
2) I. Mutule, E. Suna, *Tetrahedron,* **61**, 11168-11176 (2005)
3) S. M. Garringer *et al., Organometallics,* **28**, 6841-6844 (2009)
4) H. Hagiwara *et al., Synlett,* **10**, 1520-1522 (2008)

第2章　マイクロ波有機金属化学

5) A. E. Akkaoui *et al.*, *Eur. J. Org. Chem.*, 861-871 (2010)
6) H. R. Ahn *et al.*, *Org. Lett.*, **11**, 361-364 (2009)
7) J. Yan, *J. Chem. Res.*, 459-460 (2006)
8) P. Appukkuttan *et al.*, *Org. Lett.*, **7**, 2723-2726 (2005)
9) Y. Liu *et al.*, *Chem. Commun.*, 398-399 (2004)
10) B. Basu *et al.*, *Tetrahedron Lett.*, **44**, 3817-3820 (2003)
11) N. E. Leadbeater, M. Marco, *Angew. Chem. Int. Ed.*, **42**, 1407-1409 (2003)
12) C. Cebrian *et al.*, *Synlett*, 55-60 (2010)
13) M. Placzek *et al.*, *Tetrahedron Lett.*, **52**, 332-335 (2011)
14) F. Crestey, P. Knochel, *Synthesis*, 1097-1106 (2010)
15) M. Irfan *et al.*, *Chem. Eur. J.*, **15**, 11608-11618 (2009)
16) M. Genov *et al.*, *Tetrahedron Asymmetry*, **18**, 625-627 (2007)
17) B. H. Lipshutz *et al.*, *Chem. Aian J.*, **1**, 714-429 (2006)
18) P. Walla, C. O. Kappe, *Chem. Commun.*, 564-565 (2004)
19) P. Stanetty *et al.*, *Synlett*, 1862-1864 (2003)
20) L. Ohberg, J. Westman, *Synlett*, 1893-1896 (2001)
21) D. D. M. Irfan *et al.*, *J. Org. Chem.*, **75**, 5278-5288 (2010)
22) S. A. Babu *et al.*, *Synthesis*, 1717-1724 (2008)
23) B. Roy *et al.*, *Tetrahedron Lett.*, **50**, 5838-5841 (2009)
24) A. S.-Y. Lee *et al.*, *Synlett*, 441-446 (2009)
25) A. Stadler *et al.*, *Org. Proc. Res&Develop*, **7**, 707-716 (2003)

第3章 マイクロ波高分子合成

長畑律子[*1], 中村考志[*2], 竹内和彦[*3]

1 はじめに

食品・ゴム・木材・セラミックス・製鉄産業用の大型マイクロ波加熱装置が相当数普及し，周辺装置や安全操業に関する知見も蓄積されてきている。しかし，化学合成へのマイクロ波技術適用に関してはほとんどが実験室検討レベルにあると言える。有機合成や重合反応へ応用する試みは，1980年代中期以降本格的に検討され始め[1]，さまざまな有機合成反応で反応速度の大きな向上のみならず選択性の向上やナノ粒子の生成など，単なる加熱効果を越えた新しい反応場として期待させる事例が多数報告されている。最近では，省エネ・グリーンプロセスへの要望の高まりからもますます注目されている。しかし，そのほとんどがデスクトップレベルの小型の反応装置を用いるもので，実用化された例はきわめて少ない。実用化例の中には塩素化メタン合成や青酸合成[2]もあるが，反応物質に直接マイクロ波エネルギーを与える発想とは少し異なっている。本稿では，多くの企業関係者，研究者に向け，マイクロ波を重合反応の駆動源として反応基質に直接投入している報告例を多く紹介し，実用化に興味を抱いていただけるよう期待する。

2 ラジカル重合

ラジカル重合にマイクロ波加熱を用いる研究は，これまで最も報告数が多い分野である。1979年にGourdenneら[3]がフリーラジカル重合に関する報告をして以来，現在でも世界中の多くの研究室で実験が行われている。その最大の理由は，市販の小型マイクロ波化学反応装置を用いて，付属のバイアル型小型圧力容器といったもので簡便に試し実験ができるからであろう。また，家庭用の電子レンジを用いたという論文も散見され，マイクロ波化学反応の初心者や試用中の研究者を含めると，関与する研究者の人口はかなり多く，今後有望な発明・発見がなされる期待も大きい。本稿では，ここ数年に報告された中で特に「マイクロ波効果」について興味深い現象や結果を論じているものを選んで紹介する。

Liら[4]は，感熱性高分子ゲルとして知られるpoly(N-isopropylacrylamide) (PNIPAAm) の

[*1] Ritsuko Nagahata ㈱産業技術総合研究所 ナノシステム研究部門 主任研究員
[*2] Takashi Nakamura ㈱産業技術総合研究所 コンパクト化学システム研究センター 研究員
[*3] Kazuhiko Takeuchi ㈱産業技術総合研究所 ナノシステム研究部門 主任研究員

第3章 マイクロ波高分子合成

合成にマイクロ波を用いた。従来，このゲルの合成には時間がかかり低収率で，できたゲルの品質も一定ではなかった。モノマー（N-isopropylacrylamide；NIPPAAm）に架橋剤（N,N'-methylenebisacrylamide）と開始剤（azobis(isobutyronitrile)；AIBN）を加えたアセトン溶液に対しマイクロ波を照射して重合させたところ，70〜90℃，20分間で97.69〜99.43％の高収率でPNIPAAmハイドロゲルを得た。一方，この反応を水浴加熱で行うと24時間でも72.11〜75.33％までしか進行しなかった。更に，このゲルを乾燥し表面をSEMで観察したところ，マイクロ波合成品の方が表面が粗く，細孔がはっきりとしていて深い様子が見られた（図1）。BET法による被表面積測定でもマイクロ波合成品の方は10倍前後表面積が広く，細孔の発達した高品質なゲルを形成していた。装置はCEM社製Mars-5（2,450 MHz，1,600 W）を用いており，スケールは100 mL以内であると推察される。

　Xuら[5]は，styreneとNIPAAmの乳化剤フリー乳化重合にマイクロ波を用いた。装置はSANLE製，2,450 MHz，最高650 Wのマルチモード型で，三ツ口フラスコ中，約100 mLスケールの反応を行った。モノマーのstyrene，NIPAAmに，開始剤としてK$_2$S$_2$O$_8$（KPS）を加え，水中で高速撹拌しエマルジョンを形成させながら70℃でマイクロ波を照射した。従来法では同じく70℃で24時間を要した重合が1時間で完了した。この反応は，まずKPSが分解して親水性の高いSO$_4$·$^-$が生成するところから始まる。更にモノマーのうち，より親水性の高いNIPAAmが先に重合してNIPAAmリッチな核粒子を形成するとみられている。これらの親水性の高い物質にマイクロ波は短時間に集中してエネルギーを与えるのではないだろうか。TEM画像が示すようにマイクロ波法で合成した共重合体の粒子は径が細かく大きさが均一である（図2）。

　Sayerら[6]は，アクリル系モノマーの乳化重合をAnton Paar社製Synthos 3000マイクロ波合成装置（2,450 MHz，1,400 W）と付属の石英製バイアルを用いて行った。スケールは16 mLである。モノマーとしてmethyl methacrylate（MMA）とbutyl acrylate（BuA）を比較し，マイクロ波効果を考察した。BuAのマイクロ波重合の進行率は従来加熱法と変わらないか低く，マ

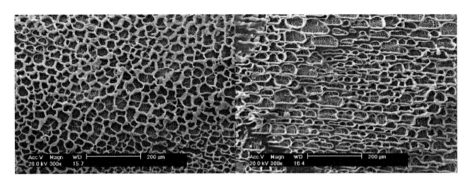

図1　PEG-600を細孔形成剤に使用したPNIPAAmハイドロゲルの比較
　　　左：マイクロ波加熱法，右：従来加熱法

マイクロ波化学プロセス技術 II

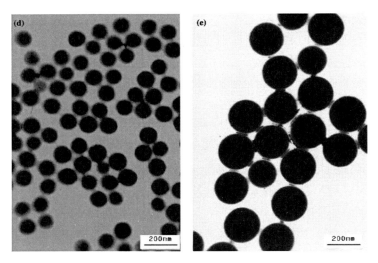

図2　PS-co-PNIPAAm のナノ粒子
左：マイクロ波加熱法，右：従来加熱法

イクロ波法導入のメリットが認められなかった。これに対し，MMA の重合はマイクロ波により大きく改善された。これは，2種のモノマーの水系溶媒への溶解性とマイクロ波吸収特性の相違が直接効いたものであり，ラジカル重合に対するマイクロ波法適性を予測・判定する際の指針になるものである。また，マイクロ波は開始剤として用いた KPS の分解反応に作用し，開始反応が均一に起こったために粒子径が細かく揃った生成物を得ている。

　制御ラジカル重合に関する研究は，現在，高分子合成において最先端分野の一つとなっている。その中で RAFT（reversible addition-fragmentation chain transfer）重合とマイクロ波法を組み合わせる研究が増加している。Schubert ら[7]は，MMA の RAFT 重合をトルエン中，AIBN を開始剤，2-cyano-2-butyldithiobenzoate（CBDB）を RAFT 剤に用いて行った。装置は Biotage 社製 Initiator Sixty（2,450 MHz，400 W）を用い，スケールは 4.2 mL である。標準的な条件である 70℃ においてマイクロ波効果は認められなかった。しかし，120，150，180℃ の高温条件では AIBN 不要になり，またマイクロ波照射による重合の加速が確認できた。ある程度以上のマイクロ波電力を投入することによりマイクロ波効果が出現すると結論している。

　Sumerlin ら[8]は，RAFT 重合による poly(dimethyl acrylamide)（PDMAAm）と PNIPAAm のホモポリマー，PNIPAAm と N,N-Dimethylacrylamide（DMA），methyl acrylate（MA），BuA とのブロックコポリマーの合成にマイクロ波を用いた。装置には CEM 社製 Discover Labmate シングルモードマイクロ波合成装置（2,450 MHz，200 W）を用い，スケールは 1 mL である。ホモポリマーの重合速度がマイクロ波により上昇し，末端基が統一されていることから後半の共重合反応も制御が可能であった（式1）。

172

第3章　マイクロ波高分子合成

式1

3　逐次重合

　マイクロ波駆動逐次重合は，ラジカル重合と同様に報告数が多い。特に，誘電体である水やアルコールなどの脱離を伴う縮合反応は，マイクロ波による加速効果が大きい。1996年，今井ら[9,10]の研究では，ω-アミノ酸の直接縮合やナイロン塩の縮合，芳香族ジアミンと芳香族ジカルボン酸の縮合で，通常加熱では数時間を要する重合反応が1～5分で完結し高重合度のポリマーが得られることを見いだし，高分子のマイクロ波合成の先駆けとなった。ただし，本検討では1,3-dimethyimidazolidoneやethyleneglycolなど，マイクロ波感受性に優れた極性高沸点溶媒中で，溶媒を蒸発乾固させながら反応を行っており，モノマーや脱離成分そのもののマイクロ波吸収特性を利用するという研究はかなり後になってからである。本稿では，筆者らが開発したマイクロ波駆動無溶媒ポリエステル合成の開発について紹介し，紙面の関係上，他の縮合高分子のマイクロ波合成[11～23]に関する説明は割愛する。

　筆者ら[24～27]は，マイクロ波加熱によるポリエステル重合技術の開発に取り組んでいる。直接重縮合で主に関与する基質（モノマー）および脱離成分（水，アルコールなど）が共に極性の高い分子でマイクロ波をよく吸収するため，本例はマイクロ波反応を適用するのに最も適した重合系の一つであると言える。また，乳酸オリゴマーの製造で比較した重合エネルギーは，マイクロ波法では従来法のわずか30％ほどで済むことがわかった。この方法はシンプルでアトムエコノミーに優れ，溶媒も使用しない。

　一般的に，ポリエステルを溶融重合で製造する場合，高温，高粘度，真空に対する設備が必要だが，現在市販されているラボ用マイクロ波化学合成装置はそのような仕様になっていない。適切な対策がなされていない装置を用いると，所望の反応温度が実現できない，温度の計測・制御がうまくいかない，重合の進行と共に粘度が増加し撹拌不良となる，減圧条件下でマイクロ波を照射するとマイクロ波プラズマ放電が発生し反応物・容器・装置等が損傷するといった問題が発

生する．そこで筆者らは，市販のキャビティ型マイクロ波合成装置をベースとし，ラボ用重合仕様への改造を行った．本装置（SMW-101：四国計測工業㈱，2.45 GHz，基本仕込み容量 200 mL で，マイクロ波の入出力制御，マイクロ波出力・温度データの収集可，図3）は，最大出力 1.5 kW で，専用の耐熱ガラス製反応釜は金属フランジに固定され，高気密のメカニカル撹拌シールが付属している．フランジ部には蒸留塔，排気口，試料取り出し口，センサー接続口等が装備されている．また，本体は照射負荷へのマイクロ波入射量の調節が可能，マイクロ波入射電力の測定表示が可能，整合器による照射負荷へのマッチングが可能な仕様となっており，多くのデータを収集できるようになっている．また，本装置では電磁界分布を制御したことにより放電を抑制することができた．

この装置を用い，1,4-ブタンジオールとコハク酸の等モル重合を行った．スズ，チタン等の汎用の触媒を用い，重合温度 260℃，真空度（最高値到達時）1000 Pa 以下，脱水工程のみで分子量を延ばした．マイクロ波照射開始時（反応物は室温の状態）から起算し全工程 75 分で重量平均分子量 13 万のポリマーが得られ，従来法の 10 倍以上の時間短縮が可能となった．従来法では脱水工程のみでは高分子量体は得られないので，まずジオールを過剰に加えて両末端がジオールユニットとする低分子量体を合成し，次いでさらに厳しい反応条件下で脱グリコールする多段工程で製造されるが，本法により脱水のみで高分子量のポリマーを製造することが可能となった（式2）．

物質の誘電特性（ε'，ε''）は，マイクロ波加熱において重要・不可欠な物理量であり，これが解ればマイクロ波照射による発熱量および物質への浸透深さを知ることができる．化学反応の進行においては，誘電特性は一様ではなく，①状態変化（例：固体から液体），②温度変化，③系内構成物質の変化（モノマー消費，脱離成分の生成など）により大きく影響を受ける．これらは反応毎に異なるので，反応毎にかつ反応条件下での評価を行うべきである．

筆者ら[28]は，オリゴ乳酸製造用大型マイクロ波合成装置を設計するにあたり，最適照射法や異

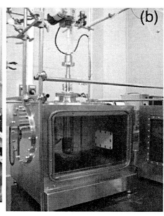

図3 重合用マイクロ波合成装置
(a)装置全体図，(b)キャビティ部，(c)フランジ部

第3章 マイクロ波高分子合成

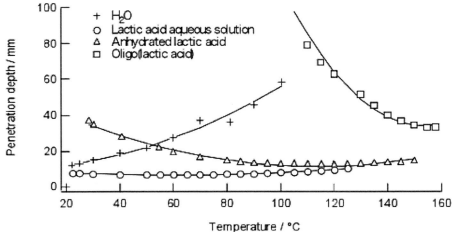

図4 重合進行に伴う，乳酸の温度上昇による誘電特性変化

常過熱の可能性有無などの安全性を確認するために，反応進行および温度上昇による誘電特性変化を測定した（図4）。オリゴ乳酸の脱水直接合成における反応進行は，乳酸水溶液，脱水乳酸，オリゴ乳酸の順であり，反応進行に伴い誘電特性は低下した。即ち，原料および水（溶媒および脱離成分）は高い誘電特性を持ち，それに対して重合物（脱水乳酸およびオリゴ乳酸）は低い誘電特性を示した。この結果から乳酸重縮合におけるマイクロ波反応促進の原因が読み取れる。つまり，重縮合が進行するにつれて生成物はマイクロ波を透過するようになり，この生成物を透過したマイクロ波は反応系内に存在する未反応原料や水に作用し活性化させる。これが重縮合でのマイクロ波反応促進メカニズムの一つである（図5）。このことからも乳酸重合はマイクロ波合成実用化の一例目に適していた。また，誘電特性の温度変化から当面の反応温度と決めた180℃での誘電特性を予測し，浸透深さを求めたところ，オリゴ乳酸に対しては，2.3 cmでマイクロ波エネルギーが半分に，11 cmで10分の1になることが算出された。

筆者ら[29]は，機能性食品の原料としてオリゴ乳酸を製造・販売している企業および装置メーカーと共同で年産数トンクラスのベンチスケールマイクロ波反応装置を開発し，実証試験を経て初の実用化に成功した（図6）。まず，反応容器内部での電磁界（電波）分布を精密に制御することによりマイクロ波をできるだけ効率的に吸収させるよう反応容器の形状を設計した。また，

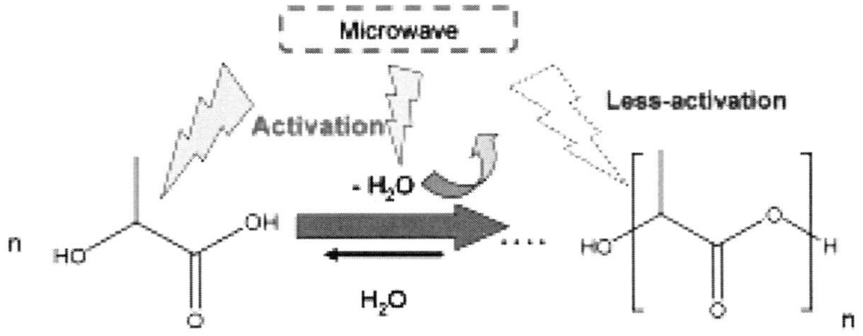

マイクロ波化学プロセス技術Ⅱ

図5 マイクロ波による重縮合反応促進のイメージ

図6 ベンチスケールマイクロ波反応装置

　この合成法では反応系が高粘度の溶液となるが，これを効率的に扱う反応技術を開発し，さらにマイクロ波の漏洩等の懸念に対する確実な安全対策を開発，装置に施すことで，量産装置の実用化につなげた。本装置は，マイクロ波を透過するガラス製反応釜に原料の乳酸水溶液を入れ，マイクロ波キャビティ中において 2.45 GHz，6 kW のマイクロ波をマルチモードで照射するもので，従来と比べ高速にオリゴ乳酸を合成する。製造規模は1バッチ当たり約 20 kg であり，高効率と高品質を確保している。オリゴ乳酸の製造メーカーでは，これまで電熱ヒーターを用いた少量製造ラインを複数，長時間稼働することでオリゴ乳酸を製造してきたが，本装置を導入して，大量の製品を短時間で合成できることになり，従来品と同等以上の高品質を保持した製品を安定して量産化することが可能となった。また，本装置により省エネルギー化が図られ，従来法に比べ約

70％の CO_2 が削減でき，環境負荷の低減にも大きな効果があったと言える。マイクロ波法は，通常加熱法に比べ反応時間が短いので異種構造体が副生しにくく，機能性食品素材用途へ適した合成法である。

4 その他の応用

ポリイオン液体は，ガス分離材料，触媒，高分子電解質，超分子化学における受容体，イオン伝導体，マイクロ波吸収体などに適用され，ますます注目が集まっている。Ritterら[30]は，1-vinylimidazole と tert-butylchloroacetate に AIBN を開始剤としてラジカル重合させ，分子量（Mn）50万のポリイオン液体を調整した。このポリマーは加熱するとエステル結合が分解しイソブチレンガスが脱気することを利用した機能性発泡材料となることが期待されている。しかし，従来このエステル分解ないし脱気には300℃前後の高温が必要とされ，問題が多かった。彼らはこのポリマーがイオン性により高いマイクロ波感受性を有することに着目し，150℃程度において効率的にエステル結合分解が起こることを示した。分解反応の遷移状態では対イオンが安定な水素結合性の中間体を形成しており，この中間体に対するマイクロ波エネルギーの投入が効果的に起きたと考えられる（図7）。同様の中間体を形成しない $B(Ph)_4^-$ イオン型のポリマーではエステル分解反応は起きなかった。マイクロ波加熱の伝導損失の項による効果を上手く活かした応用である。

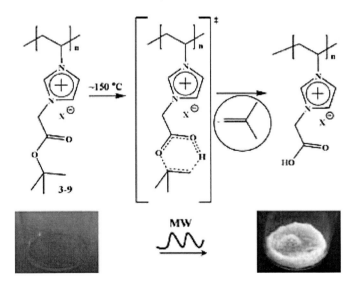

図7 マイクロ波によるポリイオン液体からのイソブチレン脱離

5 おわりに

　マイクロ波効果を上手く引き出して高分子合成に利用した報告をまとめると，①モノマーのマイクロ波吸収特性は低いが，溶媒を含めた反応系全体にマイクロ波を作用させ，結果として重合反応を加速・特徴化しているもの，②モノマーそのものが高いマイクロ波吸収特性を持つことを利用しているもの，③触媒をマイクロ波で瞬時に活性化させ，分子量や粒子径を制御したもの，④原料や脱離物質のみがマイクロ波を吸収し，副反応の元となる物質に吸収させないようコントロールしているもの，⑤特定の反応中間体が高いマイクロ波特性を有することを利用したもの等がある。今後は上記のような効果の予測を反応設計の段階から取り入れ，より様々な応用がなされると思われるが，①〜⑤以外の効果の発見にも期待したい。

　マイクロ波加熱を化学反応に適用した小スケール実験の報告は，1985年頃から学術論文に出始めて，既に数千報を超えていると思われる。これまで化学工学の中でマイクロ波化学プラントの設計や運転についてはほとんど取り扱われなかったために，企業などで実用化に至るのは難しかった。しかし，近年実用化しようという検討が内外で活発になってきており，これから10年以内に世界中でマイクロ波の化学工場が出現するのではないかと期待している。

文　　献

1) R. Gedye *et al.*, *Tetrahedron Lett.*, **27**, 279 (1986)；R. J. Giguere *et al.*, *Tetrahedron Lett.*, **27**, 4945 (1986)
2) J. K. S. Wan *et al.*, *Res. Chem. Intermed.*, **20**, 29 (1994)
3) A. Gourdenne *et al.*, *Polym. Prepr.*, **20**, 471 (1979)
4) Z. Zhao *et al.*, *Eur. Polym. J.*, **44**, 1217 (2008)
5) C. Yi *et al.*, *Colloid Polym. Sci.*, **283**, 1259 (2005)
6) C. Costa *et al.*, *Mater. Sci. Eng. C*, **29**, 415 (2009)
7) R. M. Paulus *et al.*, *Aust. J. Chem.*, **62**, 254 (2009)
8) D. Roy *et al.*, *Macromolecules*, **42**, 7701 (2009)
9) Y. Imai *et al.*, *Polym. J.*, **28**, 256 (1996)；S. Watanabe *et al.*, *Macromol. Chem. Rapid Commun.*, **14**, 481 (1993)；K. H. Park *et al.*, *Polym. J.*, **25**, 209 (1993)
10) Y. Imai *et al.*, *J. Polym. Sci., Part A : Polym. Chem.*, **34**, 701 (1996)
11) S. Mallakpour *et al.*, *Amino Acids*, **38**, 1369 (2010)
12) S. Mallakpour *et al.*, *J. Polym. Environ.*, **18**, 705 (2010)
13) S. Mallakpour *et al.*, *Polym. Sci. Ser. B*, **54**, 314 (2012)
14) T. Erdmenger *et al.*, *J. Mater. Chem.*, **20**, 3583 (2010)
15) J. Theis *et al.*, *Macromol. Rapid Commun.*, **30**, 1424 (2009)

第3章　マイクロ波高分子合成

16) M. Kolitz *et al.*, *Macromolecules*, **42**, 4520 (2009)
17) K. Hiroki *et al.*, *Macromol. Rapid Commun.*, **29**, 809 (2008)
18) I.-W. Shen *et al.*, *Macromol. Rapid Commun.*, **28**, 449 (2007)
19) M. Horie *et al.*, *J. Mater. Chem.*, **18**, 5230 (2008)
20) J.-H. Tsai *et al.*, *Chem. Mater.*, **22**, 3290 (2010)
21) M. Lobert *et al.*, *Chem. Eur. J.*, **14**, 10396 (2008)
22) M. Lobert *et al.*, *J. Polym. Sci. Polym. Chem.*, **46**, 5859 (2008)
23) M. Lobert *et al.*, *Chem. Commun.*, 1458 (2008)
24) R. Nagahata *et al.*, *Macromol. Rapid Commun.*, **28**, 437 (2007)
25) S. Velmathi *et al.*, *Polym. J.*, **39**, 841 (2007)
26) 長畑律子ほか，バイオプラジャーナル，**40**, 17 (2011)
27) T. Nakamura *et al.*, *Mini-Rev. in Org. Chem.*, **8**, 306 (2011)
28) T. Nakamura *et al.*, *Polymer*, **51**, 329 (2010)
29) T. Nakamura *et al.*, *Org. Process Res. Dev.*, **14**, 781 (2010)
30) S. Amajjahe *et al.*, *Macromol. Rapid Commun.*, **30**, 94 (2009)

第4章 マイクロ波化学のバイオテクノロジーへの応用

吉村武朗[*1], 大内将吉[*2]

1 はじめに

マイクロ波化学は，無機材料合成や有機合成など多数の化学反応において，反応促進効果としてその有意性が数多く示されてきた[1]。一般には，化学反応に対してマイクロ波を照射すると反応が100倍ほど高速化され，アレニウス式に従えば70℃程度の温度効果に相当する。このようなマイクロ波照射の反応促進効果は，ライフサイエンスやバイオテクノロジー分野へも広がりを見せており，有用な技術につながりつつある。ここでは，マイクロ波照射下での酵素反応や生体触媒反応，そして，それら反応をバイオ技術へ活用した例を紹介する。

2 マイクロ波照射下での酵素反応

マイクロ波照射下の酵素反応は，当初は，加熱による酵素の失活や蛋白質の熱変性の効果を検証する研究例が多く，すなわち家庭用電子レンジを使用した場合の食品加熱に関連づけられる研究であった[2,3]。その後，Gedyeの研究[4]をきっかけとして有機反応で多くの促進効果が示されたことから，1990年代後半から，酵素反応での反応促進効果も徐々に明らかにされてきている。その一例として，リパーゼを用いたキラルアルコールの速度論的光学分割がある[5]。固定化酵素を2.45 GHzのマイクロ波照射下で反応させたところ，時間，反応収率，鏡像異性体過剰率（ee％）のいずれもが通常加熱より効果があることがわかった。この実験では，はじめに固定化酵素の通常加熱での温度条件（70～100℃）を決定し，その温度を保つのに必要なマイクロ波の出力が90 Wであることを確認し，ラセミ体化合物の光学分割を検討した。一般に，酵素をヘキサンなどの非水系溶媒で反応させると極端に反応速度が低下するが[6,7]，マイクロ波照射で反応促進が見込めたことから，医薬品原料などのキラル化合物合成に有用な技術であることが示された。

これらの研究以降も，マイクロ波照射下で酵素反応を促進させる試みがおこなわれており[8,9]，種類としては，リパーゼ[10～20]，グルコシダーゼ[21]，ガラクトシダーゼ[22]，セルラーゼ[23,24]，ペプチダーゼ[25]などの加水分解酵素が検証されている。他にプロテアーゼやDNAポリメラーゼなどもマイクロ波照射効果が認められているが，これについては，蛋白質配列解析と遺伝子配列解析

[*1] Takeo Yoshimura　東京理科大学　理工学部　応用生物科学科　助教
[*2] Shokichi Ohuchi　九州工業大学　情報工学部　生命情報工学科　准教授

第4章　マイクロ波化学のバイオテクノロジーへの応用

の技術に結びつけ後述する。マイクロ波照射酵素反応はマイクロ波有機化学の成果に比較すると研究例はまだ少ないが、マイクロ波技術の有用性を考えると期待は大きい。とくに、リパーゼなどの酵素を有機溶媒中で用いエステル化反応やエステル交換反応をおこなう場合があるが、一般には水を溶媒として加水分解する場合に比較して、極端に反応速度が低下する。このような有機溶媒中で酵素反応を活性化する技術こそ、マイクロ波利用を図るべきである。さらに、マイクロ波照射と酵素活性の関連性を、蛋白質の三次元立体構造と関連づけるような研究に進展すれば[26]、より詳細な分子メカニズムに結びつくことから、今後の研究に期待される。

3　酵素反応における反応基質，溶媒ならびに蛋白質立体構造とマイクロ波照射の関係

マイクロ波照射下での酵素反応はリパーゼを触媒とした実施例が比較的多いことから、筆者らはリパーゼ反応の反応基質、溶媒、さらにはリパーゼ蛋白質の立体構造に関して、マイクロ波から受ける要因を特定することを検討した。酵素反応のマイクロ波影響を検証するために、前述したリパーゼに関する論文[10〜20]からデータを抽出し、蛋白質とマイクロ波効果の関係、酵素の周辺環境とマイクロ波効果の関係について解析した。蛋白質の二次構造含有率、表面電荷、フォールド、熱安定性、由来微生物について、PDB、eF-surf、SCOPの種々のデータベースと筆者らが開発した主鎖二面体角をもとに蛋白質の二次構造を帰属するプログラム ProSSA[27]を使って、種々のパラメータを比較解析した。また、酵素の周辺環境とマイクロ波効果の関係を見積もるために、基質の双極子モーメント、溶媒の双極子モーメントとマイクロ波効果の関係について調べた。さらに基質の双極子モーメントから溶媒の双極子モーメントを引いた値とマイクロ波効果の関係についても解析した。その結果、基質の双極子モーメントとマイクロ波効果に相関は確認できなかったが、溶媒の双極子モーメントとマイクロ波効果に相関性が見いだされ、溶媒の双極子モーメントが小さいとき、酵素反応が促進されやすいことがわかった。これは溶媒の双極子モーメントが小さいため、マイクロ波エネルギーが溶媒に吸収されず基質へのマイクロ波照射のみ効果が現れ、反応が促進されていると考えられる。そこで、基質の双極子モーメントから溶媒の双極子モーメントを引いた値を計算し、マイクロ波効果との相関性を解析した（図1）。その結果、双極子モーメントの差が2よりも大きくなると促進効果が得やすいことが明らかとなった。

4　マイクロ波化学によるプロテオミクス解析の高速化技術

プロテオミクス解析とは、細胞内に発現した蛋白質を網羅的に解析する方法であり、蛋白質をトリプシンのようなプロテアーゼ酵素で限定的に消化・切断してペプチドフラグメントを生成させ、質量分析とデータベース検索から蛋白質を同定する方法（ペプチドマスフィンガープリント法）である。プロテオミクス解析は、システム生物学の基盤技術という学術的な側面もあるが、

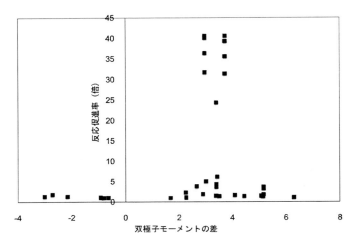

図1 酵素反応基質と溶媒分子の双極子モーメントの差と酵素反応促進率の関係

ガンの早期発見など臨床分析技術や創薬技術に直結し注目されている。そのため，高速化・効率化を目指し，マイクロ波化学が積極的に取り入れられてきた[28]。プロテオミクス解析は，いわゆる蛋白質のアミノ酸配列解析技術であるが，アミノ酸組成を調べるアミノ酸分析についても，マイクロ波化学が適用できる。筆者らは，アミノ酸分析とプロテオミクス解析の双方について効率化を目指し，通常の化学的酸加水分解反応と酵素加水分解の両方でマイクロ波照射を検討してきた。アミノ酸分析は，蛋白質をアミノ酸モノマーまで加水分解し，アミノ酸組成を高速液体クロマトグラフィーで検出する方法であるが，化学反応としては6N塩酸を加え24時間以上の時間を必要とする。ここにマイクロ波加熱を適用すると，時間短縮され10分程度でアミノ酸に至る。この技術はすでにCEMなどによってアミノ酸分析の前処理法として，マイクロ波装置とともに提供されている[29]。筆者らは，通常加熱では24時間の反応でトリプトファンやメチオニンなどが容易に酸化分解されるのに対し，マイクロ波照射によって短時間で加水分解することで酸化反応を抑制し，ほぼすべてのアミノ酸を回収できることを明らかにした[30]。一方で，蛋白質を加水分解し，アミノ酸モノマーに至る前のオリゴペプチドレベルで反応を止め，得られたオリゴペプチドをMALDI-TOF MSで分析し，アミノ酸配列を解読する画期的な手法が2004年にLiらによって提案された[31]。この方法は，エドマン分解によるプロテインシークエンサーに代わる技術になることから大いに期待された。しかしながら，マイクロ波処理によって均一化されたオリゴペプチドマトリックスを得ることが困難であるため，未だに確立されていない[32]。筆者らも，Liらの方法にならい種々の条件下でマイクロ波加水分解反応を検討してきた。マイクロ波処理後の試料をクロマトグラフィーで複数のフラクションに分画し，それをMALDI-TOF MSで分析することで，アミノ酸配列を解読することが可能となった[33]。プロテオミクス解析は，トリプシン消化で蛋白質を特異的な配列のみ切断しペプチド断片化することが目的となるが，トリプシン消

化についてもマイクロ波照射下で効率化が達成された。トリプシン酵素による加水分解反応では，酵素自身が自らを加水分解するいわゆる自己消化が抑えられるという効果もみられ，マイクロ波照射の有用性が示された[28,33]。蛋白質の構造と機能を詳細に調べるプロテオーム技術には，今後ともマイクロ波照射が不可欠であるといえる。

5 マイクロ波促進遺伝子増幅反応，PCR と RCA

ヒトの DNA 配列解読など，様々な生物種の DNA 配列解読が進められている。くわえて DNA 配列解読技術は，インフルエンザウイルスの特定，個人の病気特定のための遺伝子診断，犯罪捜査の DNA 型鑑定など，広く活用されている。これらの DNA 配列解読に不可欠な酵素反応として，Polymerase Chain Reaction（PCR）や Rolling Circle Amplification（RCA）などの遺伝子増幅反応がある。これらの遺伝子増幅反応についてもマイクロ波照射の効果が検討されてきた。PCR 法は，①2本鎖 DNA から1本鎖 DNA への熱変性，②プライマーのアニーリング，③DNA ポリメラーゼによるプライマーの伸長反応という3つのステップを繰り返すことで遺伝子を増幅する。その際，①と③の過程で加熱操作をともなう。すでに，PCR に対するマイクロ波照射は，2003 年にスウェーデンのグループによって検討され，マイクロ波照射の効果は見出せないという結果が示された[34]。同時期に，筆者らは，コラーゲンのような繰り返し配列を有する蛋白質材料を微生物によって合成することを目的として，遺伝子増幅法に RCA 法を種々検討した際に，マイクロ波を照射し遺伝子増幅の様子を観察した。RCA 法は環状鋳型 DNA に対してプライマーをアニーリングし，温度を一定に保ったままプライマーの伸長反応によって鋳型配列を繰り返す遺伝子を増幅する反応であるが，DNA ポリメラーゼの種類によってマイクロ波の効果が異なることがわかった（表1）[35]。

そこで，あらためて PCR についてもマイクロ波照射を検討したところ，遺伝子を増幅できることが明らかとなった。くわえて，PCR の2つの加熱プロセスそれぞれで，マイクロ波照射の影響がまったく異なることも明らかとなり，蛋白質のマイクロ波変性と呼ぶべき現象が見いだされた（図2）。

表1 種々の DNA ポリメラーゼに対するマイクロ波 RCA 反応活性

DNA polymerase (optimum temp.)	MW-RCA
Bst DNA polymerase (65℃)	◎
DNA polymerase I (37℃)	◎
Vent DNA polymerase (65-72℃)	○
Taq polymerase (72℃)	○

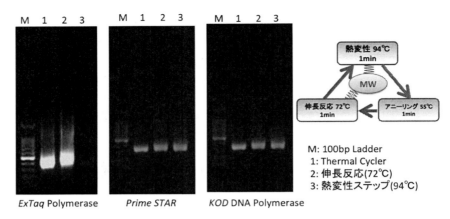

図2　種々のDNAポリメラーゼに対するマイクロ波PCR反応の電気泳動観察
（ExTaqは伸長反応のみ，他の2つは伸長反応と熱変性の両ステップに効果）

6　マイクロ波照射下での微生物の滅菌と培養

　バイオテクノロジーの種々の操作において加熱は不可欠である。培養操作においても，培地の滅菌や培養時の温度制御など，さまざまな場面でマイクロ波加熱が利用できるといえる。すでに，滅菌や乾燥操作などでは，マイクロ波加熱技術が応用され，種々の装置が提供されている。一方で，マイクロ波滅菌については，最近になって，通常加熱とは滅菌のメカニズムが異なる可能性があることが示された[36,37]。また，培地を滅菌する際にも，オートクレーブで滅菌された培地を使うより，マイクロ波滅菌で処理された培地を使った方が，微生物の増殖に効果的であることが示された[38]。このように，マイクロ波照射が単なる加熱とは異なるメカニズムが働いていることが明らかにされてきている。筆者らは，微生物細胞の培養にマイクロ波を照射し熱源として用いることで，その増殖過程や蛋白質発現に与える影響，さらには微生物を触媒として用いるような物質生産技術に対する効果を検討した。生細胞へのマイクロ波照射は，細胞の増殖の促進，細胞の活性化，蛋白質の高発現など，種々の効果が期待でき，バイオ分野の革新技術につながる。また，微生物細胞に対するマイクロ波の影響が解明されれば，マイクロ波照射が生体に与える影響を明らかにすることにも結びつく。通常加熱とマイクロ波加熱を比較するとともに，培養容器周辺の温度条件の設定により，培養の温度条件は同じであっても，マイクロ波エネルギーの投入量を変化させ比較検討した。菌増殖の過程で，細胞をサンプリングし超音波破砕し，遠心して得た上清について二次元電気泳動で蛋白質発現を確認し，網羅的分析としてプロテオーム解析もおこなった。培養容器周辺の温度条件を制御するため，4℃のコールドルーム内でマルチモードのマイクロ波装置を使い，マイクロ波を照射しながら培養温度を37℃もしくは50℃で制御した。エアーポンプを用いて好気的条件下で種々の微生物細胞を培養した。微生物として，*E. coli* JM109株，*Flavobacterium* sp.，*Bacillus subtilis*，麹菌，酵母菌などを用いた。大腸菌培養につ

第 4 章 マイクロ波化学のバイオテクノロジーへの応用

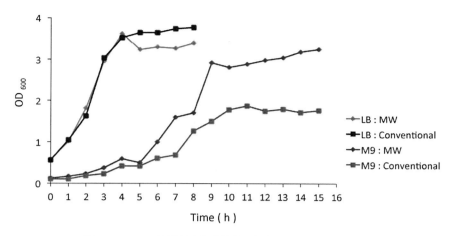

図3 マイクロ波照射大腸菌培養の濁度評価による増殖曲線

表2 マイクロ波照射培養での蛋白質発現の増減（左；LB培地, 右；M9培地）

対数増殖期に発現量が増加した蛋白質	発現量が増えた蛋白質
・Dihydrolipoyllysine-residue acetyltransferase component of pyruvate dehydrogenase complex ・Pyruvate dehydrogenase E1 component ・Glycerophosphoryl diester phosphodiesterase ・RNA polymerase alpha subunit ・D-ribose-binding protein	・Aldehyde dehydrogenase A ・Hypothetical protein ・Malate dehydrogenase
定常期に発現量が増加した蛋白質	発現量が減った蛋白質
・Heat shock protein ・EF-G	・Ribo nuclease G ・cysK protein ・Selenocysteinyl-tRNA-specific translation factor ・Aconitate hydratase

いては，M9培地ではマイクロ波によって増殖が促進されたが，LB培地では増殖は促進されなかった（図3）。マイクロ波培養によって発現量が増加した蛋白質を解析したところ，M9培地では，マイクロ波照射によって発現量が増加した蛋白質と，減少した蛋白質が見られた。二次元電気泳動の蛋白質については10個のスポットにおいて，LB培地では通常培養に比べて明らかに蛋白質の発現量が増加した。また，M9最少培地でも蛋白質の発現量が増加した。M9培地の細胞培養過程では，培養時間が経過するごとに増大する濁度は，コロニーカウントにより菌数の増加によるものであることも確認した。プロテオミクス解析によって表2に示すような蛋白質の増減が明らかとなった。

7 微生物の細胞破砕と蛋白質回収技術としてのマイクロ波照射

バイオ技術の一つとして，微生物の細胞内に生産された蛋白質や有用物質を安定に取り出す細

表3 マイクロ波細胞破砕による蛋白質回収

Strain	E.coli BL21						Flavobacterium sp.					
Metho	SO		MW1		MW2		SO		MW1		MW2	
Solble(S) or Insolble(I)	S	I	S	I	S	I	S	I	S	I	S	I
concentration (mg/ml)	2.94	1.14	1.96	1.46	2.06	1.23	3.64	1.30	1.84	2.06	1.87	1.49

胞破砕技術がある。細胞膜や細胞壁を破砕する方法として、浸透圧ショック法、酵素消化法、超音波処理、ホモジナイザーによる破砕など種々あるが、いずれも一長一短である。いずれの方法も、蛋白質の回収率や失活、スケール、試薬などのコストという問題を抱えている。最近、Hwangらは微生物へマイクロ波を照射したところ、微生物の細胞膜が破砕されたという電子顕微鏡写真を明らかにした[37]。そこで筆者らは、マイクロ波照射で細胞を破砕し、発現した蛋白質を効率的に回収する技術を確立することを目指した。破砕方法として超音波による方法（SO）とマイクロ波照射した方法（MW1, MW2）を用いた。菌破砕した試料を遠心分離によって可溶画分と不溶画分に分けて、蛋白質濃度をLowry法によって比較した。蛋白質濃度は、マイクロ波法よりも超音波法の方が高かったが、いずれの方法でも菌体が破砕された（表3）。

8 おわりに

マイクロ波化学をテクノロジーへ適用した研究として、酵素反応や微生物培養、あるいは蛋白質のアミノ酸配列や遺伝子配列解読技術に結びつけた研究をまとめた。マイクロ波応用技術の中にあっては、バイオ技術分野への応用はまだまだ始まったばかりである。分子生物学や生物医学などのライフサイエンス関連の実験プロトコールをまとめたデータベースとしてSPRINGER PROTOCOLSがあるが、microwaveをキーワードとして検索をかけると、現時点で、総数25000以上のプロトコールのうち、1600もの実験操作にマイクロ波加熱が何らかの形で利用されている[39]。その大半は、電気泳動用ゲルの加熱調製、培地の滅菌操作、あるいは乾燥操作の類であるが、いずれも手軽に加熱できるからという程度の理解で利用されているに過ぎない。しかしながら、マイクロ波照射が単なる加熱技術ではなく、マイクロ波加熱特有の効果やメカニズムがはたらいている可能性がある。ここで紹介した研究に加え、SPRINGER PROTOCOLSの実験操作の中にも、おそらくマイクロ波加熱でなければ、なし得ない技術があり、マイクロ波化学の研究対象となるようなテーマが数多く潜んでいる可能性がある。

また、バイオ技術分野へマイクロ波加熱を利用するにあたっては、マイクロ波エネルギーの高出力化や装置の大型化が必ずしも必須ではない。大スケールの細胞培養や物質生産などのバイオプロセスに関しては、装置の大型化は求められるところであるが、バイオ分析などの操作においては、ミリリットルやマイクロリットルスケールの容量で実験を進めることが大半である。よっ

第4章 マイクロ波化学のバイオテクノロジーへの応用

て，マイクロ波浸透深さの問題は無視できる。もちろん，容量が小さいことに関しては，マルチモードであればマイクロ波のムラが問題になり，シングルモードであっても，導波管内の反応容器の位置によっては，マイクロ波定在波の照射が不充分になることも危惧すべき点である。低容量に対応しつつ，しかも数Wから数十W程度の低出力で，バイオ技術分野へ特化したマイクロ波照射装置の開発が望まれる。さらに，マイクロ波周波数に関しては，まったく未知の領域である。このようにマイクロ波化学の対象としてのライフサイエンスやバイオテクノロジーの分野は，マイクロ波応用技術が進むべき一つの方向として大きな意味をもつ。これらの分野において，従来の加熱法とは一線を画すマイクロ波加熱のユニークな現象が発見され，技術展開されることが期待される。

文　　献

1) C. O. Kappe *et al.*, Microwaves in Organic and Medicinal Chemistry, Wiley-VCH (2012)
2) K. G. Kabza *et al.*, *J. Org. Chem.*, **61**, 9599-9602 (1996)
3) C. T. Ponne *et al.*, *J. Agric. Food Chem.*, **44**, 2818-2824 (1996)
4) R. Gedye *et al.*, *J. Tetrahedron Lett.*, **27**, 279-282 (1986)
5) J. R. Carrillo-Munoz *et al.*, *J. Org. Chem.*, **61**, 7746-7749 (1996)
6) A. M. P. Koskinen, A. Klibanov, Enzymatic Reactions in Organic Media, Blackie Academic & Professional (1995)
7) M. N. Gupta, Methods in affinity-based separation of proteins/enzymes, Birkhauser-Verlag (2002)
8) I. Roy, M. N. Gupta, *Curr. Sci.*, **85**, 1685-1693 (2003)
9) 大内将吉, 酵素開発・利用の最新技術, p.210, シーエムシー出版 (2006)
10) S. Bradoo *et al.*, *J. Bioche. Biophys. Methods*, **51**, 115-120 (2002)
11) G. D. Yadav, P. S. Lathi, *J. Mol. Catal. A: Chem.*, **223**, 51-56 (2004)
12) G. D. Yadav, P. S. Lathi, *Enzyme Microb. Technol.*, **38**, 814-820 (2006)
13) D. Yu *et al.*, *J. Mol. Catal. B: Enzym.*, **48**, 51-57 (2007)
14) P. Bachu *et al.*, *Tetrahedron: Asymmetry*, **18**, 1618-1624 (2007)
15) G. D. Yadav, P. S. Lathi, *Clean Technol. Environ. Policy*, **9**, 231-287 (2007)
16) A. N. Parvulescu *et al.*, *J. Catal.*, **255**, 206-212 (2008)
17) M. Kidwai *et al.*, *Beilstein J. Org. Chem.*, **5**, 10 (2009)
18) H. Zhao *et al.*, *J. Mol. Catal. B: Enzym.*, **57**, 149-157 (2009)
19) M. Happe *et al.*, *Green Chem.*, **14**, 2337-2345 (2012)
20) C. Pilissão *et al.*, *J. Braz. Chem. Soc.*, **23**, 1688-1697 (2012)
21) A. Basso *et al.*, *Int. J. Pept.*, 2009, ID362482 (2009)
22) D. D. Young *et al.*, *J. Am. Chem. Soc.*, **130**, 10048-10049 (2008)

23) R. K. Saxena *et al.*, *Curr. Sci.*, **89**, 1000-1003 (2005)
24) S. Zhu *et al.*, *Bioresour. Technol.*, **97**, 1964-1968 (2006)
25) S. H. Ha *et al.*, *Bioresour. Technol.*, **102**, 1214-1219 (2011)
26) J. M. Colins, N. E. Leadbeater, *Org. Biomol. Chem.*, **5**, 1141-1150 (2007)
27) H. Osoegawa *et al.*, Peptide Science 2004, 473-474 (2005)
28) J. R. Lill, Microwave-Assisted Proteomics, Royal Society of Chemistry (2009)
29) http://www.cem.com/sample-prep-for-amino-acid-analysis.html
30) D. Wakino *et al.*, Peptide Science 2008, 165-166 (2009)
31) H. Zhong *et al.*, *Nature Biotechnol.*, **22**, 1291-1296 (2004)
32) B. Reiz, L. Li, *J. Am. Soc. Mass Spectrom.*, **21**, 1596-1605 (2010)
33) M. Kojo *et al.*, Peptide Science 2011, 413-414 (2012)
34) C. Fermer *et al.*, *Eur. J. Phram. Sci.*, **18**, 129-132 (2003)
35) T. Yoshimura *et al.*, *Nucleic Acids Res., Symp. Ser.*, **50**, 305-306 (2006)
36) F. Celandroni *et al.*, *J. Appl. Microbiol.*, **97**, 1220-1227 (2004)
37) S. Hwang *et al.*, *Appl. Microbiol Biotech.*, **87**, 765-770 (2010)
38) V. Kothari *et al.*, *Res. Biotechnol.*, **2**, 63-72 (2011)
39) http://www.springerprotocols.com/

第5章 マイクロ波の特殊効果を利用した バイオマスの有効利用

東　順一*

1　はじめに

　人類は，発展を持続的に遂げるためには，過去・現在にも増して将来化石系資源から生物系資源への依存度を高めていく必要がある。生物系資源は再生産が可能で，カーボン・ニュートラルである特性があり，バイオオイル，バイオガスやバイオマテリアル源としての利用に期待が集まっている。背景として，化石資源の有限さと核エネルギーの危険性により，これらの資源の依存度を低減し，生物系資源への転換が急務となっていることが挙げられる。しかし，生物系資源は多種多様で季節性があり，その用途にあわせて利用技術もまた多岐にわたっている。従って，これからの生物資源の利用形態は，地球環境への負荷が小さいこと，永続性が確保されていること，汎用性があることおよび使用時の高性能と廃棄時の易分解性をあわせもつことが必要である。そのため，天然の生態系と調和した生物系資源の変換による利用法を確立することが肝要である。マイクロ波の利用はこれらの要件を満たす有力な方法であり，本項では，筆者の最近の取組について紹介する。

2　マイクロ波の特殊効果

　「マイクロ波」は，周波数が 30 GHz～300 MHz（波長で 1 mm～1 m）の範囲にある電磁波のことを指し，衛星放送，レーダー，通信，送電の他，日常的には電子レンジにおける加熱源などとして広く利用されている。IEEE（The Institute of Electrical and Electronics Engineers）により周波数に依存して分類されている他，無線通信以外の産業・科学・医療に高周波エネルギー源として利用するための周波数として ISM（Industry-Science-Mecical）バンドが指定されている。本項では周波数が 2.45 GHz（波長 12.2 cm）のマイクロ波を用いている。この周波数のマイクロ波を用いると，水分を含む物質がすばやく加熱されることでわかるように，極性分子を直接加熱することによる高効率で迅速な加熱特性を有している。従来の外部加熱と異なり内部加熱であり，加熱温度の恒常的な勾配を生ずることなく，化学反応時間の短縮化，反応の選択性の向上，反応条件の精密制御などをはかることが可能である。また，マイクロ波加熱は，照射の開始と終結を電気的なオン／オフにより簡単に実施することが可能で，操作性が高い。そのため，単なる

＊　Jun-ichi Azuma　大阪大学　大学院工学研究科　応用化学専攻　特任教授

加熱以外に，可溶化物の抽出や分解，有機合成などの幅広い用途が精力的に探索され，実用化されつつある。

　マイクロ波の生物系資源への利用はそのエネルギーの利用に他ならない。マイクロ波の吸収エネルギーは式(1)で示されるように，伝導損失，誘導損失，磁性損失の和で表される。植物系の資源は乾燥すると絶縁性が高くマイクロ波に対する感受性は低い。そこで，通常溶媒を用いて加熱する。従って，溶媒に対する対象物質の溶解度と溶媒の誘電損失の大きさが問題となる。後者の利用もマイクロ波の特性を利用していると言えるが，誘電損失以外の伝導損失や磁性損失の積極的な利用も新たな可能性を生む。近年マイクロ波加熱時に用いる媒体や添加物の特殊効果を利用することにより，変換に要する加熱条件の温和化・変換効率の向上が可能となってきている。マイクロ波加熱と従来の熱伝導による外部加熱との差を解く鍵もこれらの理解から得られると考えられる。そこで，本項ではマイクロ波の特殊効果に焦点を合わせて生物系資源の有効利用を図る取組みを紹介する。

$$P = \frac{1}{2}\sigma |E|^2 + \pi f \varepsilon_0 \varepsilon_\gamma'' |E|^2 + \pi f \mu_0 \mu_\gamma'' |H|^2 \tag{1}$$

　　P：単位体積当たりエネルギー損失（W/m³）　　E：電場（V/m）
　　H：磁場（A/m）　　σ：電気伝導度（S/m）　　f：周波数（s⁻¹）
　　ε_0：真空の誘電率（F/m）　　ε_0''：誘電損失
　　μ_0：真空の透磁率（H/m）　　μ_γ''：磁気損失

3　外部加熱に対するマイクロ波加熱の優位性

　筆者は，1980年代初頭から，マイクロ波加熱を用いて難分解性生物系資源の糖化を含めたリファイナリーについてパイオニアとして研究を行ってきている[1,2]。水を溶媒として用いた場合の結果は次の4つに要約される。①針葉樹の可溶化率は35-65％と高くないが，広葉樹と単子葉植物の可溶化率はそれぞれ70-80％および83-86％と高い。②キシランの可溶化は150℃以上の加熱により進行し，205℃付近で最適となり，99％が可溶化する。③セルロースの分解には230-240℃での加熱が必要で，酵素糖化率は69-81％である。④リグニンも低分子化し，分子量が3,000～8,000のフラグメントとなる。エタノール発酵のための前処理法の一つとしてマイクロ波加熱前処理法を位置づけすることができた。他にも同様の効果を有する手法があることから，マイクロ波加熱法の開発の当初から，熱伝導による外部加熱との差が問題となっていた。そこで，まずマイクロ波加熱法と水蒸気爆砕法および電磁誘導（IH, Inductive heating）法との比較検討の結果を紹介する。

3.1　マイクロ波加熱法と水蒸気爆砕法との比較

　マイクロ波加熱に匹敵する短時間（数分）の外部加熱法として水蒸気爆砕法を選択し，酵素糖

第5章 マイクロ波の特殊効果を利用したバイオマスの有効利用

化率などのパラメーターの比較を試みた。ブナの端材（20メッシュ以下の木粉）1 kgを水10 Lに分散させ，連続的にマイクロ波加熱[2]あるいはバッチ式[1,2]に水蒸気高温高圧加熱（3分間）した。加熱・放冷後，酵素糖化（基質濃度2%，酵素濃度0.2%，37℃，48時間処理）を行うとともに，残渣を凍結乾燥した木粉について官能基分析，リグニンの溶剤可溶性（メタノール24時間抽出量）を分析した。同じ酵素糖化率を得るためには，マイクロ波加熱法の方が低温で良いことがわかった[2]。また，リグニンの可溶化の程度に差が無いこともわかった。官能基分析の結果，COOH基含量に差は無く，酸性のヘミセルロース系多糖の分解による溶出のため加熱温度の上昇に伴って低下するが，マイクロ波加熱の場合の方が低い加熱温度で低下し，いずれも最終的に2 meq付近の値となった（図1，2；山下，東，未発表結果）。CHO基含量はリグニンによる影響が顕著と考えられ，水蒸気加熱処理した木粉中のCHO基は225℃以上に加熱した場合に急上昇した。リグニンの溶媒除去により低下するので，CHO基はリグニンに起因すると結論された。また，マイクロ波加熱の方が水蒸気加熱より低い加熱温度で，リグニンの分解の程度が低いにもかかわらず酵素糖化率が高い特徴がある。結論として，マイクロ波加熱の方が水蒸気加熱より低い加熱温度で，リグニンの分解の程度が低いにもかかわらず酵素糖化率が高い優位性が認められた。

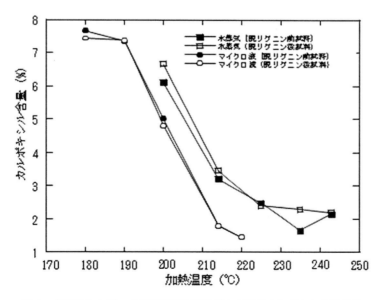

図1　水蒸気およびマイクロ波加熱処理ブナ木粉のカルボキシル基含量

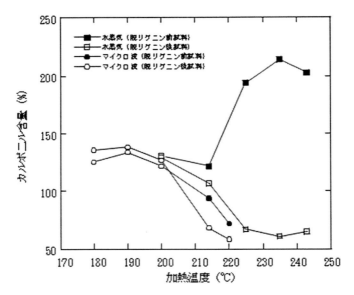

図2 水蒸気およびマイクロ波加熱処理ブナ木粉のカルボニル基含量

3.2 マイクロ波加熱法と誘導加熱法との比較

　誘導加熱法は電磁誘導の原理を利用して電流を流して，発熱させる方法で，一般にはIH調理器として普及してきている。最近，椿らは，バッチ式であるが，誘導加熱においてもマイクロ波加熱と同等の時間，温度で加熱処理できることを見出し，マルトースとセロビオースを両法の加熱処理条件を同一の濃度2.5％（w/v）の水溶液10 mL，溶媒到達温度までの加熱時間4分，加熱時間0-30分，放冷時間15分として処理し，分解性を比較検討した。その結果，最高グルコース生成量はセロビオースの場合，誘導加熱法では57.4％であったのに対してマイクロ波加熱法では68.0％と約10％の差で高いことを報告した[3,4]。マルトースの場合も同様の傾向が認められた。この原因として，誘導加熱の方が処理液のpHが低く，生成したグルコースの有機酸を含めた成分への二次分解の程度がマイクロ波加熱の場合より高いことに起因していると推測される。外部加熱で問題となる容器の壁効果である。先に述べた爆砕法における糖化率の低下現象は誘導加熱の場合と同様に糖の二次分解にあることが示唆される。

　以上のことから，糖の安定性は外部加熱の誘導加熱よりもマイクロ波加熱の方が高いと結論できる。

4　マイクロ波吸収材を利用した生物系資源の分解

4.1　活性炭の利用

　これまで炭素系材料は導電性でマイクロ波を良く吸収することが知られている。上記に示した

第5章　マイクロ波の特殊効果を利用したバイオマスの有効利用

伝導損失による加熱が起こる。炭素系の材料の内活性炭は脱色，脱臭作用も強く機能的である。そこで，マイクロ波加熱を用いた糖化を行う場合に活性炭を併用するとどのような効果をもたらすか考えてみたい。

　一般に，多糖の加水分解においては糖の二次分解率を可能な限り低くしたい。しかし，生物系資源の酸糖化の高効率化を図る場合には，酸に対する安定性に大きな差があるペントース系の多糖とヘキソース系多糖が共存しており，結晶しているセルロースも含まれているため，希酸・濃酸の二段階分解を別途に行うことが望ましく，加熱処理は避けられない。マイクロ波加熱により一段階糖化を行う場合にも当てはまる。さらに，生成してくる着色した二次分解物は次のステップである生物発酵を阻害する傾向が高いので，予め除去することが望ましい。これには活性炭の使用が推奨される。しかし，活性炭には分解して生成したオリゴ糖などを吸着する性質があり，マイクロ波加熱により分解途上にあるオリゴ糖が吸着することは収率アップを期するために望ましくない。松本らによる研究によると，活性炭に吸着されたオリゴ糖は安定化し，加水分解に対して抵抗を示す[5]。一般的に活性炭の単糖に対する親和性は低い。そこで，オリゴ糖に対する吸着力は低いが二次分解物に対しては親和性の高い活性炭の利用が望ましいと考えられた。

　上記した要求を満足する活性炭の探索を試みた結果，いくつか候補を見出すことができた。そこで，これらの活性炭をデンプンの懸濁水溶液に添加し，マイクロ波加熱を行ったところ，期待通りに糖化率はオリゴ糖の吸着能が低いほど高くなり，コーンスターチの場合では，糖化液の着色を抑制しつつグルコースへの糖化を 69.4％，210℃，5分加熱（活性炭の無添加）から 70.1％，180℃，5分加熱（活性炭の共存下）へと加熱条件の緩和化を図ることが可能であった（図3）[6]。また，粒状や破砕状の活性炭を用いると濾過操作は極めて容易であった。活性炭の糖化促進作用の原因として活性炭の伝導損失による局部的加熱（ホットスポット形成）が示唆された。さらに，

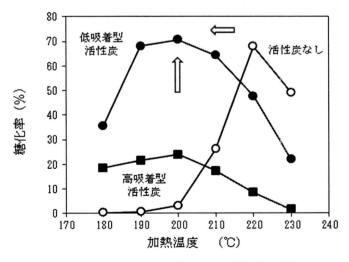

図3　コーンスターチの糖化に及ぼす活性炭の効果

表1 キャッサバパルプに及ぼす炭素素材の影響

炭素素材	グルコース収率(%)	炭素素材	グルコース収率(%)
低吸着型	48.9	未使用	30.7
グラファイト	41.5	36% H_2SO_4/C	70.8
単層-CNT	30.5	50% H_2SO_4/C	71.2
多層-CNT1	23.1	65% H_2SO_4/C	71.0
多層-CNT2	35.9	72% H_2SO_4/C	70.4
酸化処理 多層-CNT3			36.4

多層-CNT1：径50-100 nm，長さ5-15μm，電気伝導度≧10 S/cm
多層-CNT2：径8-15 nm，長さ30μm，電気伝導度≧102 S/cm
多層-CNT3：多層-CNT2を硝酸酸化によりCOOH化したもの

糖化の促進には多孔性であることが必須で，グラファイトやカーボンナノチューブでは促進効果は低かった（表1）[6,7]。カーボンナノチューブの場合，COOH化により促進効果が認められたので，表面電荷の寄与も考えられた。次に，この方法をキャッサバデンプンの製造過程で発生する農産廃棄物となっている難分解性のキャッサバパルプに適用した結果，糖化率を32.41%（230℃，5分加熱）から52.27%（210℃，15分加熱）に改善することができた[7]。

このように，活性炭の併用によりマイクロ波加熱処理の促進が認められたが，なお糖化率が低いので，活性炭に硫酸を担持したものを調製して表面電荷を改質し，その効果を分析した。その結果，硫酸担持活性炭は一種の固体触媒としても作用することが判明し，上記のキャッサバパルプの場合では50％担持物の場合に最高糖化率を71.2%（180℃，12分加熱）に向上することができた[8]。

以上の結果から，デンプン系の多糖については，増感剤の添加により糊化，液化，糖化の工程をワンポットでマイクロ波加熱により行えることが明確となった。一方，オリゴ糖に親和性の高い活性炭を用いると，逆にオリゴ糖の調製に利用できる利点もある。

4.2 イオン成分の利用

農産物植物系資源の特徴として，多糖が主成分であることは間違いないが，一般的に塩分を含む。乾燥地や水中，特に海水中に生息する植物は特に塩分含量が高い。塩分は解離すると電荷を持つので，誘電率を上昇させ，見掛け上溶媒の極性を高めたのと同様の効果が期待される。そこで，上記したマルトースとセロビオースの糖化時にアルカリ金属およびアルカリ土類の塩を添加してその効果を分析した。その結果，アルカリ金属塩のうちリチウム～カリウムの塩化物，臭化物はマイクロ波加熱の増感剤として作用し，頻度因子を高めることによって糖化率が向上することが明らかとなった[3,4]。塩化ナトリウムの場合ではその効果は0.1 M程度の濃度で十分であった。アルカリ土類の塩（塩化カルシウム，塩化マグネシウム）の場合においても同様の効果が認められた。しかし，効果の発現にはハロゲン塩であることが必要で，何故か硫酸塩，炭酸塩や酸

第5章 マイクロ波の特殊効果を利用したバイオマスの有効利用

化物では阻害的に作用した。このことは，塩化ナトリウムを約3％含む海水産の植物資源はマイクロ波加熱処理に適していることを意味しており，将来の利用への方向性を示唆している。

5 マイクロ波の特殊効果を期待した生物系資源の分解

上記したように伝導損失と誘電損失を主体とする効果に依存したマイクロ波加熱の優位性について紹介した。そこで，次に誘電損失と磁場損失を主体と考えられるマイクロ波特殊加熱について述べる。

生物系資源のリファイナリーによる利用の溶媒として水程安全な物は無い。水は比誘電率が約80.0であり，誘電加熱に適している。今，過酸化水素は有毒で危険な化合物であるが，比誘電率が水とほぼ同様で，分解すると水となるので環境的にはフレンドリーと言える。その作用は触媒の有無によって大きく変化することが知られている。金属触媒が存在すると，OH・（OHラジカル）が発生し有機化合物の分解に多用されている。特にFe^{2+}を用いたフェントン反応が有名である。しかし，触媒の非存在下では酸化反応が進行することが知られている。過酸化水素は酸性条件下では安定であるがアルカリ条件下で分解し易いため，紙の漂白等では一般にアルカリ性の条件下で利用されている。

マイクロ波反応場に過酸化水素を置けば，ラジカルの発生による磁性損失の寄与が期待できる。次に過酸化水素の存在が生物系資源にどのような作用を及ぼすかについて以下にまとめる。

研究の対象としてアカマツ，ブナおよびモウソウチク（60～80メッシュの粉末）を選んだ。まず，過酸化水素の濃度と溶液のpHの影響を分析した結果，アルカリ条件では可溶化率が低く

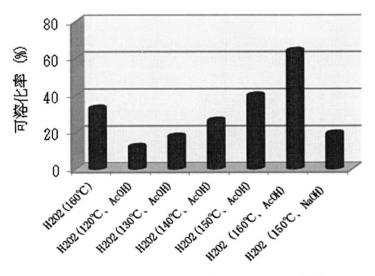

図4 マイクロ波加熱分解に及ぼす酸とアルカリの影響
（アカマツの木粉，10％ H_2O_2）

酢酸を添加して酸性条件下の方が分解は促進されることがわかった（図4）。また，10％の過酸化水素を用いると分解反応が顕著に進んだ。そこで，過酸化水のみを溶媒としてこれらの粉末の可溶化率の加熱温度依存性を分析した。その結果，160℃，5分（液比10：1）の加熱により，最大可溶化率はアカマツでは84.4％，ブナでは62.3％，モウソウチクでは63.6％となった。また，この処理で，リグニンもアカマツでは61.6％，ブナでは91.7％，モウソウチクでは46.3％が可溶化し，その分子量は約 6×10^3 であった。残渣はほぼセルロースのみとなった[9]。可溶化物にはヘミセルロースとセルロースの分解物が含まれていた。同様の分析をビール粕について行った。10％の過酸化水素中で140℃，5分間の加熱により可溶化率は79.8％に達した。灰分とリグニン含量からすると，糖質はほぼ全て可溶化することが可能となった[10]。

6 マイクロ波の迅速加熱の特徴を活かした有用成分の抽出

マイクロ波加熱法は上記したような分解系から抽出系への利用も注目されている。それは，先にも述べたように生物系資源はもともと水を含むので抽出にはこの水を媒体として利用できる利点があるからである。抽出のターゲットとして付加価値が高い物質ほど望ましい。この手法はマイクロ波支援抽出（MAE, microwave assisted extraction）と呼ばれ，ソックスレー抽出のような従来の方法と比較して，有機溶媒の使用量を低減したり，抽出時間を短縮したりすることにより，環境へのインパクトをより小さくすることができる。ここでは，処分が問題となっている温州ミカンの摘果果実のうち，特にフラボノイドが多く含まれる果皮に対してMAEを行い，迅速・効率的かつクリーンな方法での芳香族成分，特にヘスペリジンの抽出・分離について述べ

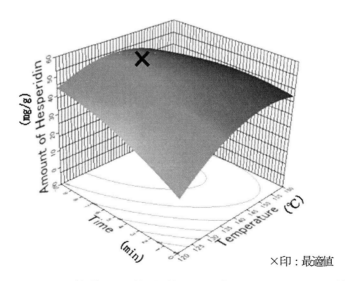

図5　マイクロ波加熱による摘果温州ミカン果皮からのヘスペリジンの抽出
（70％含水アルコール）

第 5 章 マイクロ波の特殊効果を利用したバイオマスの有効利用

る。抽出溶媒として，安価で無害なエタノールを用いて，多糖類の抽出を抑制し，芳香族化合物の選択的な抽出を行った（図5）。

その結果，マイクロ波加熱はヘスペリジンの抽出に対して高い効果を示した。70％含水エタノールを溶媒として温州ミカンの果皮を加熱すると，フラボノイド成分をほぼ定量的に抽出することが可能であり，しかも難溶性のヘスペリジンが加熱後冷却すれば結晶化してくるので分離に好都合であることがわかった[11]。ヘスペリジンの調製の最適条件は応答局面法を用いて，加熱温度 140℃，加熱時間 8.6 分と決めることができた（図5）[11]。付随的に共存するナリルチンの抽出にもマイクロ波加熱は有効であることも明らかとなった。

以上のように，マイクロ波加熱により，有用成分の抽出と回収・部分精製をワンポットで簡単に行えることを示すことができた。

7 まとめ

マイクロ波加熱を利用することによって通常の外部加熱では不可能であった抽出や分解反応を実現することが可能となってきた。連続式の加熱処理装置も世界に先駆けて我が国から発信することもできた[2,8]。マイクロ波加熱処理に関する研究と産業への利用は我が国がリーダーシップを発揮することができる領域である。今後のさらなる進展を期待したい。

文　　献

1) J. Azuma *et al.*, *J. Ferment. Technol.*, **62** (4), 377-38 (1984)
2) S. Tsubaki, J. Azuma, In Advances in Induction and Microwave Heating of Mineral and organic materials, ed. S. Grundas, InTech Education and Publishing, Vienna, Austria, 697-722 (2011)
3) S. Tsubaki *et al.*, *Procedia Chem.*, **4**, 288-293 (2012)
4) S. Tsubaki *et al.*, *Bioresour. Technol.*, **123**, 703-706 (2012)
5) A. Matsumoto *et al.*, GCMEA 2008 MAJIC 1st, Proceedings, 735-788 (2008)
6) A. Matsumoto *et al.*, *Bioresour. Technol.*, **102**, 3985-3988 (2011)
7) E. Hermiati *et al.*, *Carbohydr. Polym.*, **87**, 939-942 (2012)
8) J. Azuma *et al.*, *Procedia Chem.*, **4**, 17-25 (2012)
9) J. Azuma *et al.*, WO 2009/050883 A1
10) J. Azuma *et al.*, GCMEA 2008 MAJIC 1st, Proceedings, 763-766 (2008)
11) T. Inoue *et al.*, *Food Chem.*, **123**, 542-547 (2010)

【第4編　無機・金属合成】

第1章　非平衡反応場を利用したメゾスコピック組織形成と材料創製

滝澤博胤[*1]，福島　潤[*2]

1　はじめに

　無機材料創製における「マイクロ波プロセッシング」は近年急速に関心が高まりつつある分野である。家庭用電子レンジでは，マイクロ波のエネルギーを物質の熱エネルギーに変化させる，いわゆるマイクロ波加熱を用いている。マイクロ波加熱はマイクロ波照射によって物質自身を自己発熱させる手法であり（内部発熱・体積発熱），外部から熱伝導や輻射で加熱する従来型の加熱方法と大きく異なる。セラミックスの合成・焼結に代表される無機材料プロセスでは，一般的に高温・長時間の加熱を要するが，内部発熱・体積発熱の特徴を有するマイクロ波プロセスは加熱にかかる時間を短縮させうる点で省エネルギー型のプロセスである。

　本章では，マイクロ波加熱の特徴の一つである「選択加熱」による非平衡反応場を利用した無機材料プロセッシングの実例を紹介し，材料創製におけるマイクロ波の可能性について言及したい。

2　マイクロ波照射下における化学反応

2.1　選択加熱による非平衡物質拡散

　マイクロ波と物質の相互作用は物質固有の物性に基づくものであるから，相互作用の程度は物質により異なる。このことはマイクロ波照射下での化学反応において極めて重要な意味を持つ。

　A＋B→Cという化学反応を考えたとき，従来は「加熱」（外部の熱源から熱伝導により熱を加えるという意味で）という形で反応エネルギーを付加してきた。そのため，ビーカーやルツボなどの反応容器内は一様に加熱され，反応系（A＋B）も生成系（C）も同一温度下に置かれるのがこれまでの反応だった。このとき，熱力学的平衡の概念によって，組成，温度，圧力が定まると，安定な物質の状態は一義的に定まる。

　一方，マイクロ波照射下での化学反応は，従来とは異なる環境下で進行する。物質によりマイクロ波吸収特性が異なるため，マイクロ波吸収の強い高温の成分Aと，吸収の弱い低温の成分Bとの間で化学反応が進行する。この現象は選択加熱と呼ばれ，様々な非平衡組織・構造を生み

[*1]　Hirotsugu Takizawa　東北大学　工学研究科　応用化学専攻　教授
[*2]　Jun Fukushima　東北大学　工学研究科　応用化学専攻　助教

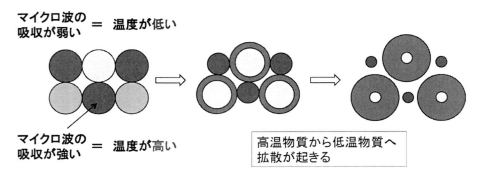

図1　マイクロ波照射下における選択加熱と一方向物質拡散の概念図

出す要因となる。図1に示すように，成分Aと成分Bの間に温度勾配が形成され，微視的スケールで熱非平衡状態が実現される。このとき，成分Aから成分Bへの一方向拡散[1]が生じ，非平衡生成物が形成されることが期待される。選択加熱下での非平衡反応は，平衡条件下では合成できない新規物質や新材料の合成に有効である。筆者らは28 GHz（波長10.7 mm）のマルチモード型マイクロ波照射装置をはじめ，2.45 GHz電磁界集中型マイクロ波照射装置，2.45 GHzマルチモード型マイクロ波照射装置，2.45 GHzシングルモード型マイクロ波照射装置を用い，新規材料合成を試みてきた。

3　マイクロ波照射による物質の形態制御

マイクロ波を利用した無機材料プロセッシングでは，反応系の少なくとも1成分が強いマイクロ波吸収を示す場合，その発熱によって反応を進行させることができる。既往の研究から，導電性を有する物質やフェライトなどの磁性物質が強いマイクロ波吸収を示すことがわかっており，遷移金属酸化物や半導体性物質，金属伝導性物質を含む材料系におけるプロセッシングに適している。

マイクロ波照射による物質の形態制御においては，物質の拡散速度，固容率等が重要なファクターとなる。先に述べたような強い選択加熱系では，物質間（ミクロスケール）の大きな温度勾配が駆動力となり，固相拡散速度や固容率が従来加熱法とは大きく異なる。本稿では，非平衡反応場としての選択加熱を利用したメゾスコピック組織の形成について述べる。

3.1　マイクロ波照射によるメゾスコピック組織形成

ナノ構造体形成は様々な薄膜デバイスやスピントロニクスなどの新機能発現における重要な要素技術である。ナノスケールの構造体形成法として，物理的手法としてはPLD法（パルス・レーザー・デポジッション）などによりナノ薄層を積層させる方法があるが，化学的手法には自己組織化を利用する方法がある。スピノーダル分解もその1つであり，固体状態で過飽和を実現し

第1章　非平衡反応場を利用したメゾスコピック組織形成と材料創製

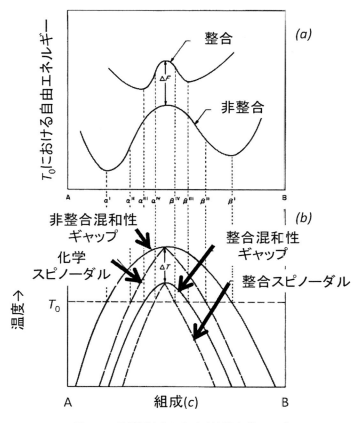

図2　二元系固溶体における溶解度ギャップ

（過飽和固溶体の形成），それがミクロ相分離する過程で様々なナノ構造体が形成される。

　過飽和固溶体からの相分離は，核生成・成長プロセスとスピノーダル分解に分けることができる。図2に示すような自由エネルギー曲線をもつ2成分系固溶体においては，自由エネルギーの二階微分が正の領域である準安定領域と，負の領域である不安定領域に分けることができる[2]。準安定領域では相分離の進行が自発的には進行せず，エネルギー障壁を越えるための大きなエネルギーの揺らぎを要するのに対し，不安定領域では相分離が自発的に進行する。準安定領域の相分離が核生成・成長プロセスであり，不安定領域の相分離がスピノーダル分解である。スピノーダル分解では濃度揺らぎによる変調組織が形成され，酸化物系ではnmオーダーの変調組織をもつ周期構造が自発的に形成される[3]。

　ある固体物質がもう一方の固体物質に溶け込むとき（固溶体の形成），原子サイズや親和性などの点から溶解度には限界がある場合が多く（固溶限界），それを越えて過飽和を実現するには非平衡条件を要する。マイクロ波照射下で起こる高速の一方向拡散は，特定成分が他の成分に向かって原子スケールで侵入するため，過飽和固溶体の実現に有効である。本研究では，典型的な

選択加熱系であり,かつ,スピノーダル分解を起こす系としてよく知られた SnO_2-TiO_2 系[3,4],ならびに希薄磁性半導体としてスピントロニクスデバイスへの期待が高い $ZnO-FeO_x$ 系[5]を取り上げ,マイクロ波照射による過飽和固溶体の形成とスピノーダル分解について調べた。

3.2 SnO_2-TiO_2 系

まず,SnO_2-TiO_2 系のマイクロ波照射結果について紹介する。まず,28 GHz マイクロ波(ミリ波)によって得られた試料の XRD パターンを示す(図3)。照射時間 900 秒で,ミラー指数(hkl)の $l \neq 0$ の条件を満たす回折ピークが分裂していた。これは,[001] すなわち c 軸方向にスピノーダル分解が生じたことを示している。通常,スピノーダル組織を形成するためには,固溶曲線の外側で一度固溶体を形成させた後,スピノーダル曲線の内側で熱処理をして相分離を進行させるという,2段階の熱処理が必要となる。一方,本研究での SnO_2-TiO_2 系の検討の結果,マイクロ波照射下では固溶体形成から相分離までが1ステップの熱処理で進行することが判明した[3]。また,2.45 GHz 電磁界集中型マイクロ波炉でも同様の実験を行った。SnO_2-TiO_2 混合粉を成型体に 600 W のマイクロ波を照射したところ,860℃,2分という低温・短時間で均一な固溶体が得られた。相図によると,1,430℃ 以上でなければ均一に固容しないため,固溶体形成に関してもマイクロ波の非平衡反応場が影響していると考えられる。メカニズムとしては,マイクロ波吸収の強い SnO_2 成分が選択加熱下で TiO_2 相に向かって一方向拡散し,そこで形成された過飽和固溶体(不安定相)が自発的に相分離してナノ積層組織(図4)を形成する機構が考えられる。

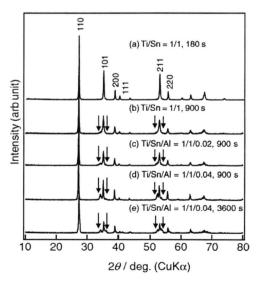

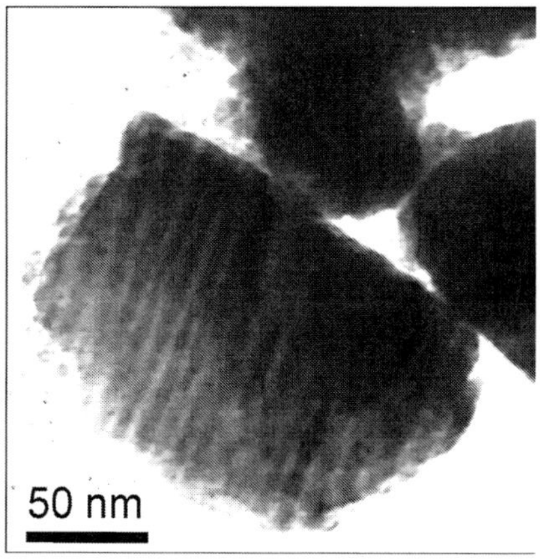

図4 SnO_2-TiO_2 二元系の相分離

図3 ミリ波照射による SnO_2-TiO_2 固溶体の XRD パターン

第1章　非平衡反応場を利用したメゾスコピック組織形成と材料創製

3.3　ZnO–FeO$_x$系

図5は，ZnOおよびFe$_2$O$_3$の混合粉末に大気中でマイクロ波照射を行った際に得られた試料のTEM観察像である。約40 nmの幅で濃度変調が見られ，TEM-EDXによる線分析の結果から，コントラストの明るい部分はFeリッチ相，暗い部分はZnリッチ相であることがわかった。この組織形成はスピノーダル分解によるものと考えられる。電子線回折からは，Znリッチ相はウルツ鉱型ZnOと同様の構造を示唆した。層状組織のZnリッチ相の高分解能TEM観察では，図6に示すようなzigzag状の変調組織を有する超格子構造の形成が確認された。この超格子構造はFe$_2$O$_3$(ZnO)$_m$で表わされるホモロガス化合物であり，4配位Zn/Fe-O層（FeZn$_m$O$_{m+1}^+$層）と6配位Fe-O層（FeO$_2^-$層）がc軸方向に積層した構造から成り，黒く三角波状に見える部分にFeが分布した構造であることがわかった[5]。

図5, 6に示したような層状組織では，磁気的なネットワークが形成されており，磁性半導体特性を生じている。固相反応法のような通常の合成プロセスにおいて，ZnO系でこのようなス

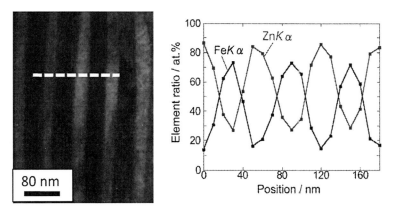

図5　マイクロ波照射後Zn-Fe-Oナノ構造体におけるEDSによる線分析結果

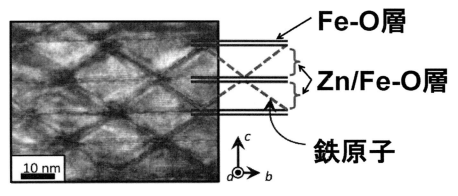

図6　ホモロガスFe$_2$O$_3$(ZnO)$_m$の自然超格子構造

ピノーダル分解が観測されたとの報告はない。これは、通常の固体間反応では、平衡状態における固溶限界以上に溶質成分を固溶させることができず、スピノーダル分解を生じさせる過飽和固溶体の形成ができないためである。

一方、マイクロ波照射下では、反応系成分のマイクロ波吸収特性の差によって微視的非平衡状態が実現され、過飽和固溶体の形成が可能になったと思われる。磁性原子を導入したワイドギャップZnO系材料を強磁性化させるためには、スピノーダル分解が重要な役割を果たしていることが指摘されており、本研究で示したようなZnO系におけるスピノーダル組織形成は半導体スピントロニクスの分野で重要となる。マイクロ波プロセッシングのような新たな非平衡反応場を導入することによって、これまでにないマテリアルデザインが可能になることに期待したい。

3.4 マイクロ波照射によるアモルファス組織形成

次に、マイクロ波照射によるアモルファス組織形成について紹介する。28 GHzミリ波炉を用いて種々のスピネルフェライト（$NiFe_2O_4$，$CoFe_2O_4$など）を加熱したところ、XRDピークが消失し、低角側にブロードなピークが出現した[6]。図7に、28 GHzミリ波照射後 $NiO+Fe_2O_3$ のXRDパターンを示す。照射後の物質の磁性はソフト化していた。さらに、反強磁性体であるはずの $ZnFe_2O_4$ を加熱したところ、他のスピネルフェライトと同様にアモルファスライクなXRDパターンが得られるとともに、強磁性的な性質を示した。ミリ波照射後 $ZnFe_2O_4$ のキュリー点は450 Kであり、マグネタイト（Fe_3O_4）の固溶によるものとは考えにくい。

28 GHzのミリ波照射実験のほかに、2.45 GHzマイクロ波照射によっても同様にアモルファスライクな組織が観察されている。Royらは、シングルモードキャビティを用いて実験を行い、マイクロ波磁場最大部分における強磁性体の加熱によりこのような組織が形成されるとの結果を示した[7]。また、常磁性体である TiO_{2-x} もこのような組織が形成されると報告しており、実際に

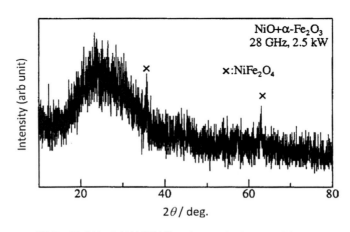

図7　28 GHzミリ波照射後 $NiO+Fe_2O_3$ のXRDパターン

第1章　非平衡反応場を利用したメゾスコピック組織形成と材料創製

筆者らも確認している[8]。強磁性物質・常磁性物質に対するマイクロ波照射の組織に対する効果については今後精査していく必要がある。アモルファス組織形成のメカニズムについては不明な点が多いが，マイクロ波照射下の物質拡散促進に起因する塑性変形がアモルファス組織形成に重要な役割を果たしていると考えている。

4　おわりに

マイクロ波プロセッシングは，省エネルギー型の熱源代替手法としての着眼が主であるのはもちろんだが，本章で述べたように，選択加熱下での非平衡反応場としての特徴は，材料創製の場として極めて魅力的である。メゾスコピック組織形成以外にも，BaTiO$_3$均一ナノ粒子の低温合成[9]，層状複酸化物の配向組織制御[10]，2成分系傾斜組織実現[11]等を達成してきた。材料合成の場としてのマイクロ波非平衡反応場に着目した展開が今後益々盛んになることを期待している。

文　　献

1) T. Kimura et al., *J. Am. Ceram. Soc.*, **81** (11), 2961-64 (1998)
2) J. Cahn and J. Hilliard, *J. Chem. Phys.*, **28**, 258 (1958)
3) H. Takizawa et al., *Chem. Lett.*, **37** (7), 714-715 (2008)
4) T. Aoyagi et al., *Mat. Trans.*, **49** (4), 879-884 (2008)
5) S. Katayose et al., *J. Ceram. Soc. Jpn.*, **118** (5), 387-389 (2010)
6) 木村禎一, 東北大学, 博士学位論文 (2001)
7) R. Roy et al., *Mater. Res. Innovations*, **6**, 128 (2002)
8) J. Fukushima et al., *Chem. Lett.*, **41** (1), 39-41 (2012)
9) R. Matoba et al., *J. Ceram. Soc. Jpn.*, **117** (3), 388-391 (2009)
10) S. Yanagiya et al., *Materials Science Forum*, 620-622, 185-188 (2009)
11) 滝沢博胤ほか, 材料の科学と工学, **45** (3), 83-87 (2008)

第2章　マイクロ波加熱利用による環境・材料技術

吉川　昇*

1　緒言

　1946年にマイクロ波で加熱ができることが発見されて以来，66年のマイクロ波加熱の歴史があり，これまでに種々の分野において数多くの研究がなされてきた。様々な応用の中で，主に2つのクラスにそれらを分類することが可能である[1]。

　1つ目は乾燥，調理，そして無機／有機合成化学反応の励起などのように，水や水溶液もしくは有機溶液等の液体加熱，およびそれらが関わる化学反応への応用である。これらは「マイクロ波化学」分野の主要な対象であり，現在も発展している。この分野では，ほとんどの水溶液および有機液体の沸点が低い（たとえば500℃程度以下）ため，加熱温度は（本書で紹介する応用に比較し）それほど高くない場合が多い。主にこれら溶液の加熱はマイクロ波電場による極性分子の回転によって引き起こされた誘電損失によって生じることが主に議論される（他の導電機構を有する場合も有るし，固体粒子などが関係する場合もある）。

　他方は金属を含む無機固体を扱う場合であり，金属やセラミックスの焼結，固相が関与する反応，固体の相転移（ガラス化または結晶化のような）に対する応用である。これらの場合，更に高い温度への加熱が必要である（500℃以上にもなりうる）。また金属のように導電性が高い物質や，強（フェリ）磁性体であることも多い（磁性流体は溶液であるが，磁性粒子を分散させたコロイドである）。また多くの酸化物は室温に比較し高温で導電性が大きくなることが知られている[2]。

　このようなことから，無機固体のマイクロ波加熱は誘電損失のほか，渦電流による誘電損失および，磁気損失による影響も多分に考慮する必要があると考えられる。これらの考察から，材料とマイクロ波磁界との相互作用の影響の理解が重要になる。このようにマイクロ波の加熱機構を分離して解釈するためには，シングルモードマイクロ波加熱装置を用いた研究を行うことができる[3,4]。

　本章では環境・材料分野への応用を考慮し，新規マイクロ波加熱プロセスとして，

(1) 材料のマイクロ波物性の温度変化を利用した高温までの効率的な加熱
(2) シングルモードマイクロ波キャビティーを用いた，マイクロ波電場／磁場分離印加および外部静磁場を印加した強磁性共鳴加熱に関し紹介する。

　(1)に関しては，酸化物においては誘電率が高温で急激に増加するという傾向を利用して，主に

---

*　Noboru Yoshikawa　東北大学　大学院環境科学研究科　准教授

第2章 マイクロ波加熱利用による環境・材料技術

環境プロセスへの応用を試みた。金属生産において発生する副生物の処理や有価金属の回収を目的にマイクロ波加熱プロセスの有効性に関して検討を行った。本稿においては，主にスラッジの処理に関する応用を述べる。(2)に関しては，マイクロ波加熱を議論する上で加熱機構の分離を行う基礎研究であるが，それと共に特殊な加熱効果を見出すことを意図した。主に金属薄膜や粉末の加熱においては，マイクロ波磁場の影響が重要であることを後で述べると共に，これを薄膜プロセス等の材料プロセッシングに応用した例を紹介する。またマイクロ波磁気加熱の本質に関して調べるために，強磁性共鳴を利用した加熱に関する実験を行った結果を紹介する。

2 新規マイクロ波加熱プロセスに関する基礎研究

2.1 酸化物の誘電率温度依存性と急速加熱

マイクロ波加熱においては，物質により加熱挙動に相当な相違がある[5]。図1にはグラファイト (C)，NiO，Cr_2O_3 のマイクロ波加熱における温度変化を示している。グラファイトの場合，マイクロ波の照射と共に迅速に温度上昇が観測されるが，NiO，Cr_2O_3 においては潜伏期を経た後に急速な加熱が生じる。これは，酸化物結晶における誘電率の温度依存性が大きいことによるものであるが，その誘電損失には種々のメカニズムが存在する。高温において格子欠陥が導入され，それに伴って形成される電気双極子による誘電緩和や，導電率の増加も影響があると考えられる。

たとえばNiOの場合，導電率が室温から800℃の間で非常に大きな変化が生じる。NiOは酸素過剰型半導体であり，電荷キャリーである正孔は式(1)のような反応により生成し，それは各温度 (T) において，式(2)のように平衡定数 K(T) が表される。これを用い式(3)のように導電率 σ が表される。K(T)（正孔濃度 p）には大きな正の温度依存性があるため，導電率の増加が高温で著しい。また導電率には酸素分圧 P_{O2} の依存があることも注意すべきである。

$$1/2\ O_2 = O_O^\times + V_{Ni}'' + 2p \tag{1}$$

$$K(T) = [V_{Ni}'']p^2 P_{O2}^{-1/2} \tag{2}$$

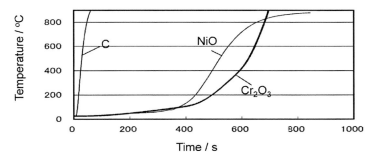

図1 C，NiO，Cr_2O_3 のマイクロ波加熱挙動 (2.45 GHz, 700 W マルチモード)[5]

マイクロ波化学プロセス技術Ⅱ

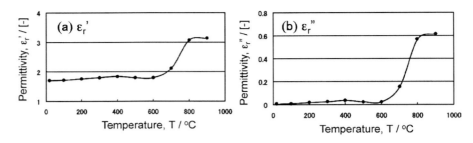

図2 ソーダ石灰ガラスの(a)誘電率および(b)誘電損率の温度依存性[7]

$$\sigma = |e| \mu_p (2K)^{1/2} P_{O2}^{-1/2} \tag{3}$$

ここで，$O_O^\times$は正規位置の酸素を意味し，$[V_{Ni}'']$は2価のNiの空孔濃度を表す。eは電子の電荷である。ところで物質の誘電率は式(4)のように記述することができるが，誘電損率である虚部は，誘電損失による寄与（ε''）と導体損失による寄与（σ/ω）によると考えられる。これらをマイクロ波周波数域で実験的に分離することは容易ではない。

$$\varepsilon = \varepsilon' - i(\varepsilon'' + \sigma/\omega) \tag{4}$$

上述のように誘電損失は欠陥を含むイオン配列において電気双極子が形成され，それがマイクロ波電場により運動することに起因する。一方導体損失は，電子（正孔）の移動が長範囲で生じ，その際に格子振動との散乱が生じ，電気抵抗によるジュール加熱を生じることに起因する。

酸化物が持つこのような誘電率の温度依存性は，高温でマイクロ波吸収の度合いが大きくなることを示しており，高温反応等を励起するためには好都合である。マイクロ波吸収効率が高温で大きくなるためエネルギー的に有利となる。しかしながらこれは熱暴走（Thermal runaway[6]）を引き起こす原因でもあり，加熱プロセスの制御性という点においては，考慮が必要となることが指摘される。

このため高温における誘電率測定が重要であるが，実験は必ずしも容易ではなく，系統的なデータ集約が望まれるところである。図2にはソーダ石灰ガラスの誘電率の900℃までの測定データを示しているが，600℃以上においては誘電率および誘電損率ともに増加することが分かる。

このような高温での誘電率測定は，同軸導波管法や空洞摂動法等により行われるが，高温における導電率（少なくとも直流導電率の測定）結果と比較した上で，加熱メカニズムについて，詳細に検討する必要があると考えられる。

2.2 電場／磁場分離加熱

シングルモードキャビティー，もしくは終端を金属壁で閉じた導波管内で生じた定在波においては，図3のような電場と磁場の分布が生じ，それぞれの場が最大となる位置が異なっている。

第2章　マイクロ波加熱利用による環境・材料技術

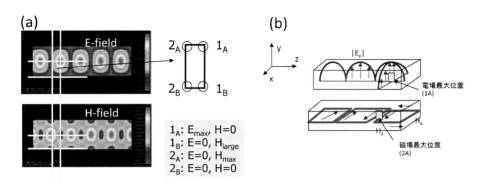

図3　(a)TE10 シングルモードキャビティー内の電場（E），および磁場（H）分布（シミュレーション），(b)TE103 キャビティー内の電場磁場分布と試料の配置位置

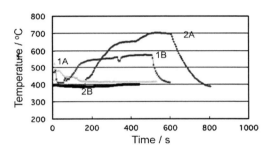

図4　シングルモード加熱装置内の各位置における Fe 粉末の加熱挙動[4]

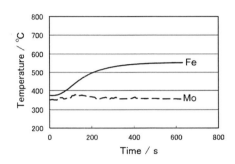

図5　直径 5 mm の Fe，Mo 球のシングルモード磁場最大位置における加熱挙動

　これらの位置に十分小さい試料を置くと，電場と磁場を分離して加熱することが可能となる[8]。
　図4には，粒径 70 μm の鉄粉を，上記のキャビティー内の異なる位置で加熱を行ったときの昇温曲線を示している。本温度測定においては，光学的手法を用いているため，400℃以下の測温結果が表示されていない。このような特殊な配置においては電場および磁場により試料の加熱のされ方が異なることが分かった。この中で磁場が最も高い 2A の位置において最も良く加熱が生じ，電場が高いところではあまり加熱されないことが分かる。この点に関しては，3.1 において，金属薄膜加熱に関して述べるように，導電体においては，マイクロ波磁場により有効に誘導電流が生じるためである。
　図5は，直径 5 mm の球を磁場位置で加熱したときの昇温曲線であるが，金属内にマイクロ波が浸透できる距離はミクロンオーダーであり，直径がミリメータサイズの粒子は加熱されにくい[9]。Mo の場合，温度が上がりにくかったが，Fe の粒子は温度が上がった。これは 2.3 に示す磁性に依存した加熱機構があり，その影響が大きいためであるとも考えられるが，詳細に関してはさらに検討を要する。

209

2.3 強磁性共鳴（FMR）加熱

本章では，マイクロ波の磁気損失とは，マイクロ波磁場による誘導電流によるジュール損失によるものではなく，強（フェリ）磁性に関係した特有の磁気損失機構のことを示す。フェライトの高周波損失においては自然共鳴現象が存在し，これが磁気損失の原因となっていることが知られている。

本研究においては，図6に示す実験装置のようにシングルモード内の5.8 GHzマイクロ波磁場に垂直に外部静磁場を印加することにより強磁性共鳴を起こさせ，これによるエネルギー吸収と発熱およびそれに及ぼす種々の因子について調べた[10~12]。

図7に示すように，始めに外部磁場を印加せずにマイクロ波磁場強度の高い位置で400℃に加熱保持した後に磁場を印加して行ったところ，温度が上昇し0.15 T程度において最大となった。磁場を減じていく過程においても同じ磁場において温度が高くなることが分かる(a)。印加磁場と温度との関係のプロット(b)からも確認できる。(c)には，入射電力と反射電力の変化をプロットしているが，共鳴磁場付近（丸印付近）で反射電力が低くなり，マイクロ波の吸収が生じていることが分かる。試料形状による反磁場の影響を考慮することにより，Kittel共鳴の式(5)により共鳴（外部）磁場（H_r^{ext}）を予測することができた。

$$\omega_r = \gamma \sqrt{\left[H_r^{ext} + \frac{1}{\mu_0}(N_y - N_x)I_s\right] \times \left[H_r^{ext} + \frac{1}{\mu_0}(N_x - N_z)I_s\right]} \tag{5}$$

ここで，外部磁場をz方向に印加すると仮定し，共鳴周波数 ω_r = 5.8 GHz，μ_0 真空の透磁率，γ ジャイロ回転比，N_x，N_y，N_z は反磁場係数である。図8に示すように初期設定温度がキュリー温度に近づくほど，FMRによる温度変化は小さくなり，また共鳴磁場が高くなることを示している。共鳴周波数 ω_r を固定すると，これは飽和磁化（I_s）が温度上昇とともに減少するため，H_r^{ext} が大きくなるためであると考えられる[10]。

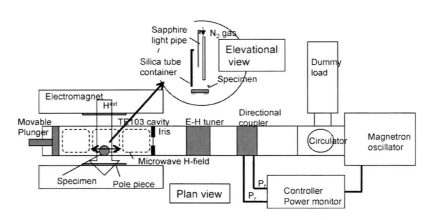

図6　静磁場印加による強磁性共鳴加熱装置[10]

第2章　マイクロ波加熱利用による環境・材料技術

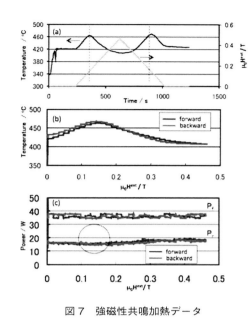

図7　強磁性共鳴加熱データ

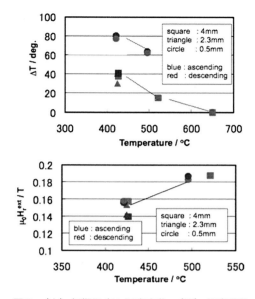

図8　（上）初期温度と温度変化，（下）共鳴磁場の初期温度による変化

3　新規マイクロ波加熱プロセスの応用に関する研究

3.1　製鋼副産物（Cr含有スラグ，ステンレス酸洗スラッジ）からの有価金属の回収

　鋼の製造過程において生じる副産物としてスラグ，また鋼の圧延時に生じる表面酸化膜の酸洗除去廃液に由来するスラッジ等がある。ステンレス鋼の酸洗スラッジの場合，Feの他にNiやCrのような有価金属が含まれており，それらの回収が重要な課題である。金属は主に酸化物として存在（スラッジの場合，脱水，仮焼後酸化物に変わる）する。熱力学によれば，Ni酸化物の還元温度に比較しCr酸化物の還元には高温を要する。式(6)，(7)に示す反応においては1200℃以上の高温が必要である。

$$2Cr_2O_3(s) + 3C(s) 4 = 4Cr(s) + 3CO_2(g), \Delta G^0 < 0, T > 1253°C \tag{6}$$

$$Cr_2O_3(s) + 3C(s) = 2Cr(s) + 3CO(g), \Delta G^0 < 0, T > 1531°C \tag{7}$$

　一方，Cr_2O_3やNiOのマイクロ波加熱においては，図1に示したように誘電率が大きな温度依存性を有することが分かっている。すなわち高温になると急激にマイクロ波を吸収するようになり温度の上昇が生じる。Cr含有スラグと，Ni，Cr含有スラッジにグラファイトを添加し，マイクロ波マルチモード加熱装置において還元を行った。図9には還元されたスラグとスラッジのSEM像を示す。この中に白く見える領域が存在するが，これらが還元された金属粒子である。No.1～3のEDX分析結果を表1に示す。

　図より還元金属（合金）が得られたことが分かる。Crの還元温度は熱力学から予想される温

マイクロ波化学プロセス技術 II

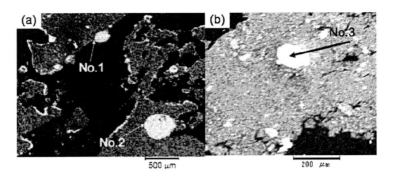

図9　マイクロ波加熱還元された(a) Cr 含有スラグ（1000℃, 10 min）および(b) Ni, Cr 含有スラッジ（900℃, 10 min）の SEM 写真[5]

表1　SEM 像中の各位置における EDX 分析値（at%）

Specimen	Analyzed position	Fe(bal.)	Cr	Ni
Slag	No. 1	86.7	13.3	—
Slag	No. 2	49.8	50.2	—
Sludge	No. 3	58.3	7.8	33.9

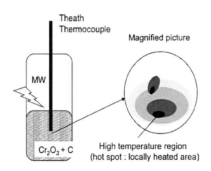

図10　局所加熱の模式図

度より低いが，これは熱電対で測温する場合，その局所な温度を測定しており，選択加熱により生じる Cr_2O_3 の微視的な温度とは一致していない可能性がある。これは図10に模式図を示すように，局所的に高温領域（hot spot）が生じ，これにより Cr, Ni 酸化物において急激な温度上昇が起きた可能性がある。このため測定温度では熱力学平衡では不可能と考えられる還元反応が起きた可能性がある。この原因としては微視的なアーキングが生じた可能性もある。しかしながら視点を変えると，Ni や Cr を含む必要部分のみが局所的に加熱されれば全体的に低温，短時間プロセスが可能となり，省エネルギーにも有効であると考えられる[5]。

3.2　金属薄膜のマイクロ波磁場加熱による迅速熱処理

金属薄膜は，集積回路の配線等において重要であるが，スパッター法などを用いて蒸着したま

第 2 章　マイクロ波加熱利用による環境・材料技術

まの状態では結晶粒径が小さく，電気抵抗が大きい。このため迅速に熱処理を行い，基板等にダメージを与えることなく，導電性を向上させる熱処理が望まれる。2.45 GHz シングルモードマイクロ波加熱装置内（図3）に SiO$_2$ 基板上に蒸着した Au 薄膜試料を設置し，加熱を行った。図 11 に示すように，マイクロ波電場においては 880 W で最大 500℃ 程度までしか温度が上がらなかったが，磁場においては 220 W でも 700℃ 程度まで昇温できた。2.2 でも述べたように磁場においては，誘導電流を有効に発生させることができるためであると考えられる。図に示すように膜厚が大きいほど，温度が上昇した。どの場合も膜厚はマイクロ波の表皮厚さ以内であり，発熱が生じる体積が大きいほど，温度上昇が起こりやすかったと考えられる。

次に(a) As-dep. と(b) E-field, (c) H-field で 500℃，1 分間加熱した Au 薄膜の XRD プロファイルと SEM 像をそれぞれ図 12，13 に示す。As-dep. 状態においては回折ピークが非常にブロードであったが，熱処理によりピークがシャープになり，バックグラウンドも小さく結晶性が向上していることが示される（図 12）。

また図 13 によれば加熱中に粒成長が生じ，膜表面の結晶粒が滑らかになっていることが分か

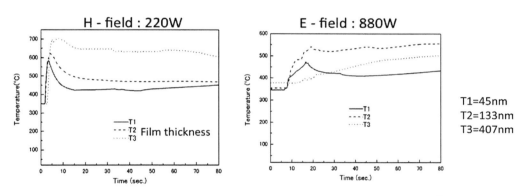

図 11　異なる膜厚を有する Au 膜の電場／磁場分離加熱における昇温曲線[13]

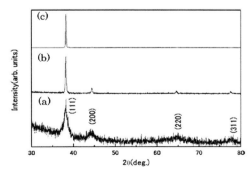

図 12　(a) As-dep.，(b) E-field，(c) H-field で加熱した Au 薄膜の ZRD プロファイル

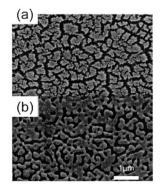

図 13　(a) As-dep.，(b) H-field 加熱した Au 薄膜の SEM 写真

213

る。このような処理は，PZT/Pt/Ti/SiO$_2$/Si 多層膜中の Pt, Ti 金属膜の加熱にも応用され，ゾルゲル法で成膜したPZT（チタン酸ジルコン酸鉛）の結晶化を迅速に行うことができた[14]。

4　結論

　新規マイクロ波加熱法として①物質誘電率の温度依存性を利用する方法および②電場／磁場分離加熱を利用する方法を紹介した。前者の応用例としては，製鋼副産物からの有価金属還元回収プロセスにおいて局所加熱を引き起こすことにより，全体としての低温，短時間化に有効であることが示された。また強磁性共鳴を利用した加熱についても調べることができた。後者の応用例として，金属粉末や金属薄膜の磁場加熱により高い加熱効率が得られることを確認した。この特殊加熱を利用することにより今後，材料の特殊プロセッシングとしての応用が更に拡大すると考えられる。

文　　献

1) D. Agrawal, in his talk at JIM Symp., Fall Annual Meeting, Hiroshima, Japan (2005)
2) W. D. Kingery et al., Introduction to Ceramics, 2nd Ed., p.240, John Wiley and Sons, New York (1975)
3) R. Roy et al., *Mat. Res. Innovat.*, **6**, 128-140 (2002)
4) N.Yoshikawa et al., *Mater. Trans.*, **47**, 898-902 (2006)
5) N. Yoshikawa et al., *ISIJ Int.*, **48**, 697-702 (2008)
6) Microwave Processing of Materials, ed. by Committee on Microwave Proc. of Mater:An Emerging Industrial Technology, p.23, National Academy Press, Washington D.C. (1994)
7) N. Yoshikawa et al., *Mater. Trans.*, **50**, 1174-1178 (2009)
8) 吉川昇解説,「金属のマイクロ波加熱の基礎と応用」, まてりあ（日本金属学会会報），第48巻，1号, 3-10 (2009)
9) N. Yoshikawa, in talk at JIM Spring Annual Meeting, Tokyo (2006)
10) N. Yoshikawa and T. Kato, *J. Phys. D: Applied Physics*, **43**, 425403 (2010)
11) T. Kato et al., *Jpn. J. Appl. Phys.*, **50**, 033001-1-5 (2011)
12) N. Yoshikawa et al., Proc. of the 4th Asian Workshop and Summer School of Electromagnetic Processing of Materials（EPM）, 231-234 (2010)
13) Z. Cao et al., *J. Mater. Res.*, **24**, 268-273 (2009)
14) Z. J. Wang et al., *Appl. Phys. Lett.*, **92**, 222905-1-3 (2008)

第3章 製鉄スラグ・耐火物のリサイクル／高付加価値化

森田一樹*

1 はじめに

　鉄鋼の製造に伴い，鉄鉱石を還元する製銑プロセス，およびその後の精錬を行う各製鋼プロセスにおいて，あるいはスクラップ原料を用いた場合にも電気炉製鋼プロセスにおいて，大量のスラグを発生する。特に高炉－転炉法では，生産される鉄とほぼ同体積のスラグが排出され，年間1億トンを上回る粗鋼を生産する我が国においては，スラグの処理，有効利用は極めて重要な課題であり，現在でも㈳日本鉄鋼協会の諸研究会や鉄鋼スラグ協会などで，研究や用途開拓が進められている。

　我が国では，2,500万トンを発生する高炉スラグは，セメント原料，コンクリート骨材，地盤改良等に有効に製品として利用されているが，石炭飛灰など，他のリサイクル資材との競合や土木工事の減少による需要の低下などが懸念され，新たな用途の開拓や付加価値の向上が望まれている。

　一方，年間1,000万トン以上発生する製鋼スラグは，高炉スラグに比べ成分中に多量の鉄，未利用の石灰分，りん等の不純物を多く含み，そのスラグ組成はチャージや製鉄所によって様々である。現状では一部が埋め立て工事用，土木建設用，高炉操業への再利用などに利用されているものの，安定した需要は望めず，積極的に資源として有効利用されているとは言い難い。

　ここでは，マイクロ波処理による双方のスラグ，さらには各精錬プロセスの反応容器に用いられる耐火物廃材の資源化，高付加価値化の可能性が示された研究例を述べる。

2 マイクロ波—水熱反応による高炉スラグの改質[1]

　製鉄プロセスでは大量の熱が排出されるが，300℃以下の低温排熱はほとんど利用されておらず，このエネルギーの有効利用はCO_2排出量低減の観点からも非常に重要である。最近では，無機材のリサイクルや廃棄物処理の技術として水熱反応が応用されており[2]，例えば粘土を主原料として高強度の調湿建材が作られている[3]。そこで，水熱反応による高炉スラグの改質を目的として，種々の水熱条件下で高炉スラグの水熱反応機構を検討するとともに，水熱反応とマイク

---

*   Kazuki Morita　東京大学　生産技術研究所　サステイナブル材料国際研究センター
    センター長，教授

マイクロ波化学プロセス技術Ⅱ

表1 高炉水砕スラグの組成[1]　　(mass%)

	SiO$_2$	CaO	Al$_2$O$_3$	MgO	S	Others
BF slag	34.5	43.2	14.0	4.5	1.4	2.4

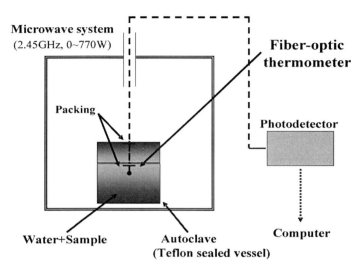

図1 マイクロ波-水熱処理の実験システム[1]

ロ波とのシナジー効果を明らかにするため，水熱処理とマイクロ波照射を併用して高炉スラグのマイクロ波-水熱反応について調査された結果を以下に示す。

出発試料として試薬CaCO$_3$を焼成して得たCaOと試薬SiO$_2$の混合粉末および表1に組成を示す高炉スラグ水砕粉末を用い，試料をマイクロ波が透過するテフロン製の密閉容器中で，図1に示すマイクロ波照射装置（2.45 GHz, 0～770 W）内でマイクロ波-水熱処理（M-H法）が行われた。

高炉スラグのマイクロ波-水熱処理においては，水熱生成物としてトバモライトが確認された。図2に合成トバモライトを100％基準として測定した高炉スラグ中トバモライトの生成率を処理温度と処理時間に対して示すが，水熱処理温度が230℃，処理時間が8～10時間のときに最もトバモライトの生成率が高く，約65％程度となっている。また，200℃の場合で，10時間水熱処理を行った場合は生成率が25％程度であった。この結果から水熱処理温度の上昇とともに生成率が増加することが確認された。

マイクロ波-水熱反応の場合，従来の方法では水熱相の生成は確認できなかった温度，時間において，トバモライトの主ピークが見られており，200℃では8時間，230℃では3時間程度で高炉スラグから水熱相の生成が確認された。なお，従来法（C-H法）とマイクロ波を用いた水熱処理法を比較するため，水熱温度200℃において処理時間の変化によるトバモライトの生成量を内部標準法により評価した結果を図3に示す。マイクロ波照射を伴うことにより，非常に早い段

第3章　製鉄スラグ・耐火物のリサイクル／高付加価値化

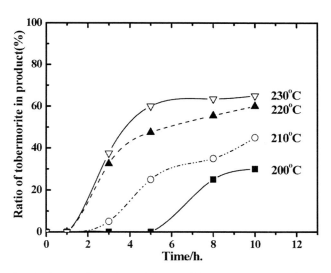

図2　処理温度および処理時間と高炉スラグ中トバモライトの生成率の関係[1]

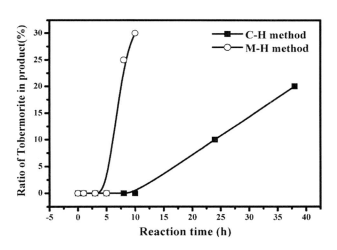

図3　従来法とマイクロ波－水熱処理によるスラグ中トバモライトの
　　　生成率の経時変化（200℃）[1]

階からトバモライトが生成することが確認された。従来の水熱反応においては33時間程度で生成率が20％であるのに対し，マイクロ波－水熱反応の場合，約7時間で到達している。

図4に示すように，トバモライト自体が，マイクロ波照射により加熱されることから，マイクロ波－水熱反応により高炉スラグ表面で生成した微量のトバモライトがマイクロ波をさらに吸収して局所的に高温となり，図5のように水熱反応が促進されるものと考えられる。

このように，製鉄所の低温排熱を用いた水熱反応による高炉スラグの改質において，マイクロ波照射がプロセス時間の短縮に効果的であることが示唆される。

マイクロ波化学プロセス技術 II

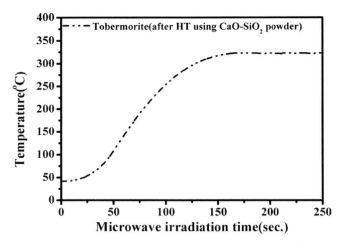

図4　マイクロ波照射によるトバモライトの温度変化[1]

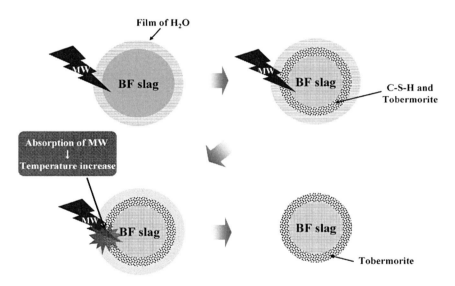

図5　高炉スラグのマイクロ波－水熱条件中での水熱反応機構[1]

3　製鋼スラグの加熱挙動と資源回収[4,5]

　肥料の重要成分であるりんに着目し，代表的製鋼スラグである $CaO-SiO_2-Fe_tO$ 系酸化物のマイクロ波による加熱を試み，スラグ中に含有する鉄とりんの還元回収が試みられた結果について示す。

　スラグ（一部の実験では P_2O_5 や還元剤であるグラファイトを添加）約 10 g に 1,600 W，2.45 GHz のマイクロ波を照射した。2種類の組成のスラグ（mass%CaO/mass%SiO$_2$＝1，mass%Fe$_t$O＝67

第3章 製鉄スラグ・耐火物のリサイクル／高付加価値化

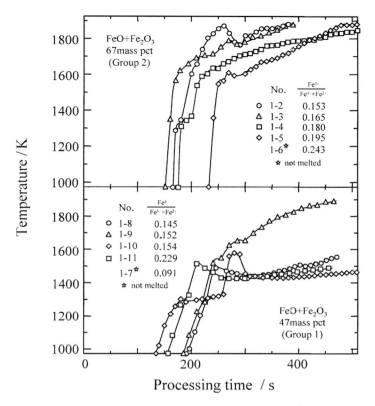

図6 各模擬製鋼スラグのマイクロ波加熱挙動[4]

または47）は図6に示すように，多くの場合3～4分で1,273 K以上に加熱される。また，加熱速度は初期スラグ中の鉄の酸化状態（2価，3価の割合）に大きく依存し，それぞれFe^{3+}/Fe^{total} = 0.166，0.153の時最大となったが，それは誘電損失の大きい$CaFe_3O_5$相が最も多く存在したためであることが明らかになった。このことからも，酸化物の種類，結晶相によってマイクロ波の加熱挙動が著しく異なっている。

一方，マイクロ波との相互作用で導電性物質の表面にはジュール加熱が見られ，比表面積の大きい粉末状では効率よく加熱される。製鋼スラグに導電性物質であるグラファイト粉を還元剤として添加しマイクロ波を照射したところ，スラグ組成にかかわらず加熱速度は上昇し，実験後のスラグ下部に(1)式に示す反応により，Fe-C合金が還元生成した（図7）。

$$FeO（スラグ中）+ C \rightarrow Fe（Fe-C合金中）+ CO \qquad (1)$$

試料のC当量（被還元酸素に対する炭素のモル比）と昇温速度には正の相関が見られ，スラグから還元生成された鉄およびりんの回収率はC当量の増加と共に向上し，C当量1.5では95%の鉄が還元回収された（図8）。りんを0.8 mass%含むスラグを用いて，1,873 Kに到達後3分間

マイクロ波化学プロセス技術Ⅱ

図7 マイクロ波処理で模擬製鋼スラグ中に還元生成した Fe-C-P 合金
（C 等量 1.5，照射時間 7 分）[5]

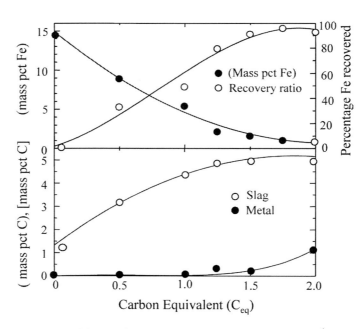

図8 模擬スラグの Fe の還元挙動に及ぼす C 等量の影響[5]

第3章　製鉄スラグ・耐火物のリサイクル／高付加価値化

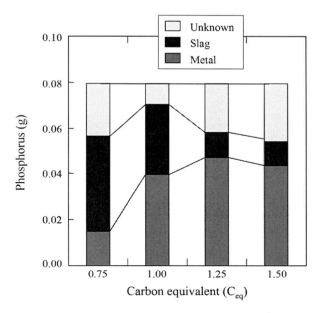

図9　りんの物質収支に及ぼすC等量の影響[5]

マイクロ波加熱を行った時のC当量とりんの物質収支の関係を図9に示す。

$$P_2O_5(スラグ中) + 5C \rightarrow 2P(Fe-C合金中) + 5CO \quad (2)$$

C当量の増加と共に，(2)式により還元されるりんの割合が増加し，C当量約1.25以上で55～60%でほぼ一定になっている。未知の部分は気化脱りんが起きた気相中への散逸と考えられ，局所的に高温になるグラファイト表面温度が測定温度よりも高いためと類推される。これらの結果と得られた鉄合金からのりんの回収法を検討した結果，製鋼スラグの資源（鉄，りん）回収の可能性が示唆された。

4　MgO系廃棄耐火物の資源化[6]

Mg系脱硫剤による溶銑脱硫処理は溶銑温度低下の抑制，発生スラグ量低減の点で優れているが，蒸気圧が高いため利用効率は決して高くない。そこでMgの有効な供給方法としてMgOからマイクロ波加熱を用いて還元生成したMg蒸気を用いる方法の可能性，さらにはMgO源としてMgO-C系耐火物廃材の利用の可能性の検討が行われている。

製鋼スラグの加熱と同様の実験装置で，種々のC当量のMgO-C混合粉末またはMgO-C系耐火物4gの試料にマイクロ波を照射した際のMgO-C混合粉末の加熱挙動を図10に示す。C当量3以上の試料は昇温し，200秒以内でほぼ一定温度となった。マイクロ波照射でのMgO-C

221

マイクロ波化学プロセス技術Ⅱ

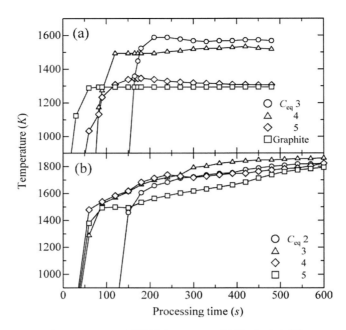

図10 マイクロ波照射時のMgO-C試料の温度変化[6]
(a)混合粉末状態, (b)混合粉末を圧縮成型したもの

系の試料の加熱は主としてCのジュール効果のみに依存するため，発生する熱量は試料中C分率の増加に伴い増加し，(3)式に示す炭素熱還元反応の進行が確認された。

$$MgO(耐火物中) + C \rightarrow Mg(ガス) + CO \tag{3}$$

また，MgO-C耐火物（組成；MgO 76.2mass%, C 15.5%, Al 3.1%, Si 2.1%）を $150\mu m$ 以下に粉砕し，同一条件でマイクロ波を照射したところ，C量が少ないにもかかわらず，いずれの試料よりも急速に加熱され，アルゴン雰囲気10分間の照射により58%のMgO還元率が得られ，MgO-C耐火物廃材の有効利用法が確認されている。

5 おわりに

以上，大量生産プロセスの代表である製鉄過程で排出されるスラグや耐火物のリサイクル・高付加価値化において，高速熱供給，局部加熱を利用した補助手段として，マイクロ波技術の利用促進が期待される。

第3章　製鉄スラグ・耐火物のリサイクル／高付加価値化

文　　献

1) S. J. Tae *et al., ISIJ International*, **49**, 1259 (2009)
2) 山崎仲道, 廃棄物学会誌, **15**, 182 (2004)
3) 井須紀文ほか, 粘土科学, **3**, 129 (2005)
4) K. Morita *et al., ISIJ International*, **41**, 716 (2001)
5) K. Morita *et al., J. Mater. Cycles Waste Management*, **4**, 93 (2002)
6) T. Yoshikawa and K. Morita, *Mater. Trans.*, **44**, 722 (2003)

第4章 マイクロ波加熱を用いたカーボンナノチューブの合成

高木泰史[*1]，太田朝裕[*2]，清水政宏[*3]，太田和親[*4]

1 序

現在，セルロースを糖化するには高価な酵素を使わなければならない。我々は容易に得られる安価な人工の糖化触媒を求めている。豊田中研の福島らは酸化グラファイト（GO）やカーボンナノチューブ（CNT）が，糖化触媒として利用できることを見出している[1]。

一方，石油を原料にしたポリスチレンから作られる発泡スチロールは，今日，包装材や梱包材，断熱材として大量に利用されている。日本では年間20万トンが生産され，そのうちの85％が回収されているが3万トンが環境にゴミとして残留している[2,3]。筆者らは，環境にゴミとして残留している3万トンの発泡スチロール（ポリスチレン）から，安価に大量にカーボンナノチューブ（CNT）を高速に合成できる方法を開発し，これに酸点を付与して糖化触媒として利用することを計画した。従来のCNT合成には，代表的なものとしてアーク放電法[4~7]やレーザー蒸発法[8]，化学的気相成長法[9,10]などの方法がある。しかしこれらの方法は，高価で，高エネルギー，高電圧，高真空が必要なうえ安価に大量合成できない問題点がある。

そこで筆者らは，マイクロ波加熱を用いた安価で迅速にCNTを合成するための3つの方法，「錯体法」[11]，「混合法」[11]，「ナノファイバー法」[12]をこれまでに新規に開発してきた。この3つの方法は，従来のアーク放電法[4~7]やレーザー蒸発法[8]，化学的気相成長法[9,10]などの方法と比べて，省エネで大巾に短時間でCNTが得られることがわかった。しかしながら，これらの3つの方法はまだ時間とエネルギーを要する工程があることと収量が低いことが問題として残った。そこで，今回筆者らは省エネで手間がかからないCNTを合成する方法として「ニッケルナノ粒子法」を新たに開発した。この方法は，表面積が大きく触媒として効率良く働くニッケル（Ni）ナノ粒子存在下，市販されている粒状ポリスチレン（PS）をマイクロ波加熱により蒸し焼きにするという方法である。Niナノ粒子が触媒として効率良く働くことは「ナノファイバー法」[12]から推論された。筆者らはCNTの収率を良くするため，炭素の重量パーセントが大きいポリスチレンを選んだ。

[*1] Yasufumi Takagi 信州大学 大学院総合工学系研究科
[*2] Tomohiro Ohta 信州大学 大学院総合工学系研究科
[*3] Masahiro Shimizu 信州大学 大学院総合工学系研究科
[*4] Kazuchika Ohta 信州大学 大学院総合工学系研究科 教授

第4章　マイクロ波加熱を用いたカーボンナノチューブの合成

　本研究で，筆者らは新たな「ニッケルナノ粒子法」を用いることで，マイクロ波加熱によって市販されている粒状 PS と Ni ナノ粒子の混合物から g 単位で CNT を合成することに成功した。これにより，今後工場規模で大型の反応装置を用いれば，CNT を kg 単位で大量に合成できる目処が立った。

2　実験

2.1　装置

　本実験において使用したマイクロ波加熱装置は，市販の家庭用電子レンジ（Zojirushi ES-HA196（600 W））を，熱電対と温度コントローラーにより温度制御ができるように改造したものである[11,12]。この電子レンジの中に，アートボックス™[13]というマイクロ波を照射すると発熱する加熱炉を設置した。このアートボックス™の内部に石英試験管（直径 15 mm，長さ 180 nm）を挿入した。反応容器とした試験管内に窒素ガスを流せるようにした。

2.2　合成（一般的な合成法）

　石英試験管に，粒状ポリスチレン（PS 和光純薬製：重合度約 200）とニッケルナノ粒子（NTbase 社製 NP-N100 平均粒度 100 nm）を順に入れた。試験管内に窒素を 10 分間流して，空気を窒素に置換した。電子レンジ内に設置したアートボックス™にマイクロ波を照射して，中の温度が目的温度（600, 700, 800, 900℃）に達したら，この石英試験管をアートボックス™内に挿入した。窒素気流下，一定時間（5, 10, 15, 20 min）PS を蒸し焼きにした。室温まで自然放冷後，この試験管の中に濃塩酸（36%：10 ml）を入れて，これに超音波（SHARP 社製超音波洗浄機 UT-105S）を 1 時間当て，残留している裸のニッケル金属を溶解させた。次に，内容物を三角フラスコに移し，一晩放置した。このフラスコ内に多量の水を入れ，この懸濁液をガラスフィルター上にメンブレンフィルター（東洋濾紙社製：ポアサイズ = 0.3 μm，直径 = 25 mm）を敷いて吸引ろ過し，ろ液が中性になるまでろ物を水で洗浄した。集めた黒色のろ物は乾燥機（Fine 社製 FO-60W）の中に入れ 140℃で一晩放置して，室温で 2 時間真空乾燥させて黒色の炭素生成物を得た。収量は表 1 にまとめた。

2.3　物性測定

　合成した黒色の炭素生成物は，透過型電子顕微鏡（JEOL, 2010 Fas TEM microscope），ラマン分光光度計（HoloLab 5000），広角 X 線回折計（Rigaku, Rad）を用いて評価した。

3 結果と考察

3.1 反応温度と時間

3.1.1 収率

表1のEntry 1-4に,粒状PS 0.97 gとNiナノ粒子0.030 gの混合物を,反応温度（600, 700, 800, 900℃）で一定時間（5, 10, 15, 20 min）蒸し焼きにして得た炭素生成物の収量を載せた。これらの結果を見てわかるように,600℃→700℃→800℃と高温になるにつれて収量が上がるが,900℃になると収量が600℃と同じ程度に下がった。900℃で収量が下がるのは,一度できたCNTから再び原子状の炭素として炭素原子が飛散してしまうからだと考えている。以上のように,800℃が最も良い収率を与えた。

3.1.2 TEM写真

図1に反応温度600, 700, 800, 900℃で,反応時間10分で焼成した生成物のTEM画像を示す。この図を見てもわかるように,700℃と800℃では長いNi金属内包のCNTがよく発達して,たくさん生成されていた。一方,600℃ではCNTがほとんど得られず大部分がNi金属内包のカーボンナノカプセルであり,900℃ではCNTは生成されていたが,あまり多くはなかった。それゆえ,TEM観察からは700℃と800℃が最適温度条件であることがわかった。これらのCNTの直径は約25-100 nmで,長さはバラバラで最も長いものでは約2μmだが,長さの分布は統計的には得られなかった。直径と図1のTEM画像から判断して,ニッケルナノ粒子法によって得られるCNTは以前の3つの方法である錯体法[11],混合法[11],ナノファイバー法[12]で得られたCNTと同様多層である。

3.1.3 ラマンスペクトル

図2に600, 700, 800, 900℃で一定時間（5, 10, 15, 20 min）焼成した炭素生成物のラマン

表1 焼成温度と出発原料の量,加熱時間によるNi金属内包カーボンナノチューブの収量

Entry	Temp.(℃)	PS(g)	Nano Ni(g)	5	10	15	20
				\multicolumn{4}{c}{Yield(mg)}
1	600	0.97	0.03	48	35	36	34
2	700	0.97	0.03	12	42	54	62
3	800	0.97	0.03	65	72	84	67
4	900	0.97	0.03	48	35	44	32
5	800	0.90	0.10		70		
6	800	0.80	0.20		77		
7	800	0.70	0.30		110		
8	800	0.60	0.40		150		
9	800	1.40	0.60		280		
10	800	3.50	1.50		1200		

（Heating time (min.)）

第4章　マイクロ波加熱を用いたカーボンナノチューブの合成

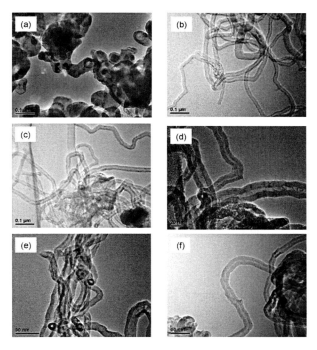

図1　各温度で焼成した生成物のTEM写真
(a) 600℃ (scale bar = 0.1 μm), (b) 700℃ (0.1 μm), (c) 700℃ (0.1 mm),
(d) 700℃ (20 nm), (e) 800℃ (50 nm), (f) 900℃ (50 nm)

スペクトルを示す。どの反応温度においても，グラフェン骨格由来のGバンドとその欠陥に由来するDバンドが得られた。これらの結果を見るかぎり，反応温度が高いほど，また反応時間が長いほどGバンドの強度に比べてDバンドの強度が低くなっている。さらにこの傾向を明らかにするため，Dバンドのピークの高さに対するGバンドのピークの高さの比（D/G比）[12,14]を反応時間に対してプロットしたところ，だいたいの傾向として，反応温度が高いほど，また反応時間が長いほど欠陥が少なくなっていることがわかった。

3.1.4　X線回折

図3に600，700，800，900℃で一定時間（5，10，15，20 min）焼成した炭素生成物のX線回折パターンを示す。筆者らはNi（111）反射ピークとグラファイト（002）反射に注目した。Ni（111）反射は，炭素生成物に内包されているNiに由来するものである。なぜなら，裸のニッケル金属は濃塩酸処理による精製によって除去される。したがって，グラファイト（002）の反射強度に比べてNi（111）の反射強度が弱い600℃では，Ni内包CNTがあまりできていないことを示している。これは上述のTEMの結果と一致している。一方，700，800，900℃では，グラファイト（002）反射強度に比べてNi（111）反射強度は強い。700℃の結果を見てわかるように，グラファイト（002）反射強度は反応時間が長くなると大きくなっている。これは反応時間が長く

マイクロ波化学プロセス技術 II

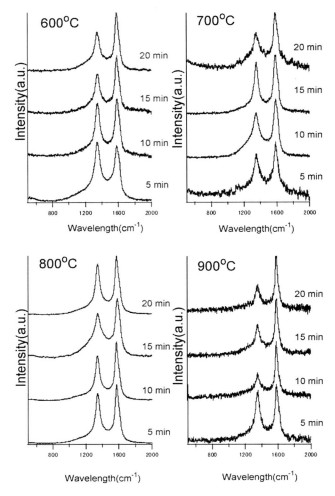

図2　600℃，700℃，800℃，900℃で10分間焼成して得た炭素生成物のラマンスペクトル

なると，グラフェン骨格がより成長していることを示している。したがって，Ni (111) 反射強度に対するグラファイト (002) 反射強度の比（Gr/Ni 比）は，Ni 内包 CNT の成長率を見積もる指標となる。反応時間に対する Gr/Ni 比をプロットしてみると，700℃では 15 min，800℃では 10 min，900℃では 5 min が最も大きい Gr/Ni 比を示した。このことから，CNT 合成の最適条件は，反応温度が上がるにつれ，反応時間は短くていいことがわかった。

　3.1.1 項から 3.1.4 項の結果を総合すると，最適な反応温度と反応時間は「800℃，10 min」だった。それゆえ，以後の実験は「800℃，10 min」で行った。

第4章 マイクロ波加熱を用いたカーボンナノチューブの合成

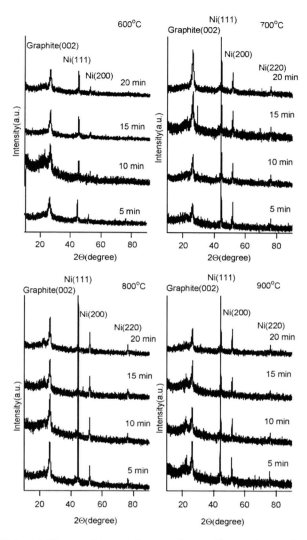

図3 600℃, 700℃, 800℃, 900℃で5分, 10分, 15分, 20分間加熱して得られた炭素生成物のX線回折パターン

3.2 最適触媒量

　最適触媒量を求めるため，粒状PSとNiナノ粒子の混合比を変え，800℃, 10 min 蒸し焼きにして合成を行った。その時，粒状PSとNiナノ粒子の総重量は1.00 gで一定になるようにした。その結果を表1のEntry 3, 5, 6, 7, 8に示した。これらの結果を見てわかるように，Niナノ粒子の混合比を大きくしていくとCNTの収量が増加している。図4(A)にNi重量に対するPS 1 g当たりのCNT収量（Yield(g)/PS(g)）をプロットすると，Ni分率0.20を超えるとCNT収量が急増するのがわかる。しかしながら，図4(B)を見てわかるように，Niナノ粒子の触媒能は

229

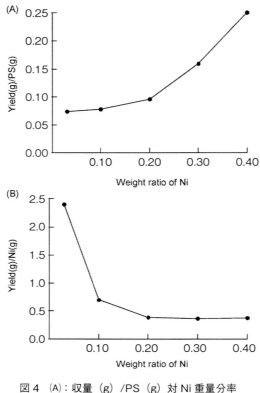

図4 (A)：収量（g）/PS（g）対 Ni 重量分率
(B)：収量（g）/Ni（g）対 Ni 重量分率

0.20 以上では変化がないことがわかる。よって，以後の実験は Ni 分率を 0.30 で行うことにした。

3.3 CNT の大量合成

「ニッケルナノ粒子法」を用いて CNT の大量合成を行った（表1の Entry 9, 10）。Entry 7, 9, 10 を見てわかるように，Ni の重量比を 0.30 に保ったまま仕込み量を2倍，5倍に増やすと，CNT の収量は 2.5 倍，10.9 倍となり急激に向上することがわかった。これは，試験管内の空間の隙間が少ない方が，Ni 粒子に多くの原子状炭素が吸収されるためと考えられる。Entry 10 を見てわかるように，実験室レベルでも g 単位で容易に合成できることが明らかになった。

4 結論

筆者らは，市販されている粒状 PS と Ni ナノ粒子との混合物を窒素気流下でマイクロ波加熱を用いて蒸し焼きにして手軽に CNT を合成する「ニッケルナノ粒子法」を新規に開発した。さらに，CNT を生成するためには，「800℃, 10 min」が最適条件であることがわかった。また，

第4章 マイクロ波加熱を用いたカーボンナノチューブの合成

粒状 PS に対する Ni ナノ粒子の量を増やしたり，仕込み量を増やすと CNT の収量が急激に向上することがわかった。今回の新規な「ニッケルナノ粒子法」を用いれば，実験室レベルでグラム単位で簡単に CNT を合成できる。これにより，今後工場規模で大型の反応装置を用いれば，CNT を kg 単位で大量に合成できる目処が立った。

文　　献

1) H. Fukushima, "Microwave saccharification of cellulosic biomass", The 91st Spring Conference of The Chemical Society of Japan, 1S7-09 (2011)
2) http://www.jespa.jp/en/index.html
3) http://www.env.go.jp/doc/toukei/data/09ex339.xls (Statistics of Ministry of the Environment, Government of Japan: in Japanese).
4) S. Iijima, *Nature*, **354**, 56 (1991)
5) S. A. Majetich *et al.*, *Phys. Rev. B*, **48**, 16845 (1993)
6) T. Hayashi *et al.*, *Nature*, **381**, 772 (1996)
7) P. J. F. Harris and S. C. Tsang, *Chem. Phys. Lett.*, **293**, 53 (1998)
8) A. Thess, *et al.*, *Science*, **273**, 483 (1996)
9) M. Endo *et al.*, *J. Phys. Chem. Solids*, **54**, 1841 (1993)
10) B. H. Liu *et al.*, *Chem. Phys. Lett.*, **358**, 96 (2002)
11) Y. Takagaki *et al.*, *Bull. Chem. Soc. Jpn.*, **83**, 1100 (2010)
12) T. Ohta *et al.*, *Polym. Adv. Technol.*, **22**, 2653 (2011)
13) The small furnace for domestic microwave oven is called as Art Box or Denshi Renji Rutsubo Ro (＝Microwave Oven Crucible Furnace) in Japan.
14) L. G. Cancado *et al.*, *Carbon*, **46**, 272 (2008)

第5章　マイクロ波照射下の結晶成長とナノ粒子合成

辻　正治*

1　はじめに

　近年，マイクロ波加熱は金属や金属酸化物などのナノ微粒子の合成にも広く用いられており，これまで約500編の論文が報告されている。マイクロ波加熱によるナノ微粒子の合成には主に開放系反応器中での常圧合成と閉鎖系反応器中での高圧合成の二つの方法が用いられている。マイクロ波加熱を使用すると，実際にどのような無機ナノ微粒子が合成可能かは，Kappeらの最近の総説[1]に使用すべき試薬と合成条件が表にまとめられているので，それを参照して頂きたい。無機ナノ微粒子の合成にアルコールやエチレングリコールのような誘電率が高い還元性溶媒を使用してマイクロ波加熱すると，従来のオイルバス加熱と比べて急速昇温が可能なことや反応の著しい促進効果により，反応時間の大幅短縮が可能なことは多くの例で報告されている。ただしマイクロ波加熱とオイルバス加熱において同一加熱条件で無機化合物を合成した場合に，生成物の結晶構造や収率が異なる場合と一致する場合の両方があり，マイクロ波加熱特有の様々な非熱的照射効果が無機化合物の合成においてどこまで寄与しているかについては議論が分かれている[1]。本章ではマイクロ波照射下の結晶成長とナノ粒子合成について，光学応用などで最も注目されているAu，Agおよびそれらの複合ナノ微結晶の常圧合成の結果を筆者らの研究を中心に紹介する。

2　マイクロ波-ポリオール法による金ナノ微結晶の合成

　筆者らは2003年にエチレングリコール（EG）中で高分子保護剤であるポリビニルピロリドン（PVP）存在下でAu微粒子の原料である$HAuCl_4 \cdot 4H_2O$をマイクロ波を用いて沸点の197℃まで加熱環流すると，室温からわずか2, 3分の加熱で八面体，三角プレート，十面体，二十面体のAuナノ微結晶の混合物が得られることを報告した[2,3]。同様な条件下でのオイルバス加熱では球形Au微粒子しか得られないことからマイクロ波加熱特有の現象として注目され，それ以来マイクロ波加熱によるAuナノ微結晶の合成に関する研究は活発に行われている。金属ナノ微粒子の物理的・化学的・光学的特性は微粒子の形状やサイズに依存するので，マイクロ波加熱でも，それらを制御した合成法を確立する必要がある。一般に金属ナノ微粒子の液相合成では金属試薬，種微粒子，溶媒，還元剤，保護剤，添加剤（他金属やハロゲンなど），溶存ガス，反応温

＊　Masaharu Tsuji　九州大学　先導物質化学研究所　融合材料部門　教授

第5章　マイクロ波照射下の結晶成長とナノ粒子合成

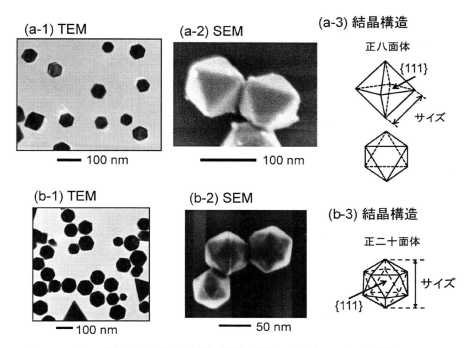

図1　マイクロ波加熱で合成した(a)正八面体，(b)正二十面体 Au ナノ微結晶の TEM, SEM 像および結晶構造

度の効果など様々な因子が微粒子の核発生や成長に影響を与えることが知られている[4]。マイクロ波加熱でも，これらの条件を最適化すれば様々な微粒子の形状・サイズ選択的合成が可能である。例えば筆者らは EG と比べて沸点が314℃と高いテトラエチレングリコール（TEG）を用いて $HAuCl_4 \cdot 4H_2O$ を原料とする Au ナノ微結晶のマイクロ波加熱による合成を出力を変えて行った[5,6]。その結果，マイクロ波出力400 W で5分間加熱では図1a に電子顕微鏡（TEM, SEM）像を示すように平均サイズ約60 nm の正八面体 Au 微粒子が収率92%で生成し，一方マイクロ波出力700 W で5分間加熱では図1b に示すように平均サイズ約90 nm の二十面体 Au 微粒子が収率93%で得られた。一般に Au^{3+} の還元で生成する Au 原子濃度が高くなると二十面体のような双晶面を有する微粒子の収率が双晶面を有しない単結晶正八面体微粒子と比較して増加する。これは Au 原子濃度が高くなるほど3原子衝突で生成する双晶面の生成確率が増加するためである。

3　マイクロ波加熱による十面体，二十面体金・銀コア・シェルナノ微結晶の合成と成長機構

正四面体5個，20個から成る十面体（デカヘドロン），二十面体（イコサヘドロン）結晶は面

欠陥を有する多重双晶である。近年これらの多重双晶の結晶構造と成長機構が注目されており，実際に二十面体準結晶の発見でシェヒトマンが2011年度のノーベル化学賞を受賞している。十面体，二十面体は元来大きな歪みを内包しており，正四面体ユニットを5個，20個合成すると図2の右上や中段右側に5T，20Tとして示すように十面体では7.35°の隙間，二十面体では多くの空隙が生じ，完全な5回対称の結晶は合成不可能である。しかし実際の結晶では，これらの空隙欠陥を各四面体ユニットが歪みとして解消することで5回対称の結晶の生成が可能になる。

　筆者らはN, N-ジメチルホルムアミド（DMF）中での十面体，二十面体のAgナノ結晶の成長機構を研究した。その結果，これらの結晶は反応系内に最初に四面体ユニットが生成し，その四面体ユニットの特定の面から段階的に別の四面体ユニットが成長することによって形成されていくことを見出した（図2）[7]。四面体ユニットの成長において2, 3個の四面体から成る結晶は一種類の構造しか存在しないのに対して，4個の四面体から成る結晶では結晶3Tの3a, 3b, 3c面のどの面に4個目の四面体が成長するかによって4Ta-4Tcの3種類の異なる中間構造が生成する。3aの位置に成長する場合には，4Taが生成し，さらに空間を埋めるもう一個の四面体が成長して十面体（5T）が生成する。これに対して3b, 3cの位置に次の四面体ユニットが成長する場合には，4Tbや4Tcのような，さらに成長してももはや十面体構造は取り得ない中間体が生成し，その後，残りの16個の四面体ユニットの成長を経て二十面体Agナノ微結晶（20T）が生成すると考えられる。実際には十面体構造から，さらに四面体ユニットが成長すれば二十面体が生成可能であるが，十面体上に少数の四面体ユニットが成長した構造は実験的に観測されな

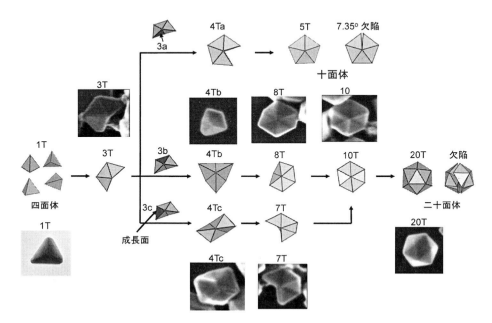

図2　四面体Agナノ粒子の段階的成長による十面体，二十面体Agナノ微結晶の成長機構
　　　nTのnは四面体ユニットの数を示す。

第5章 マイクロ波照射下の結晶成長とナノ粒子合成

い。よって十面体は，それ自体が安定構造なため，十面体（5T）が生成した場合には結晶成長は，そこで停止するものと考えられる。DMF中3a，3b，3c面での4個目の四面体ユニットの成長が等確率で統計的に起こると仮定すると十面体：二十面体比は1：3となるはずである。実際に高PVP濃度では，この比は1：2となるのに対して低PVP濃度では1：1となった。低PVP濃度で十面体の収率が増加したのは，低PVP濃度では四面体への保護剤の被覆度が減少するために，くぼみ部分にある3a面でのAg^+の還元確率が増加したためと考えられる。

筆者らはAu十面体，二十面体が種結晶として存在する条件下でAgシェルを合成した場合でも，Au@Agコア・シェル微粒子が上記のAg単独微結晶と同様に四面体ユニットの段階的成長で生成するか，または均一成長に成長機構が変化するかについて調べた[5,6]。またオイルバス加熱とマイクロ波加熱で十面体や二十面体Au@Ag微粒子の結晶成長機構にどのような差があるかを検討した。十面体Auコア微結晶はオイルバス加熱下，ジエチレングリコール（DEG）中でPVP存在下$HAuCl_4・4H_2O$を230℃で10分間加熱還元することで得た。一方，二十面体Auコア微結晶は2節で述べたようにTEGを用いるマイクロ波-ポリオール法により合成した。一段階目で合成したAuコア微粒子分散液を遠心分離し，液中のPVP，DEGまたはTEG，Cl^-イオンを除去した後にDMFに再分散させた。この溶液をオイルバス中で140℃に加熱後，$AgNO_3$とPVPを溶解した混合溶液を滴下し，その後，3時間加熱撹拌を行いAu@Ag微結晶を合成した。また二段目のAgシェルの合成をマイクロ波加熱100 W 10分でも行い，長時間オイルバス加熱とマイクロ波急速加熱の結果と比較した。得られたナノ微粒子はTEM，SEM，エネルギー分散型X線分析（EDS）によって構造評価を行った。

図3にオイルバス加熱とマイクロ加熱で二段階合成した十面体Au@Agコア・シェルナノ微粒子のTEM像を示す。オイルバス加熱の場合は十面体Auコア上に同じ構造の均一なAgシェルが生成したのに対して，マイクロ急速加熱の場合には不均一なAgシェルが生成した[5]。添加

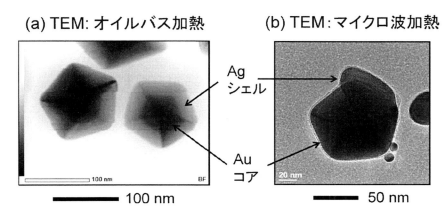

図3 (a)オイルバス加熱，(b)マイクロ波加熱で合成した十面体Au@Agコア・シェルナノ微結晶のTEM像

する AgNO₃ の濃度を変えて合成した結果，最初に薄い Ag シェルが Au コアの全面に成長するが，最も欠陥や歪みが大きな十面体の角の部分の Ag シェルの成長は，その他の {111} 面と比較して遅いため五角形ではなく球形に近い形状の Ag シェルが生成する。その後，四面体ユニットの一つが生成し，それを起点に厚い Ag シェルが Au コア全体を被うが，その場合でも五つの角の部分の結晶成長は遅く，全体として不均一な Ag シェルが生成することがわかった。一般にエピタキシャル成長には Frank-van der Merwe(FM) 型の層状成長，Volmer-Weber 型の島状成長，これらの中間型である Stranski-Krastanow 型成長の 3 タイプが存在し[8]，これらはいずれも最終的には均一層状のシェルを形成する。筆者らの研究で十面体 Au@Ag 微結晶の成長機構はオイルバス加熱と急速マイクロ加熱では異なり，前者は FM 型機構で進行するのに対して後者は上記 3 タイプとは異なる四面体シェルの段階的成長機構で生成することがわかった[5]。

オイルバス加熱で得た二十面体 Au@Ag 微結晶の TEM, SEM 像を図 4a に示す。矢印で示す部分に一部欠損が見られるが，二十面体 Au コアの場合も十面体 Au コアの場合と同様に，同じ {111} 面構造の Ag シェルが生成することがわかった。得られた Au@Ag 微結晶の構造をさらに検討するために TEM-EDS で測定した[6]。多くの微結晶は均一な Ag シェルに被われているが，一部の結晶は非対称な構造を示した。これらの結果から二十面体 Au@Ag 微結晶の DMF 中での成長は，FM 型の薄い Ag シェルの均一層状成長機構ではなく，図 2 に示した Ag 単独微結晶の

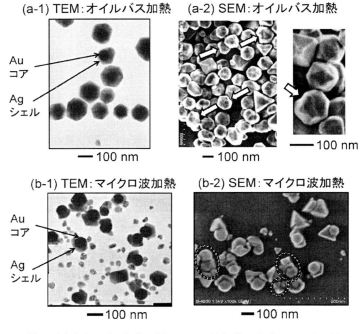

図 4 (a)オイルバス加熱，(b)マイクロ波加熱で合成した二十面体 Au@Ag コアシェルナノ微結晶の TEM, SEM 像

第5章 マイクロ波照射下の結晶成長とナノ粒子合成

場合と同様に四面体ユニットの段階的成長機構で進行することがわかった。

二十面体Au@Ag微結晶の合成をマイクロ波迅速加熱によっても行った。得られた微結晶のTEM, SEM像を図4bに示す。図から明らかなように生成微粒子は二十面体Agシェルの段階的成長の初期段階のもので二十面体Au微結晶の周りを2, 3個のAg四面体ユニットシェルが被っているものが多数得られた。このことはマイクロ波加熱ではオイルバス加熱と比べてより明確に四面体ユニットの段階的成長で二十面体Agシェルが生成することを示唆している。マイクロ波加熱による二十面体Au@Ag微結晶の合成において，もう一つ興味ある結果は，収率は低いが図4b-2の円で囲った部分や図5b, 5dの右端に示すように，一つのAu十面体または一つのAu{111}面をAuとAgの微結晶間で共有するAu/Agツイン微結晶が観測された点である。これはAu（0.4079 nm）とAg（0.4086 nm）の格子定数がほぼ等しいために，急速マイクロ波加熱条件下では図5aのように二十面体の表面に平行だけでなく，図5b, 5dのように垂直方向への結晶成長も進行することを示唆している。なお図5b型のツイン結晶はAu二十面体と比べてAg二十面体の方がサイズが大きかった。このことは一つのAu十面体を共有するツイン微結晶では，図5cに示すような直接Au二十面体上にAu十面体を内包するほぼ同一サイズの二十面体Agは生成せず，図5bに示すように一旦薄いAg十面体シェルがAu二十面体上に生成した後にAg二十面体の四面体ユニットが成長することを示唆する結果である。

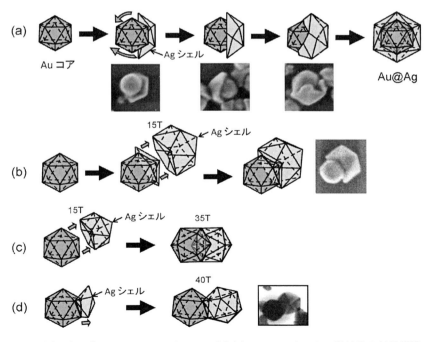

図5 (a)二十面体Au@Agコア・シェル，(b)-(d)Au/Agツインナノ微結晶の結晶構造および段階的成長機構
Auコア表面上の太い矢印は結晶成長の方向を示す。

4 おわりに

　マイクロ波照射下での金属ナノ微結晶の結晶成長とナノ粒子合成について Au ナノ微結晶と十面体，二十面体 Au@Ag コア・シェルナノ微結晶に関する筆者らの研究を中心に紹介した。八面体や二十面体の Au 微結晶の形状・サイズ選択的合成が溶媒やマイクロ波出力を最適化すれば可能なことを示した。また十面体，二十面体 Au@Ag 微結晶の Ag シェルが層状均一成長と四面体ユニットの段階的成長のどちらの機構で進行するかは，オイルバス加熱とマイクロ波加熱という加熱方法だけでなくコアの形状にも依存することがわかった。十面体，二十面体 Au@Ag 微結晶の Ag シェルがマイクロ波加熱では四面体ユニットの段階的成長で生成するのは，単に急速加熱の効果かマイクロ波特有の照射効果なのかについて知見を得るためには，さらなる研究が必要であろう。これまでの筆者らの研究でマイクロ波非平衡加熱を用いると様々な形状の金属ナノ微結晶が迅速合成できることが明らかになった。ナノテクノロジーの基盤材料である金属ナノ微結晶の新規省エネ合成法としてマイクロ波加熱への期待は大きい。

文　　　献

1) M. Baghbanzadeh *et al., Angew. Chem. Int. Ed.,* **50**, 11312 (2011)
2) M. Tsuji *et al., Chem. Lett.,* **32**, 1114 (2003)
3) M. Tsuji *et al., Chem. Eur. J.,* **11**, 440 (2005)
4) Y. Xia *et al., Angew. Chem. Int. Ed.,* **48**, 60 (2009)
5) M. Tsuji *et al., CrystEngComm*, 印刷中 (2012), DOI：10.1039/C2CE25569C.
6) M. Tsuji *et al., Cryst. Growth Des.,* **10**, 4085 (2010)
7) M. Tsuji *et al., Cryst. Growth Des.,* **10**, 296 (2010)
8) J. Venables, Introduction to Surface and Thin Film Processes, Cambridge University Press, Cambridge (2000)

第6章　銑鉄の製造

永田和宏[*]

1　現代鉄鋼生産の課題

　人類の製鉄4000年の歴史では，製鉄エネルギーに木炭やコークスを燃焼させて得る高温ガスを用いてきた。その結果，近年，森林を破壊し，さらに化石燃料利用による炭酸ガスの大量発生で地球温暖化の原因を作ってきた。鉄は高温で酸化鉄の鉄鉱石を一酸化炭素ガスと反応させて製造する。これは気固反応で鉄鉱石の表面で反応が進行する。この反応サイトに高温ガスと反応ガスを送るためには隙間が必要で，高炉ではくるみ大の大きさの塊鉱とコークスが用いられてきた。塊なので反応に6〜8時間がかかり，必然的に高さが増した。鉄鉱石から鉄を作る還元反応は，体積に対して比表面積が大きい粉鉄鉱石と粉炭材を使えば反応時間を大幅に短縮でき，反応容器を小さくすることができる。しかし，高炉は高温ガスを用いるため粉体は通気性を阻害しかつ飛散する。

　高温ガス以外の加熱方法は電磁波を用いる。反射炉は石炭を燃焼させた炎で炉の天井を加熱し，そこから発生する輻射熱でガラスや金属の溶解を行う。輻射熱は波長が1μm程度のスペクトル幅が非常に広い電磁波で，表面近傍しか加熱できないので，対流が起こる液体の加熱・溶融に用いている。固体の加熱では影の部分が加熱できないので加熱効率が落ちる。アーク電気炉も輻射熱を利用している。この他に数十kHzの高周波で誘導電流を発生させ，金属の抵抗で発熱させる誘導加熱がある。

2　マイクロ波加熱による銑鉄の製造

　これに対し，マイクロ波は0.3〜300 GHz単色性電磁波で，粉状の鉄鉱石や炭材に90％以上の効率で吸収される。鉄鉱石と炭材の粉体を窒素ガス中で波長10 cm程度の2.45 GHzのマイクロ波を作用させると自己発熱し，急速に温度上昇して高速で銑鉄が生成する。現在，マグネトロンやクライストロン等のマイクロ波発振器の発生効率は50％程度であり電気の利用効率は45％であるが，GaNを用いる半導体発振器は発生効率が70〜80％あるので，70％の利用効率を期待できる。

---

[*]　Kazuhiro Nagata　東京芸術大学　大学院美術研究科　教授

マイクロ波化学プロセス技術Ⅱ

2.1 電子レンジで鉄を作る

市販の電子レンジ（マグネトロン，600 W～1 kW）を使って空気中で簡単に銑鉄ができる。鉄鉱石の粉にグラファイトやコークス，木炭などの炭材の粉を重量で12％混合する。これをアルミナルツボに入れ，空気中の酸素を遮断するため表面に炭材粉を薄く層状にかけ蓋をする。このルツボを多孔質のアルミナレンガで囲い，電子レンジの中にセットする。スイッチを入れ，しばらくすると中が赤くなり，さらに温度が上がって白い光が見える。15分程でスイッチが切れてから扉を開ける。レンガはほとんど温度が上がっていないので素手で取り出せる。レンガの蓋を開けると中のルツボから白い強い光が出る。冷却後，鉄板や銅板の上に内容物を取り出す。混合試料10 g から直径約15 mm の銑鉄球約5 g が得られる。

2.2 炭材内装ペレットのマイクロ波加熱[1～3)]

磁鉄鉱と石炭18重量％を混合した粉末にバインダーとして2％のベントナイト粉末を混入し，水分を加えて団子状にした炭材内装ペレットを用いた。ここでは直径約2 cm，重さ約10 g のペレットを用いた。

マイクロ波炉は最大出力5 kW の可変出力でマルチモード型である。マイクロ波の負荷容器（アプリケーター）はステンレス製である。ペレットはアルミナレンガの上に置き，ムライトの多孔質断熱材の箱で覆った。

ペレットを窒素ガス中でマイクロ波加熱すると，約1分後に約200℃に達し，揮発性成分や煤が発生してペレットが一旦見えなくなるが直に煤が消える。その後，温度は急速に上昇し1,350℃でペレットは銑鉄となって突然溶解し崩れ落ちた。図1に示すように，銑鉄になるまでの時間は，ペレット1個（約10 g）は2 kW の出力では750秒，3 kW では約500秒であった。3 kW の出

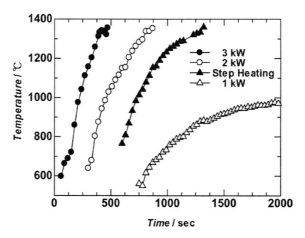

図1　炭材内装マグナタイトペレットの銑鉄製造におけるマイクロ波の出力と温度上昇
　　　ステップヒーティングは500 s まで0.5 kW づつ2 kW まで出力を上げた。

第6章　銑鉄の製造

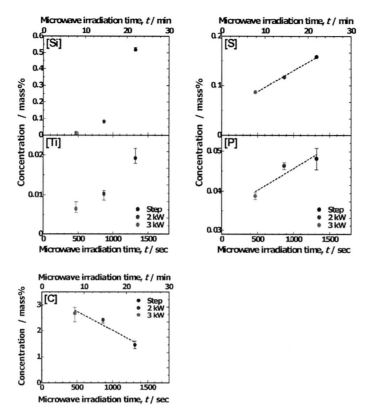

図2　マイクロ波による加熱速度を変化させた時の炭材内装マグネタイトペレットから生成した銑鉄中の炭素と不純物の濃度
横軸は銑鉄が生成した1,370℃に到達した時間。

力でペレット4個（約40 g）をピラミッド上に積み加熱すると約2,000秒で銑鉄になった。一方，1 kWでは950℃程度まで加熱されるが還元反応は起こらない。

スラグは銑鉄塊表面にまばらに付着している程度でほとんど生成しない。介在物も見られない。金属酸化物である脈石は溶融銑鉄とは濡れ性が悪いため銑鉄からはじき出され周りに飛び散っていた。

これらの銑鉄の成分は，シリコンは0.0371 mass%，リンは0.0321 mass%，硫黄は0.0047 mass%，マンガンは0.0082%，酸化チタンは0.0045 mass%で硫黄を除いていずれも現代の高炉銑と比べて1桁小さい値である。さらに図2に示すように加熱速度を速くすると不純物濃度が小さくなり，逆に炭素濃度は高くなる。

2.3　マルチモード型マイクロ波加熱炉による連続製銑法の開発[4]

2.45 GHz 2.5 kWのマグネトロン発振器5台を設置した12.5 kWマルチモード型マイクロ波炉

241

を用いた。反応容器には金属溶解用マグネシアルツボを用い，ルツボ下部壁面に穴を開け，溶融銑鉄の流出口とした。ルツボ底はグラファイトを混ぜたマグネシアセメントを敷き詰め，セメント自身が発熱して銑鉄を溶融状態に保持するようにした。これは銑鉄がマイクロ波を吸収せず反射して温度が下がって凝固するためである。銑鉄は出口下に置いたグラファイトルツボに溜めた。さらに反応容器と銑鉄保持ルツボ全体を多孔質アルミナレンガで囲んだ。温度は放射温度計により反応容器内部と銑鉄出口で測定した。

　原料はロメラルの磁鉄鉱石粉末に18重量％のグラファイト粉を混合した。原料は振動型搬送装置でアプリケーター上部からステンレス管を通して反応容器に連続的に供給した。最初，原料を200 g反応容器に入れて置き，窒素ガスに置換後，5分間隔で2.5 kWずつ出力を上げた。1,200℃を超えると銑鉄が生成し，流出しながら約30分で1,400℃に到達した。その後，原料を50 g投入すると温度が約100℃下がり，1,400℃への回復に5分かかった。10回目の原料を投入する頃には温度の回復が次第に遅くなった。700 gの原料から約300 gの銑鉄が得られた。

　供給電力に対するエネルギー効率は2％程度であった。この原因は，アプリケーター内に分布しているマイクロ波エネルギーに対し，反応炉内の原料の体積が小さ過ぎたことである。さらに多孔質アルミナレンガが高温でマイクロ波を吸収してレンガ自身が発熱して溶解し，原料にマイクロ波が行かなくなったことにもある。アルミナレンガは約1,000℃を超すと電子導電性が発現してマイクロ波を吸収し始める現象で，サーマル・ランナウェイと呼ばれている。

2.4　マイクロ波集中型加熱炉による連続製銑法の開発[5]

　マイクロ波加熱製銑炉の加熱効率を上げるためには，マイクロ波を原料に集中照射することである。図3にその炉を示す。アプリケーターは直径1 mの球状でステンレス製である。これに2.5 kW出力のマイクロ波発生装置を炉の上下に4台ずつ8台を互いに向き合わないように配置し，ヘリカルアンテナを用いてマイクロ波をアプリケーター中心部に照射させた。ヘリカルアンテナによる2.45 GHzマイクロ波照射は炉中心部の35〜45 cmの範囲に集中している。

　アプリケーターの中心に反応容器を設置し，耐火物の温度を上げないよう設計した。反応容器は内法直径180 mm，高さ50 mm，厚さ20 mmのマグネシア板の上にムライトボードで壁を作り，内部をマグネシアセメントで内張りした。さらにマグネシア板を複数のシリカ管のスペーサーの上に置き，隙間を開け冷却した。天井はムライトボードで蓋をした。内径30 mmのステンレス製水冷管2本を反応炉の上蓋ボードに開けた穴に差し込み，一方は原料を連続的に装荷し，他方は生成ガスを排出した。

　原料にはロメラル鉱石と18重量％グラファイトの混合粉末を使用した。最初2 kgを反応炉内に装荷しておき，これが銑鉄になって流れ落ち始めてから連続的に原料を供給管から装荷した。窒素ガスに置換後，マイクロ波出力50％（10 kW）で加熱すると，温度が1,200℃を超えた25分後に発光を伴って銑鉄が生成し始め，その後温度がさらに上昇して約1,400℃になった。酸素分圧は反応中10^{-16}気圧程度で推移し，還元反応が起きていることが分かった。原料中の鉄の歩留

第6章 銑鉄の製造

りは100％で炭素約3.5％を含有する銑鉄が得られた。電力から見た全行程のエネルギー利用効率は約10％であるが，定常状態では20％程度である。

2.5 マイクロ波製鉄炉の大型化

2.45 GHz 30 kW クライストロン発振器（東芝 E3739B）4台を設置した120 kW マイクロ波加熱炉を用い，銑鉄製造を行った。炉内に生じるマイクロ波の干渉縞を防止するために，4系統のうち，2系統のドライバー回路に電子制御の位相変調器を挿入した。位相が180°変化した時，干渉縞の山と谷が入れ替わる。スターラーに替わり電気的方法で空間的に均一な電磁エネルギー分布を得た。

アプリケーターは鉄製の円筒容器で，内側に断熱キャスタブルを張り，内壁を黒鉛シートで覆ってマイクロ波を反射させた。マイクロ波は水冷導波管（先端は斜めにカット）で炉壁から炉内に照射した。導波管には，シリカ窓，3E 自動整合器（VSWR1.01～1.17，PC制御），方向性結合器およびアイソレーターを設置した。シリカ窓からは50 l/分程度の窒素ガスを流し，導波管内やシリカガラスへのダスト付着を防止した。原料供給装置を容器の蓋中央に設置し，原料をステンレス製水冷管で上方から自動供給した。

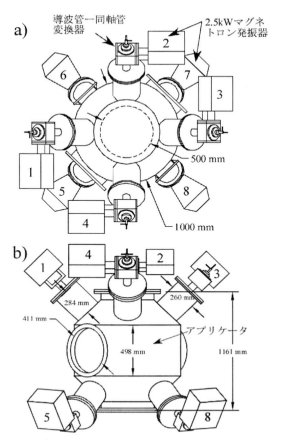

図3　20 kW マイクロ波集中型加熱炉

反応容器はマグネシア製（内径300 mm，高さ500 mm，壁厚さ10 mm）で底に100 mm の穴を開けた。この穴を含め，ルツボ内壁にはマグネシアセメントを塗り保護した。これを MgO-C 製耐火物の皿の上に設置し，皿とルツボの間を通って銑鉄が流れ出るようにした。図4に示すように，反応容器はアプリケーターの中央に設置し，アルミナボードで囲んで原料などの粉塵が導波管内に飛散し付着することを防止した。

最初炉内に磁鉄鉱粉とグラファイト粉の混合原料2 kg を挿入し，容器内を窒素ガスで置換した後，徐々にマイクロ波の出力を上げた。原料から発光が始まった時点で，原料を連続装荷した。原料の最大投入量は毎分0.33 kg（18 kg/h）で銑鉄の収量は10 kg/h であった。34 kW の入力に対し銑鉄の理論収量は24.5 kg/h なので，効率は40.4％である。

マイクロ波炉の大型化では大出力の発振管が必要になる。導波管では出口にエネルギーが集中

マイクロ波化学プロセス技術Ⅱ

図4　120 kW マイクロ波加熱炉と銑鉄製造反応容器

するので，この問題を解決するには弱い出力のマイクロ波を集光して大出力とする炉を開発する必要がある。

3　マグネタイトとグラファイトの発熱機構

マイクロ波は周波数 0.3～300 GHz の電磁波である。マイクロ波による固体の発熱の原因は3つある。まず，渦電流によるジュール損失で，交流の場合の導電率は各周波数における誘電率の虚部にあたる。次に誘電損失と磁気損失で，各損失の大きさは物質の複素誘電率と複素透磁率に依存する。これらは物質毎に異なり，周波数または温度によっても変化する。

3.1　マイクロ波帯域における誘電率と透磁率の高温測定[6]

マイクロ波の高周波かつ広帯域周波数での誘電率・透磁率の測定には，ネットワークアナライザーが一般に用いられる。代表的な測定法には空洞共振器法，フリースペース法，伝送ライン法がある。空洞共振器法は，共振周波数を測定するという原理上1つの周波数だけでの測定となり，周波数依存をもつ物質の測定には適さない。導波管を用いたフリースペース法も周波数範囲が狭くなる。伝送ライン法は複素誘電率と複素透磁率を同時に測定でき，特に同軸サンプルホルダーを用いた同軸法では 100 MHz から 26.5 GHz といった広帯域での測定が可能である。

高周波領域での測定では，散乱行列Sマトリクスを用いる。信号はネットワークアナライザーから伝送線路を伝い，マイクロ波信号が被測定物に向かって線路の両方から送られる。この時，反射波と透過波の強度からSマトリクスを求め，これから誘電率・透磁率を算出する。

全長が 5 mm，内径が 3.04 mm，軸径が 7.00 mm のステンレス製の同軸サンプルホルダーを用いた。この内径と軸径は IEC 457-2，IEEE287 で規定されている。サンプルホルダーの中心に粉末試料を約 8 mm の厚みで圧粉した。ネットワークアナライザーとサンプルホルダーの接続には

第6章　銑鉄の製造

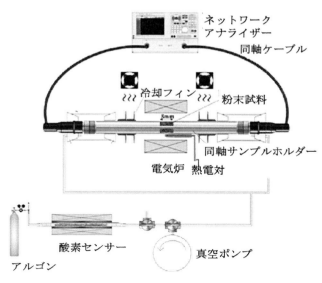

図5　粉末試料の透磁率と誘電率の高温測定装置

同軸ケーブルを用いた。サンプルホルダーとケーブルの接続部は石英管とゴム栓で密閉し，純度99.99%のArガスを流して試料とサンプルホルダーの酸化を防いだ。サンプルホルダーは抵抗加熱炉で加熱し，温度はサンプルホルダーの外側に設置したK型熱電対で測定した。測定装置を図5に示す。

試料は2℃/minと15℃/minの加熱速度で昇温し，昇温1分毎に約2秒間かけてマイクロ波の反射と透過特性を周波数200 MHz～13.5 GHzの範囲で連続的に測定した。誘電率と透磁率の計算には計算ソフトのアルゴリズム「ニコルソンロス」を用いた。また測定後の試料はX線回折で相変態が起きていないことを確認した。

3.2　酸化鉄の複素誘電率および透磁率

粉末Fe_3O_4の誘電率の実部は周波数約8 GHz以下において周波数依存はなく，体積比率のみに依存して値が上昇する。8 GHz以上ではわずかに減少した。一方，虚部は10 GHz周辺にピークを示した。これらの結果は，Fe_3O_4粉末が誘電損失で加熱することを示している。次にFe_3O_4の透磁率の実部は，バルクと，粒径100～180 μm，38～62 μmの粉末で周波数が高くなるにつれ単調に減少した。一方，粒径50～60 nmの粉末と針状粉末はそれぞれ1 GHzと2 GHzにピークがある。透磁率の虚部はピークを示し，100～180 μmの球状粉末では706 MHz，38～62 μmでは2.59 GHz，50～60 nmでは2.99 GHz，針状粉末では3.21 GHzに最大値がある。一方，単結晶体と焼結体の虚部は，下限の周波数である200 MHzまで周波数が低くなるに従って単調に増加した。すなわち，大きな試料ほど低周波側に虚部のピークがある。

Fe_3O_4 粉末の粒度は 38～62 μm で充填率は 62.9% である。誘電率の実部は 450～500℃ でピークを示し，キュリー点の 575℃ でゼロになる。誘電率の虚部は，温度上昇と共に増大するが，実部のピークより高い温度で急速に大きくなる。誘電率の虚部は電気伝導度に比例するので半導体的性質を持つ Fe_3O_4 の電気的特性と一致する。複素透磁率もこのピーク以上の温度で急速に減少し，キュリー点で 1 になる。このことは，Fe_3O_4 の発熱は，このピーク以下の温度では誘電損失と磁気損失で起こるが，それ以上の温度では，誘導電流による抵抗発熱によることを示している。

　他の酸化鉄の誘電率の大きさは実部，虚部とも $Fe_{1-x}O > Fe_3O_4 > \alpha\text{-}Fe_2O_3$ の順である。したがって，酸化鉄の還元が $Fe_{1-x}O$ まで進行するとこれも誘導電流で加熱される。

3.3 炭材の誘電率
　炭材試料は，電気炉電極用黒鉛，工業用黒鉛，黒鉛試薬，カーボンブラック，凝集したカーボンブラック，および石炭である。カーボンブラックの直径は約 0.2 μm，他の炭材は約 20 μm である。測定は室温で行った。1～10 GHz では同軸法で，8.2～12.4 GHz では透過法で測定した。複素誘電率は周波数に対し単調に減少し，吸収ピークはない。特に微細なカーボンブラックの複素誘電率は非常に小さな値である。したがって，黒鉛が発熱に適しているが，微細なカーボンブラックは適さないことが分かる。

文　　献

1) K. Ishizaki *et al., ISIJ Intern.*, **46**, 1403 (2006)
2) K. Ishizaki and K. Nagata, *ISIJ Intern.*, **47**, 811 (2007)
3) K. Ishizaki and K. Nagata, *ISIJ Intern.*, **47**, 817 (2007)
4) K. Hara *et al., J. Microwave Power & Electromagnetic Energy*, **45**, 137 (2011)
5) K. Hara *et al., ISIJ Intern.*, **52** (11), 2149-2157 (2012)
6) M. Hotta *et al., ISIJ Intern.*, **51**, 491 (2011)

【第5編 マイクロ波プラズマ化学】

第1章 マイクロ波プラズマの応用

尾上 薫[*1], 福岡大輔[*2]

1 はじめに

　気体分子・原子が電磁波などのエネルギー付与により励起し，電子を放出してイオン化した状態をプラズマと呼ぶ。マイクロ波エネルギーの付与により生じたプラズマ状態は，非平衡プラズマ（低温プラズマ）に分類される。非平衡プラズマとは，電子のみが高エネルギー状態でマクロなガス分子温度は装置近傍に維持された状態を表す。非平衡プラズマにおいてもイオン化の際に放出される電子の運動エネルギーを熱エネルギーに換算すると数万度に達し，均一相系，不均一相系を対象とした新たな反応スキームの創成が可能となる[1]。マイクロ波プラズマと異相（気相，液相，固相）との接触による反応場の概念を図1に示す。図中の＊は，マイクロ波照射により活性化されたガスを示す。本章では，筆者らの研究グループが体系化したマイクロ波プラズマの活用法の中で，「プラズマ-気相系反応」と「プラズマ-固相系反応」に着目した研究成果の一例を述べる。

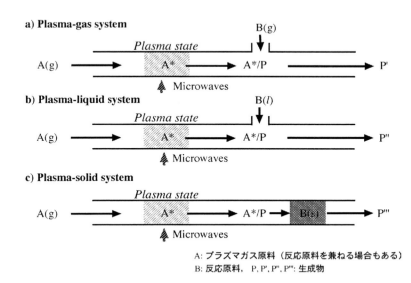

図1 マイクロ波プラズマと異相の接触による反応場の概念

---

*1　Kaoru Onoe　千葉工業大学　工学部　教授
*2　Daisuke Fukuoka　千葉工業大学　工学部　博士研究員

2 マイクロ波プラズマ反応における3つの反応場の特徴と活用法

図2にマイクロ波プラズマ反応に用いる装置図を示す。図中のa)はプラズマ-気相系反応，b)はプラズマ-固相系反応で用いる装置をそれぞれ示している。ガス供給口（①），マイクロ波照射部，反応管，ガス排出口が共通である減圧流通式反応装置である。ここで特筆すべき点として，反応管内に下記に示す3つの反応場が存在することが挙げられる。

(1) 第Ⅰ反応場：供給口①から供給されるガスがマイクロ波の照射により活性種に変換される反応場である。第Ⅰ反応場における活性種の種類や濃度は，供給ガス種，ガス組成，ガス流速，反応圧，マイクロ波照射出力などに依存する。

(2) 第Ⅱ反応場：第Ⅰ反応場で生じた活性種が反応管内で安定な分子へ転換する場である。第Ⅱ反応場における活性種の種類や濃度は，プラズマ-気相系反応では供給口②から供給されるマイクロ波未照射ガスの供給位置（L），プラズマ-固相系反応では固相物質の充填位置（ξ）などに依存する。

(3) 第Ⅲ反応場：第Ⅱ反応場出口における活性種，分子の混合気体がプラズマ-気相系反応ではマイクロ波未照射ガスと，プラズマ-固相系反応では充填された固体物質の表面との間で接触反応が生じる場である。反応生成物の収率および選択率は，第Ⅲ反応場における活性種の種類，固体物質の物性，温度などに依存する。

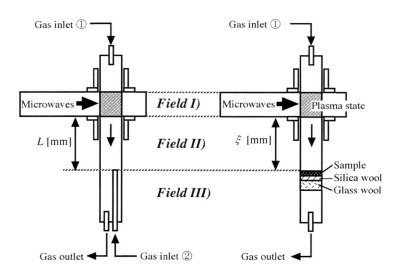

図2 マイクロ波プラズマ反応装置
a) プラズマ-気相系，b) プラズマ-固相系

3 プラズマ-気相系反応への応用—メタンのスチームリフォーミング—

　メタンを低級炭化水素や合成ガス（H_2/CO），または含酸素化合物などの工業中間原料に直接転換する技術は天然ガスの有効利用の観点から重要である。酸化剤を用いたメタンの転換技術では，C_1ケミストリー原料の代表である合成ガス製造が挙げられる。合成ガスはFischer Tropsch反応による炭化水素やアルコール，アルデヒド類の合成などのいわゆるGTL（Gas to Liquid）プロセスにおける基幹原料として重要な役割を占めている。しかし，合成ガス生成のコストはプラント全体の約60％を占めるなどの理由から，今後さらに効率よくかつ低コストで生成できるかが課題の一つである[2]。技術面ではいずれの酸化剤を用いても1000 K以上の高温反応場を必要とすることに加え，酸素の場合を除き大きな吸熱量を賄うために原料が持つ化学エネルギーを一旦熱エネルギーに変換する必要がある。すなわち，エネルギーが多消費になるばかりでなく，大きなエクセルギー損失をともなう[3]。本項では，マイクロ波プラズマ反応を用いた無触媒下でのメタンのスチームリフォーミングの開発について述べる。

　プラズマ-気相系のマイクロ波プラズマ反応では，第Ⅰ反応場で生成した励起状態である活性種が基底状態である生成物に転換する際に何種類かの準安定状態である励起種を介していると予想される。②から気相原料を供給しない場合は，第Ⅰ反応場で生成した励起種が生成物収率に及ぼす影響は小さい。一方，②から気相原料を供給する場合は，活性種と分子の接触反応に加え，励起種と分子との接触反応も生じる可能性を有している。活性種に変換する気相原料と分子として供給する気相原料の組み合わせを変化させると反応性が異なることも予想される。本項では，①からメタン／水蒸気の混合ガスを供給した場合，メタンまたは水蒸気の一方を①，他方を②から供給した場合について述べる。ここで，水蒸気を気化させるためにアルゴンをキャリアガスとして用いていることから，いずれの系においてもメタン／水蒸気／アルゴンの供給モル比が50/29/21，供給ガスの総モル供給流速が6.94 μmol/s，反応初期圧が2.6 kPa，照射出力が300 Wの条件下での結果について比較する。

　図3にⅰ）メタン／水蒸気／アルゴンプラズマ系（$CH_4^*/H_2O^*/Ar^*$），ⅱ）メタンプラズマ-水蒸気／アルゴン系（CH_4^*-H_2O/Ar），ⅲ）水蒸気／アルゴンプラズマ-メタン系（H_2O^*/Ar^*-CH_4）における炭素基準でのメタン転化率および収率と図2に示すL（②から供給するマイクロ波未照射ガスの供給位置）の相関を示す[4]。

　ⅰ）の$CH_4^*/H_2O^*/Ar^*$系では，メタン転化率は95％以上であり，主生成物は一酸化炭素とアセチレンである。水蒸気のメタンに対するモル供給比が2以下では，二酸化炭素はほとんど生成しない。

　ⅱ）のCH_4^*-H_2O/Ar系では，Lによらずメタン転化率は高い値を示す。また，Lの増加にともないアセチレン収率が増大し，一酸化炭素収率が減少する。ここで，第Ⅰ反応場でメタンを活性種に転換すると，第Ⅱ反応場出口では生成物としてアセチレンと水素が高収率（85％以上）で得られる[5]。メタンプラズマの発光スペクトルを測定すると，メチンラジカルおよび水素ラジカ

マイクロ波化学プロセス技術 II

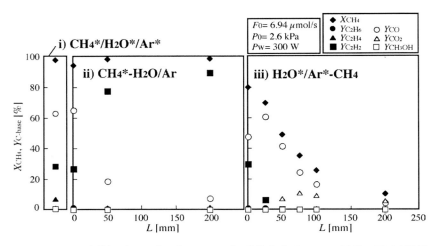

図3　メタン／水蒸気／アルゴン系におけるガス供給方式がメタンの酸化に及ぼす影響

ルに起因するピークが確認されることから[6]，第 I 反応場ではメタンの脱水素反応が進行し，第 II 反応場でカップリングすることでアセチレンと水素が得られると考えられる。

iii）の H_2O^*/Ar^*-CH_4 系では，L の増加にともないメタン転化率，一酸化炭素収率が減少傾向を示す。L の増加にともなうメタン転化率の減少は，第 II 反応場における水蒸気活性種の濃度減少に起因すると考えられる。ここで，水蒸気プラズマの発光スペクトルを測定するとヒドロキシルラジカルおよび水素ラジカルに起因するピークが確認できる[4]。また，L が 75 mm において二酸化炭素収率が極大を示すことから，第 I 反応場で生じたヒドロキシルラジカルの一部が第 II 反応場でペルヒドロキシルラジカルなどの準安定種に変化し酸化速度を高めることも考えられる。

$CH_4^*-H_2O/Ar$ 系と H_2O^*/Ar^*-CH_4 系を比較すると，$L=0$ mm では CO_X の収率（CO，CO_2 の合計）が $CH_4^*-H_2O/Ar$ 系の方が高いことがわかる。また，L の増加にともない両系における一酸化炭素収率は減少傾向を示すが，その傾向は $CH_4^*-H_2O/Ar$ 系の方が顕著に現れる。一方，二酸化炭素収率に着目すると，$CH_4^*-H_2O/Ar$ 系ではいずれの L においてもほぼ 0% であったのに対し，H_2O^*/Ar^*-CH_4 系では，$L=75$ mm で極大を示す。これより，CO_X の生成速度はガスの接触方式により異なることがわかる。

4　プラズマ-固相系反応への応用

4.1　固相の改質—メタンプラズマを用いた浸炭技術—

鋼は，自動車工業などさまざまな分野の動力伝達装置に用いられている。鋼部材の表面近傍の強度や耐摩耗性を向上させる手法として熱処理がおこなわれているが，その中でも浸炭焼入れ処

第1章 マイクロ波プラズマの応用

理は効果の大きい表面処理技術として活用されている。鋼の浸炭技術の一つであるガス浸炭法では，原料ガスとしてメタンやプロパンガスが用いられているが，粒界酸化による鋼の硬度の低下が課題となっている。ここで，1 kPa 以下の条件でアセチレンガスを用いた真空浸炭をおこなうと，粒界酸化の発生を抑えられるという知見が得られている[7]。しかし，アセチレンは需要の増大にともない価格上昇が進んでいる。ここで，メタンプラズマ系（CH_4^*）でのマイクロ波プラズマ反応ではアセチレンと水素が高収率で得られることから，メタンプラズマ系での生成ガス（メタンプラズマ変成ガス）を浸炭に直接接触させる手法に着目した。本項では，浸炭用のテストピースとして，クロム，マンガンを主成分とする鋼（SCM415H，日本ヘイズ提供）を用い，メタンプラズマ-鋼系（CH_4^*-SCM）とマイクロ波未照射のアセチレンを鋼に供給したアセチレン-鋼系（C_2H_2-SCM）において炭素モル供給流速を同一に設定し，ガス供給時間を変化させた場合の比較について述べる[8]。

　炭素基準の原料供給モル数に対する浸炭モル数の割合 η を浸炭処理時間で整理し図4に示す。CH_4^*-SCM 系では，①よりメタンを 40.4 μmol/min で供給し，プラズマ発生部の反応系内の圧力を 1.33 kPa で一定とし，照射出力 100 W でプラズマを発生させている。テストピースの充填距離 ℓ は 2750 mm である。浸炭炉内圧力は 75 Pa で一定とし，25 K/min で 1203 K まで昇温し，30 min の均熱処理の後に浸炭処理，64 min の拡散処理をおこなっている。また，C_2H_2-SCM 系（①よりアセチレンを 0.34 μmol/s で供給）とアセチレンの供給基準をそろえるため，CH_4^*-SCM 系では第Ⅱ反応場で生成したアセチレンの炭素モル数基準で η を算出している。η は CH_4^*-SCM 系の方が C_2H_2-SCM 系に比べ高い値を示すことから，メタンプラズマ変成ガスが浸炭処理に有効であることがわかる。

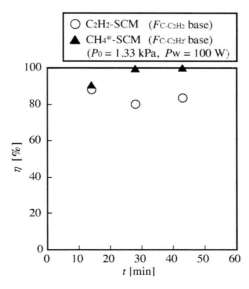

図4　メタンプラズマ変性系とアセチレン単一系の浸炭効率の比較

4.2 固相触媒の調製—酸化チタン光触媒の調製—

近年,酸化チタンは光触媒,ガスセンサー,顔料など多くの分野において利用法が検討されており,中でも光触媒作用による排水や排ガス浄化への適用の期待が高い[9,10]。光触媒として環境浄化への応用を考えた場合,連続処理をおこないやすい酸化チタンの固定化技術の開発が望まれている。マイクロ波プラズマ法をチタン板の直接酸化に応用すると,基材との密着性が高い板状の酸化チタン光触媒の調製が可能である。酸素ガスへのマイクロ波照射により生じた酸素プラズマをチタン板に供給し,板状の酸化チタン光触媒の調製をおこなう酸素プラズマ-チタン系(O_2^*-Ti)は,マイクロ波未照射での酸素ガスによる酸素-チタン系(O_2-Ti)と比較して,ルチル型の回折強度が増大する[11]。酸化チタンの結晶構造の中で光触媒活性が高いといわれているアナターゼ型は低温での調製が好ましいので,酸素プラズマ-チタン系の前段として陽極酸化(Anodic oxidation, AO)を行う陽極酸化-酸素プラズマ-チタン系(AO-O_2^*-Ti)では,酸素プラズマ-チタン反応の温度低減化によりアナターゼ型の回折強度が高まる可能性がある。

AO-O_2^*-Ti系において,プラズマ生成時の照射出力と5.0 μmol/l メチレンブルーの0次分解速度定数 k_0(光源波長352 nm)の相関を図5に示す[12]。ここで,陽極酸化は0.1 mol/lの硫酸にチタン板の露出面を浸漬させ,0.1A一定で30 min処理している。酸素プラズマによる酸化条件は,酸素モル供給速度6.94 μmol/s,反応圧2.6 kPa,温度673 K,処理時間10 minである。いずれの調製条件においても,酸化後の試料板表面のX線回折測定ではアナターゼ型の酸化チタンの生成が確認できる。また,陽極酸化後に酸素酸化をおこなった陽極酸化-酸素-チタン系(AO-O_2-Ti)でのメチレンブルーの分解速度定数 k_0 は,3.0 mmol/($l\cdot$min)である。一方,照射出力が50 WにおけるAO-O_2^*-Ti系での k_0 は10.0 mmol/($l\cdot$min)であり,照射出力の増加にともないAO-O_2^*-Ti系での k_0 は減少傾向を示す。これより,照射出力の増加にともない第Ⅰ反

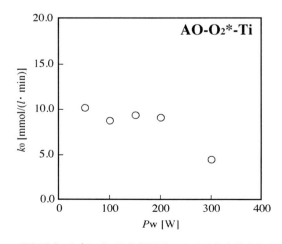

図5 陽極酸化／プラズマ酸化併用系における複合酸化処理後の
光触媒活性の照射出力依存性

第1章 マイクロ波プラズマの応用

応場で生成する酸素活性種の種類が変化していることが考えられる。また，FE-SEM による表面観察では照射出力の増加にともない酸化膜表面の微細孔の割合が減少することが確認されている。以上より，AO-O_2^*-Ti 系において光触媒活性を向上させるには，照射出力が 200 W 以下の条件下で，多孔質構造を有する酸化膜を形成する必要があることが示唆される。

4.3　固相の分解─C-H 系プラスチックのケミカルリサイクル─

　プラスチックは，成形性に富む安価な材料として大量生産されると同時に大量廃棄されており，国内の産業における一般廃棄物としてのプラスチック量は年間で 500 万 t 以上に達している[13]。これより，資源の有効利用および廃棄物削減の視点から，廃プラスチックのリサイクルに対する重要性が高まっている。廃プラスチックの主なリサイクル手法としてサーマルリサイクルやマテリアルリサイクルが挙げられるが，有害ガスの発生や品質の劣化などの課題からプラスチックを原料に改質するケミカルリサイクルの技術開発が望まれている。本項では，ヘリウムマイクロ波プラズマによるポリエチレン（PE），ポリプロピレン（PF）およびポリスチレン（PS）の転換とケミカルリサイクルへの応用について述べる[14]。

　図6にヘリウムプラズマ-ポリエチレン系（He*-PE），ヘリウムプラズマ-ポリプロピレン系（He*-PP），ヘリウムプラズマ-ポリスチレン系（He*-PS）における気体状（Y_{gas}）および油状生成物収率（Y_{oil}）を比較して示す。ヘリウムの供給モル流速は 14.8 μmol/s，反応初期圧は 4.0 kPa，照射出力は 300 W で 16 メッシュパスの PE, PP, PS それぞれ 1.0 g にマイクロ波を

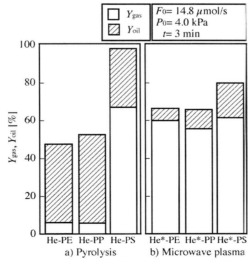

PE: ポリエチレン, PP: ポリプロピレン, PS: ポリスチレン

図6　熱分解反応系とマイクロ波プラズマ反応系の C-H 系プラスチック分解生成物収率の比較

253

3 min 照射した場合の結果である。いずれの試料においてもヘリウムプラズマと接触させると，水素，メタンおよびアセチレンなどの気体状生成物の収率が高いことがわかる。油状物に関しては，He*-PE 系，He*-PP 系では炭素数が 12～40 の分布を有する単結合および二重結合を含む脂肪族炭化水素，He*-PS 系ではモノマー，二量体，三量体の油状物が主生成物である。また，いずれの条件においてもモノマー骨格に起因する油状物が得られ，主鎖の切断にともなう解重合分解が進行すると考えられる。

一方，ヘリウムマイクロ波プラズマ反応の進行にともなう固相の昇温速度と同一で外部加熱し，ヘリウムをキャリアガスとして各試料の熱分解（He-PE, He-PP, He-PS）をおこなった結果では，He-PS 系では He-PE, He-PP 系に比べ気体状生成物の割合が高い。熱分解は固相から液相，気相への逐次的過程で進行すると考えられることから，液相から気相へのガス化速度が固相から液相（油状物）の転換速度に比べ速い場合に気体状生成物の収率が高まる。ヘリウムマイクロ波プラズマ反応を用いた C-H 系プラスチックの分解過程では，熱分解に比べ油状物のガス化反応が速いと考えられる。

4.4 気相プラズマ-固相触媒反応—メタンからのエチレンの合成—

メタンを反応原料として低級炭化水素を合成する際に，過度の逐次脱水素反応の進行により副生成物である炭素の析出が避けられない場合が多い[15]。この課題を克服するためには化学平衡の制約を受けない実験条件の選定，または新たな平衡状態の構築が必要である。1980 年代前半から固体触媒を用いたメタンの酸化カップリング（OCM）反応による C_2 炭化水素の合成が数多く報告されている[16,17]。しかし，OCM 反応では酸化剤を添加することで炭素の析出は抑制できるものの C_2 炭化水素の収率が 30% を超えることは困難であると言われている[18～20]。この理由としてメタンの逐次酸化を制御することが容易でないことが挙げられる[21]。ここで，C_2 炭化水素収率を向上させるためには，逐次酸化を制御する条件，または固体触媒に接触させる前段で反応原料を改質し，後段の接触触媒反応を効率的に進行させる条件の選定が必要になる。本項では，後者の反応方式に焦点を当て，前段の反応としてマイクロ波プラズマによりメタンの活性化を行い，後段で 0.5 wt%Pt/Al_2O_3 ペレット触媒（80-120 メッシュ）と接触させるメタンプラズマ-Pt/Al_2O_3 系（CH_4^*-Pt/Al_2O_3）における C_2 炭化水素の合成結果について述べる[22]。

CH_4^*-Pt/Al_2O_3 の第Ⅱ反応場では，触媒充填位置 ξ を増加させると固体触媒に供給される熱エネルギー量および活性種濃度が低下する。また，アセチレン／水素（モル比は 25/75）を原料としたアセチレン／水素-Pt/Al_2O_3 系（C_2H_2/H_2-Pt/Al_2O_3）は，CH_4^*-Pt/Al_2O_3 系における ξ が無限大の条件に相当する。固体触媒の温度を制御した上で活性種濃度変化させた CH_4^*-Pt/Al_2O_3 系と C_2H_2/H_2-Pt/Al_2O_3 系における C_2 炭化水素分配率の温度依存性を図 7 に示す。CH_4^*-Pt/Al_2O_3 系での第Ⅰ反応場でのメタン供給モル流速は 6.94 μmol/s，反応初期圧は 2.6 kPa，照射出力は 300 W である。

$\xi = 50$ mm における CH_4^*-Pt/Al_2O_3 系では 498 K でエタン分配率が極大を示し，エチレン分

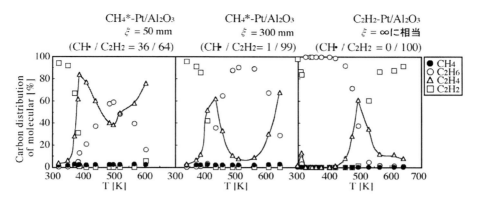

図7　各活性種濃度における固体触媒温度と炭素モル分配率の相関

配率が極小を示す。$\xi=300$ mm では 500-600 K におけるエタン分配率が高まる。C_2H_2/H_2-Pt/Al_2O_3 系では，300-400 K においてアセチレンの水素化によるエタン分配率がほぼ 100% を示す。400 K を超えるとエタンの脱水素の進行によりエチレン分配率が極大を示し，アセチレン分配率は徐々に増加する。以上より，メタンを原料としてアセチレンを得る場合はメタン単成分のプラズマ反応系（CH_4^*）が適する。メタンからエチレンまたはエタンを得たい場合は，CH_4^*-Pt/Al_2O_3 系で（ξ, T）をそれぞれ（50 mm, 400 K），（300 mm, 550 K）に条件の設定をおこなえば生成物収率を向上できる。

5　おわりに

マイクロ波プラズマ反応では，上述の3つの反応場を巧く組み合わせることで，新たな反応スキームの創生が可能となり，さまざまな分野への応用展開が期待できる。これらの反応場に着目した大気圧下でのマイクロ波プラズマの活用法として，「大気圧プラズマ－固相系反応場」でのバイオマスの転換，「大気圧プラズマ－液相系反応場」での大気汚染防止，水質浄化，滅菌・殺菌技術などを開発中である。これらのプロセスは，資源・エネルギー・環境分野の面で有望なプロセスとなることが期待される。

文　　献

1) 尾上薫，"進化する反応工学―持続可能社会に向けて―"，第4章 新しい反応場の工学分担執筆，p. 142，槙書店（2006）

2) R. Nielsen, *Catal. Today*, **71** (243), 243 (2002)
3) 吉田邦夫, "エクセルギー工学　理論と実際", p. 103, 共立出版 (2000)
4) D. Fukuoka, H. Nagazoe, M. Kobayashi and K. Onoe, Proc. of 13th Regional Symposium on Chemical Engineering, No. 357 (2006)
5) 長添寛, 小林基樹, 菊川陽平, 小沼元樹, 尾上薫, ケミカル・エンジニアリング, **50** (8), 615 (2005)
6) H. Nagazoe, M. Kobayashi, T. Yamaguchi, H. Kimuro and K. Onoe, *J. Chem. Eng.*, **39** (3), 314 (2006)
7) 久保田健, 山本長邦, 岩田均, 石川邦彦, 第43回日本熱処理技術協会講演大会要旨集, 3 (1996)
8) 牛込俊裕, 小林基樹, 橋本久, 高志明, 中井宏, 中林貴, 茂垣康弘, 尾上薫, 熱処理, **47** (1), 12 (2007)
9) 仲村亮正, 文相喆, 藤嶋昭, 真空, **49**, 232 (2006)
10) 藤嶋昭, 表面技術, **55**, 313 (2004)
11) Y. Honda, D. Fukuoka, M. Kobayashi and K. Onoe, Proc. of PACIFICHEM 2010, 183 (2010)
12) 本田侑一郎, 福岡大輔, 小林基樹, 尾上薫, 第4回日本電磁波エネルギー応用学会シンポジウム講演要旨集, 114 (2010)
13) 名木稔, *J. Jpn. Inst. Energy*, **89** (8), 800 (2010)
14) 宮本郁磨, 今野克哉, 長添寛, 小林基樹, 山口達明, 尾上薫, 石油学会第53回研究発表会講演要旨集, 90 (2004)
15) A. Holmen, O. Olsvik and O. A. Rokstad, *Fuel Process Technol.*, **42** (2/3), 249 (1995)
16) G. E. Keller and M. M. Bhasin, *J. Catal.*, **73**, 9 (1982)
17) L. Guczi, R. A. V. Senten and K. V. Sarma, *Catal. Rev-Sci. Engng.*, **38** (2), 249 (1996)
18) O. V. Krylov, *Catal. Today*, **18**, 209 (1993)
19) L. Xu, S. Xie, S. Liu, L. Lin, Z. Tian and A. Zhu, *Fuel*, **81**, 1593 (2002)
20) A. M. Maitra, *Appl. Catal. A Gen.*, **104** (1), 11 (1993)
21) K. Asami, T. Fujita, K. Kusakabe, Y. Nishiyama and Y. Ohtsuka, *Appl. Catal. A Gen.*, **126** (2), 245 (1993)
22) M. Konuma, H. Nagazoe, M. Kobayashi, T. Yamaguchi and K. Onoe, Proc. of 5th Tokyo Conference on Advanced Catalytic Science and Technology, P-362 (2006)

第2章 マイクロ波液中プラズマの応用

成島　隆[*1]，菅　育正[*2]，米澤　徹[*3]

1 はじめに

　プラズマは原子や分子から電子が離れ，正の電荷を持つイオンと負の電荷を持つ電子が混在し，電気的にほぼ中性を保つ粒子の集団である。実際のプラズマ中にはイオンや電子以外に，基底状態の中性原子，分子およびそれらの励起種，ラジカルそしてそれらから放射される光の光子が含まれる。プラズマは各種の分子や原子中にてアーク放電やグロー放電を行うことで発生させるが，マイクロ波を用いた場合には広い圧力範囲で高密度なプラズマを発生させることが可能である。また，家庭用電子レンジと同じ 2.45 GHz のマグネトロンが使用できるため，装置を安価に作製できる。さらには無電極放電も可能となるため電極物質による汚染も防げるといった利点がある[1]。多くの場合，プラズマは大気中または真空装置内にてガス状の分子，原子に対して電力供給することで発生させ，表面処理や薄膜およびナノ構造体の作製に利用されている。しかし近年では水をはじめとした液体中でプラズマを発生させる「液中プラズマ」技術が注目を浴びている。この技術は，水中での有機物分解のような環境浄化プロセス[2,3]はもちろん，様々な材料，とりわけ金属および酸化物やカーボンナノ材料について高速かつクリーンな製造技術として期待が持たれている。本章ではマイクロ波液中プラズマの応用について，特に材料合成に関する近年の研究事例を紹介する。

2 マイクロ波液中プラズマの発生原理

　液中プラズマでは，水などの液体中に浸漬させた電極に直流，交流あるいはパルス電圧を印加することでプラズマを発生させる。液体中でプラズマを発生させるためには気体よりもはるかに高いエネルギー密度が必要になるため，実際には電極表面でジュール加熱された液体分子が気化して発生する気泡中でプラズマは生成する。液中プラズマの場合は気泡の周囲に液体が存在するため，大量の原料を液体から供給することができ，反応速度を非常に早くすることができ，製造プロセスの高速化が可能といったメリットがある。しかしながら，液中にて電極に高電圧を印加する方法では，電気伝導度の調整のために様々な無機塩を液中に添加する必要がある[4~6]。

＊1　Takashi Narushima　㈱菅製作所　SED部　研究員
＊2　Ikumasa Suga　㈱菅製作所　社長
＊3　Tetsu Yonezawa　北海道大学　大学院工学研究院　材料科学部門　教授

マイクロ波化学プロセス技術Ⅱ

　一方，液中プラズマ法においても，ガス中プラズマ同様にマイクロ波をプラズマ生成の電力供給源として利用する方法も検討されている。図1に筆者らのグループで使用しているマイクロ波液中プラズマ装置の電極およびリアクターの構造を示す[7]。導波管の途中に先端の尖った同軸電極がついており，この同軸電極の先端はリアクターの内部に突き出た構造をしている。マイクロ波は，導波管から同軸電極を伝搬し，液中に突き出た先端部で電界が集中することで周囲の液体が加熱され，気泡が発生し，その中でプラズマが生成する。このように，マイクロ波液中プラズマは電極に伝搬させたマイクロ波によって液体が加熱されて気泡が発生するので，対象となる液体の電気伝導度の影響を受けにくい。実際に筆者らのグループでは上記の装置を用いて，＞18.2 MΩの精製水中でも液中プラズマを安定して発生させることができ，その時の発光スペクトルの測定も行っている（図2）。野村らも，同様な導波管内に同軸電極を立てる構造の装置を作製しているが，こちらの装置は，気泡を発生しやすくするために反応リアクター内を減圧できる構造になっている[8]。一方，石島らの開発した装置には導波管の先端にスロット電極を付けることで気泡の発生効率を上げる構造が用いられている[9]。

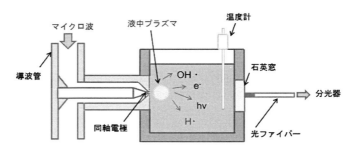

図1　マイクロ波液中プラズマ装置の電極およびリアクターの構造[7]

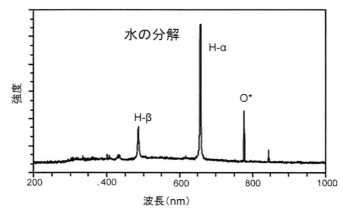

図2　精製水中でのマイクロ波プラズマの発光スペクトル[7]

第2章 マイクロ波液中プラズマの応用

3 マイクロ波液中プラズマを用いた材料の合成

3.1 無機ナノ粒子

液中プラズマ装置を用いた金属または酸化物ナノ粒子の合成法は，大きく分けて(a)液中スパッタ法と(b)化合物還元法（化合物原料法）の2通りに分けられる。以下にそれぞれの方法について解説しよう。

(a) 液中スパッタ法

液中スパッタ法は，液中で固体の金属ターゲットまたは金属電極そのものをプラズマによってスパッタリングすることで，ナノ粒子を作製する方法である。液中でスパッタリングを行った場合，周囲に大量の液体が存在するので，ターゲットからはじき出された金属原子やクラスターは急速に冷却され凝集し，粒子となって液中に分散する。従って，真空装置の中で行うスパッタ法と違い，ターゲットからはじき出された金属原子やクラスターの大部分を回収可能であり，原料に対する収率を非常に高くできる。さらにあらかじめ液中に分散剤や保護剤となる有機物を添加しておくことで，得られる粒子の大きさや形状をコントロールすることも可能である。

筆者らのグループでは，Pt電極を用いて水中でプラズマ照射を行い，Ptナノ粒子を作製した。このとき，あらかじめ粒子の保護剤となるPVP（ポリビニルピロリドン）を加えておくことで，粒子径を3-10 nmにコントロールすることができた（図3）[7]。野村らは，水中で同軸電極直上に棒状の金属ターゲットを設置し，当該ターゲットをスパッタリングすることでナノ粒子を作製し，ターゲットの金属にAgを選択した場合は金属Agナノ粒子が生成するが，Znの場合は金属Zn/ZnO混合物ナノ粒子が，Mgの場合はMg(OH)$_2$ナノ粒子が生成する[10]。水中でプラズマ照射を行った場合，水分子が分解しOラジカルやOHラジカルが生成するため，スパッタリングされた金属原子は周囲の水分子やこれらのラジカルに曝される。そのため，Pt，Agといった酸化を受けにくい貴金属元素では酸化物を含まない金属ナノ粒子が得られるが，ZnやMgと

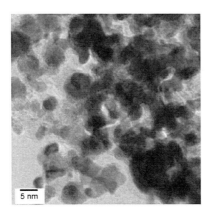

図3 液中スパッタ法により作製したPtナノ粒子のTEM像[7]

いった前周期遷移金属では酸化物や水酸化物が生成してしまう。そのため，野村らは媒体をエタノールに変えてZnターゲットにプラズマ照射を行うことで，酸化物を含まない金属Znのナノ粒子を作製している[11]。しかしながら，大気中にてエタノールのような可燃性液体を用いてプラズマを発生させると引火の危険性があるので，そのような場合は減圧下もしくは不活性ガス雰囲気下で実験を行う必要がある。

(b) 化合物還元法

金属ナノ粒子作製法で最もよく知られている方法として，有機保護剤の存在下で金属化合物を化学的に還元する化学還元法がある。この場合，金属化合物を溶媒中でヒドラジンやNaBH$_4$といった還元剤を用いて還元するが，液中プラズマによって液体分子が分解されると様々なラジカルが生成し，その中には還元力を持つものも含まれる。そのため，還元剤を加える代わりに金属化合物溶液中にプラズマを照射し，液中に生成する還元性ラジカルによって金属イオンを還元することでナノ粒子を作製することも可能であり，毒性や環境負荷の高い試薬を使用せずにナノ粒子を作製するプロセスとして注目を浴びている。このような化合物還元法によるナノ粒子作製はほとんど水溶液中で行われるので，水中での反応について以下で説明する。

H_2O分子はプラズマ照射によってHラジカルとOHラジカルに分解され（式1），水素ラジカルが金属イオンに電子を供給しH^+となることで金属イオンを還元して微粒子を作製する（式2）。

$$H_2O \rightarrow H\cdot + OH\cdot \tag{1}$$
$$M^{n+} + nH\cdot \rightarrow M^0 + nH^+ \tag{2}$$

これらの式からもわかるように，水素ラジカルによって金属イオンの還元が起こるとH^+が発生する。このため，化合物還元法では反応速度や水素ラジカルの還元力のコントロールのために，pHの調整が重要になる。

DCパルス電源による液中プラズマではあるが，高井らはHAuCl$_4$水溶液中にてプラズマ照射を行って得られるAuナノ粒子の粒子径が，反応溶液のpHが高くなるほど小さくなることを報告している[12]。筆者らはマイクロ波液中プラズマ装置を用いて，PVP存在下AgNO$_3$水溶液中でプラズマ照射を行うことで，平均粒径4.5 nmのAgナノ粒子を合成した[7]。しかしながら，Hラジカルの還元力だけで金属イオンを0価まで還元することは，AuやAgといった貴金属イオンに限られている。

そこで筆者らは，遷移金属元素でも酸化物を含まない金属ナノ粒子が作製できないかと，CuSO$_4$・5H$_2$Oを原料として水溶液中で金属Cu微粒子の合成を試みた。このとき，プラズマ照射のみではCuOのナノ粒子が得られたが，還元助剤としてL-アスコルビン酸を添加するとCu$_2$Oナノ粒子が，イソアスコルビン酸を添加すると金属Cu微粒子が得られた（図4）[13]。しかもこのとき添加したイソアスコルビン酸の量は，反応溶液中のCu^{2+}イオンを0価まで還元するには化学量論的には足りないにもかかわらず酸化物を含まない金属Cu微粒子が生成した。

第2章　マイクロ波液中プラズマの応用

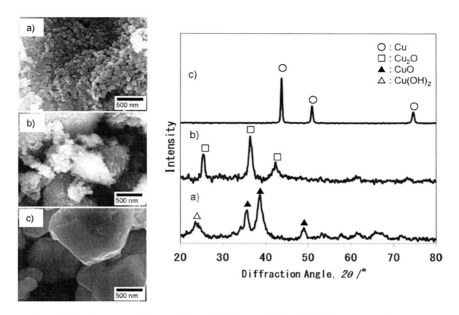

図4　化合物還元法によって作製したCu微粒子のSEM像およびXRDパターン
(a)還元助剤無添加，(b)L-アスコルビン酸添加，(c)イソアスコルビン酸添加[13]

また上記結果でCu^{2+}イオンからCuOナノ粒子が生成したように，0価の金属に還元できない元素であっても，水溶液中でプラズマ照射を行うことで，当該金属元素の酸化物ナノ粒子を合成することは可能である（化合物原料法）。$Zn(CH_3COO)_2$を原料としてアルカリ水溶液中でたった5分のプラズマ照射で77～79％の収率で得ることにも成功しており[14]，このような酸化物ナノ粒子の高速大量合成にも適したプロセスである。

3.2　カーボン材料

前項までは主に水中での液中プラズマによるナノ材料の合成について触れてきたが，マイクロ波液中プラズマ法では，炭化水素のような有機溶媒中でもプラズマを生成することができる。そのため，プラズマによって有機溶媒分子を分解してカーボン材料の"液中CVD"を行うことが可能である。

野村らはSi基板を浸漬させたn-ドデカン中で液中プラズマを発生させることで，Si基板上にDLC膜が形成され，n-ドデカンにシリコーンオイルを添加することでSiCがSi基板上に生成することを見出した（図5）[15]。さらに，ベンゼン中にFe修飾したゼオライトを浸漬させてプラズマ照射を行うと，ゼオライトの表面からカーボンナノチューブが成長している様子を報告している[15]。

さらに固体材料だけでなく，n-ドデカン，ベンゼン，食用油やエンジンオイル中でプラズマを発生させ，これらの液体を分解することでCH_4，C_2H_4，C_3H_6といった燃料ガスになる低分子

261

マイクロ波化学プロセス技術Ⅱ

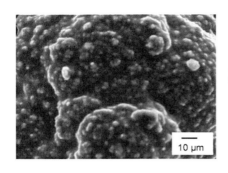 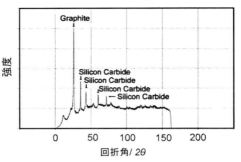

図5　Si基板上に生成したSiCのSEM像およびXRDパターン[15]

炭化水素を発生させることにも成功しており[16]，マイクロ波液中プラズマは，材料科学だけでなくエネルギー分野でも有望な技術になる可能性がある。

謝辞

　本研究の一部は経済産業省　戦略的基盤技術高度化支援事業（サポイン）によって支援された。技術的な議論をしてくださった佐藤進博士（アリオス㈱）に感謝する。

文　　献

1) 堂山昌男，山本良一編，材料テクノロジー(9)材料のプロセス技術［I］，p.109，東京大学出版会（1987）
2) A. T. Sugiarto et al., *J. Electrostatics*, **58**, 135 (2003)
3) X. L. Hao et al., *J. Hazard. Mater.*, **141**, 475 (2007)
4) O. Takai, *Pure Appl. Chem.*, **80**, 2003 (2008)
5) G. Saito et al., *Cryst. Growth Des.*, **12**, 2455 (2012)
6) G. Saito et al., *J. Appl. Phys.*, **110**, 023302 (2011)
7) S. Sato et al., *Surf. Coat. Tech.*, **206**, 955 (2011)
8) Y. Hattori et al., *J. Appl. Phys.*, **107**, 063305 (2010)
9) T. Ishijima et al., *Plasma Sources Sci. Technol.*, **19**, 01510 (2010)
10) Y. Hattori et al., *Mater. Chem. Phys.*, **131**, 425 (2011)
11) Y. Hattori et al., *Mater. Lett.*, **65**, 188 (2011)
12) M. A. Bratescu et al., *J. Phys. Chem. C*, **115**, 24569 (2011)
13) 成島隆ほか，日本金属学会誌，**76**(4)，229 (2012)
14) T. Yonezawa et al., *Chem. Lett.*, **39**, 783 (2010)
15) S. Nomura et al., *Appl. Phys. Lett.*, **88**, 211503 (2006)
16) S. Nomura et al., *Appl. Phys. Lett.*, **88**, 231502 (2006)

【第6編　環境・エネルギー】

第1章　バイオマス分解・燃料化

三谷友彦[*1], 渡辺隆司[*2]

1　はじめに

　近年，バイオマス資源からの燃料・化成品の生産を目指す「バイオリファイナリー」が，原油からこれらの有用物質を生産する従来の「オイルリファイナリー」の代替技術として注目されている[1]。再生可能資源として利用されている植物バイオマスには，バイオディーゼルの原料となる油脂，貯蔵性の糖質であるショ糖（サトウキビなど）やデンプン質（トウモロコシ，キャッサバなど），植物細胞壁成分であるセルロース系原料（木質，草本など）に分類される。このうち，セルロース系原料は，資源量が豊富であり，食糧と直接競合せず，バイオ燃料に変換利用する際の温暖化ガスの排出量が栽培植物由来のデンプンやショ糖に比べて低いことから，その燃料や化学品への変換法の開発が活発化している。本章では，マイクロ波プロセスの利用例が多いセルロース系原料，特に木質バイオマスを中心に記述する。

　セルロース系原料を構成する植物細胞壁は，主として多糖類であるセルロースとヘミセルロース，不規則な芳香族高分子であるリグニンから構成される。セルロースおよびヘミセルロースは酵素糖化プロセスにより単糖類に加水分解（糖化）されることから，発酵によりバイオエタノールや化学品への変換が可能である。一方リグニンは，セルロースに次いで二番目に多い天然高分子であり，芳香環を有していることから，化学産業にとって重要な芳香族化成品への変換が検討されている。米国ではリグニン利用に関する短期から長期までの計画を策定しており[2]，バイオリファイナリーの実現に向けた研究開発は世界中に広がっている。

　本章では，バイオマス分解・燃料化におけるマイクロ波化学プロセスの取り組みについて，特に筆者らが㈳新エネルギー・産業技術総合開発機構（NEDO）のプロジェクトとして現在進めている「木質バイオマスからの高効率バイオエタノール生産システムの研究開発」における木質バイオマスマイクロ波前処理装置を中心に述べる。また，プロジェクトを通じて経験したマイクロ波化学プロセスの量産化に対する方向性について考察する。

2　バイオマス分解におけるマイクロ波の有効性

　セルロース系バイオマスは，多糖類であるセルロースやヘミセルロースを不規則芳香族高分子

[*1] Tomohiko Mitani　京都大学　生存圏研究所　准教授
[*2] Takashi Watanabe　京都大学　生存圏研究所　教授

であるリグニンが被覆する構造をもつため,これらの多糖類を酵素分解してエタノールなどの有用物質を発酵生産するためには,リグニンによる多糖類の被覆を破壊する「(酵素糖化)前処理」と呼ばれる工程が必要となる。酵素糖化前処理には,酸,アルカリ,酸化剤などの触媒や有機溶媒を用いる化学処理,粉砕,爆砕などの物理処理,木材腐朽菌などを利用する生物処理および,それらの複合処理がある[3,4]。酵素糖化前処理は,糖化酵素が接触できる多糖の表面積を増大させるのみでなく,多糖の結晶転移や非晶化,発酵や酵素反応の阻害物質の除去など,糖化と発酵プロセスに対して複次的効果をもつ場合も多い。バイオマスの化学的前処理では,反応効率や反応選択性を高めるため,ほとんどの場合最適温度まで加温して反応を行う。その加熱方法にヒーターや熱媒などからの伝熱を利用する外部加熱法と,マイクロ波を用いる誘電加熱法がある。マイクロ波による前処理手法は,外部加熱法と比較して短時間・省エネルギーで処理できる点,迅速加熱により副反応を抑制できる点で期待されている。これはマイクロ波が物質内部まで浸透してエネルギーとして吸収されるというマイクロ波加熱の原理に由来する。筆者らは,グリセロール,エチレングリコール,エタノールなどの有機溶媒を用いたマイクロ波ソルボリシス前処理,モリブデン酸アンモニウムと過酸化水素を用いるマイクロ波酸化反応,マイクロ波水熱反応と白色腐朽菌の複合前処理などのバイオエタノール生産プロセスにおける有効性を明らかにしてきた[5~8]。海外でもマイクロ波を利用した稲わらの分解[9,10]やリグノセルロース系廃棄物の分解[11]が報告されている。図1に,マイクロ波前処理を用いた木質バイオマスからのバイオエタノール生産プロセスの一例を示す。このプロセスでは,マイクロ波照射によりバイオマス中のヘミセルロースは部分的に加水分解されて可溶化する。一方,セルロースは固体のままであるが,セルラーゼによる酵素分解を受けやすい状態へと変化する。前処理を受けたバイオマスは一つのタンク内で酵素により糖化されると同時に発酵菌によりエタノールへと変換される。発酵後エタノールは蒸留により回収・精製され,蒸留残渣として残るリグニンは分離して化学品原料やエネ

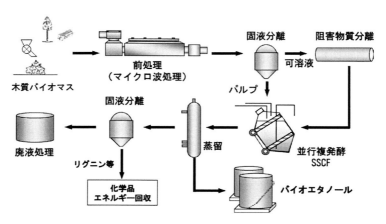

図1 マイクロ波前処理を利用し木質バイオマスからバイオエタノールを生産する工程の例

第1章 バイオマス分解・燃料化

ギー源として利用する。筆者や鳥取大学，日本化学機械製造，トヨタ自動車が参加するNEDOプロジェクトでは，マイクロ波前処理とC5糖とC6糖の同時発酵能やセルラーゼの分泌発現・表層提示機能などを付与した遺伝子組換え細菌を組み合わせて，エタノールを生産する。これまでに，連続式マイクロ波前処理装置を組み入れたベンチプラントで発酵収率95％でバイオエタノールを生産した[12]。

3 マイクロ波によるバイオマスの熱分解

マイクロ波は，リグニンと細胞壁多糖を分離する酵素糖化前処理法の他，植物バイオマスの熱分解による液化やガス化にも利用される[13〜17]。植物に含まれる水は誘電損率が高くマイクロ波エネルギーを熱に変える要となる成分である。水の蒸散過程を経るバイオマスの熱分解プロセスでは，水の沸点以上の温度で一部の水が失われることによりマイクロ波の熱への変換効率が一時的に下がる。しかし，バイオマスの温度が上昇すると，バイオマスの熱分解により水が生成するため，反応は停止することなく進行する。温度がさらに上昇すると，マイクロ波をよく吸収する炭化成分であるチャーが生成するため，熱分解が加速される。バイオマスのマイクロ波熱分解では，液化成分であるタール，炭化成分であるチャー，一酸化炭素，二酸化炭素，水素，メタンなどからなるガスが生成する。ガス化を目的とする場合は，化学合成における利用価値が高い一酸化炭素と水素の生成率が高まるよう温度制御する。木材などの植物バイオマスのマイクロ波熱分解では，試料の粒子径が大きいと，水や熱の閉じ込め効果により，単位重量当たりの熱分解に必要なマイクロ波エネルギー量が下がる。直径30 cmの丸太のマイクロ波熱分解も行われており，グルコースの脱水物であるレボグルコ酸が高収率で得られている[14]。マイクロ波による熱分解効率を高めるため，グラファイト，SiC，塩化カルシウムや硫酸マグネシウムなどの金属塩，活性炭，バイオマス由来のチャーを試料バイオマスと混合してから，マイクロ波熱分解をする方法が報告されている[13,15〜17]。

4 木質バイオマスマイクロ波前処理装置の研究開発

4.1 装置の概要

マイクロ波を利用した木質バイオマスからのバイオエタノール生成に関しては，1980年代に筆者らの前身の研究所である京都大学木材研究所にて研究開発されている[18,19]。当時の木質バイオマス前処理装置の概略図[18]を図2に示す。当時の装置ではマイクロ波は金属容器内に照射され，金属壁での反射を繰り返すうちに金属容器より小径の円筒セラミック管内を通過する木質バイオマスにマイクロ波が照射される。当時の装置は木質バイオマスを流しながら連続的にマイクロ波前処理ができるというメリットがある一方で，円筒セラミック管が高価なためバイオエタノール生成時おける採算性が課題の一つであった。そこで，筆者らにより円筒セラミック管を用

マイクロ波化学プロセス技術 II

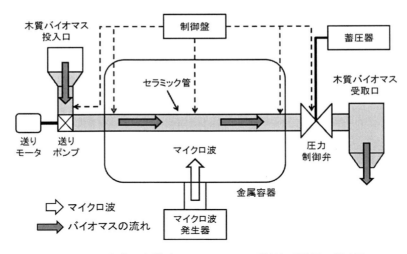

図2　1980年代の木質バイオマスマイクロ波前処理装置の概略図

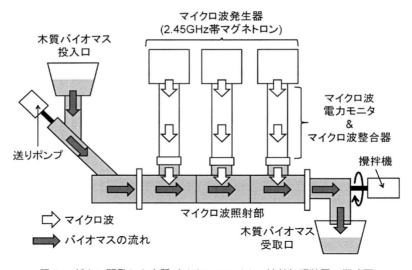

図3　新たに開発した木質バイオマスマイクロ波前処理装置の概略図

いずに円筒金属管に木質バイオマスを直接流すマイクロ波前処理装置を開発した[20]。新たに開発した木質バイオマスマイクロ波前処理装置の概略図を図3に示す。本装置の特徴は、マイクロ波発生器から金属管までのマイクロ波照射部を1つのユニットとして捉え、処理状況に応じて複数台のユニットを導入できる点にある。これにより、木質バイオマスの処理量、処理温度、処理時間によってマイクロ波照射部を追加したり削減したりすることで、装置規模の調整が可能となる。

4.2 被加熱物の誘電率測定

木質バイオマスマイクロ波前処理装置の高効率化を図るためには，被加熱物の電気特性，特に誘電率を把握することが重要である。そこで，被加熱物の誘電率を誘電体プローブキット（Agilent 85070E）およびネットワークアナライザ（Agilent N5242A）を用いた同軸プローブ法[21]により実測した。

誘電率の測定結果の一例として，蒸留水および有機溶媒であるエチレングリコール，ブタンジオールの温度-誘電率特性の測定結果を図4に示す。測定周波数は2.45 GHzであり，図4(a)は比誘電率実部，図4(b)は比誘電率虚部の測定結果をそれぞれ表している。測定結果より，被加熱物によって誘電率特性が大きく異なること，また温度によっても被加熱物の誘電率が大きく変化することが分かる。

ここで，物質表面から電磁波の電界強度が$1/e$（e：自然対数の底）まで減衰する位置までの距離を浸透深さdとすると，dは電磁波の波長λ，および誘電正接$\tan\delta = \varepsilon_r{''}/\varepsilon_r{'}$を用いて，次の式(1)で表すことができる。

$$d = \frac{\lambda}{2\pi} \frac{1}{\sqrt{2\varepsilon_r{'}(\sqrt{\tan\delta^2+1}-1)}} \tag{1}$$

周波数2.45 GHzにおける蒸留水，エチレングリコール，ブタンジオールの温度-浸透深さ特性の計算結果を図5に示す。図5より，浸透深さも被加熱材料およびその温度によって大きく変化することが分かる。また，エチレングリコールは周波数2.45 GHzでの$\varepsilon_r{''}$が大きいため，マイクロ波で加熱されやすい物質である一方，浸透深さが短いためマイクロ波照射容器の大型化には不向きであることが分かる。このように，被加熱物の誘電率特性を把握することはマイクロ波装置の設計において極めて重要である。

4.3 3次元電磁界シミュレータを用いた装置設計

木質バイオマスマイクロ波前処理装置の設計には，3次元電磁界シミュレータによる計算機実験を用いた。計算機空間内に装置を再現してマイクロ波伝搬を解析することにより，実際に装置を試作することなく設計することが可能である。

シミュレータを用いた設計結果の一例として，円筒金属管内にエチレングリコールを満たした状態でのマイクロ波電力密度分布を図6に示す。入射マイクロ波周波数は2.45 GHz，入射電力は1 Wであり，図6(a)はエチレングリコール温度25℃の時，図6(b)はエチレングリコール温度80℃の時の計算結果である。また，それぞれのシミュレーションにおいては，図4に示した比誘電率実測値を計算機空間内に取り入れている。計算結果より，エチレングリコール温度80℃の時の方が25℃の時よりマイクロ波が深い位置まで浸透していることが分かる。これは図5からも明らかなように，エチレングリコール温度80℃の時のマイクロ波の浸透深さが25℃の時より3倍程度深いためである。また，これらのシミュレーションにおいてはマイクロ波入射口を基準

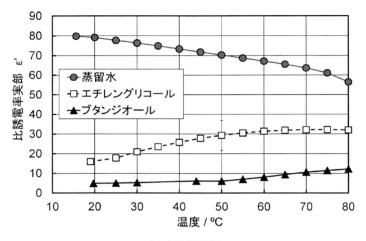

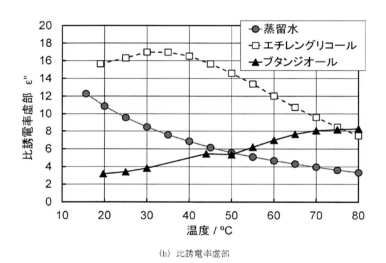

図4　蒸留水・エチレングリコール・ブタンジオールの温度-誘電率特性の測定結果

面とした反射係数が5%以下となっていることを確認済みであり，装置におけるマイクロ波反射電力に関しても電磁界シミュレータを用いて評価し，設計に反映させることができる。

4.4　プロトタイプ製作および実測評価

電磁界シミュレータによる設計をもとに，木質バイオマス前処理装置のプロトタイプ製作および実測評価を行った。製作したプロトタイプの写真を図7に示す。図7(a)は1.2 kW出力の2.45 GHz帯マグネトロンを3台用いたプロトタイプであり，図7(b)は5 kW出力の2.45 GHz帯マグネトロンを3台用いたプロトタイプである。

第1章 バイオマス分解・燃料化

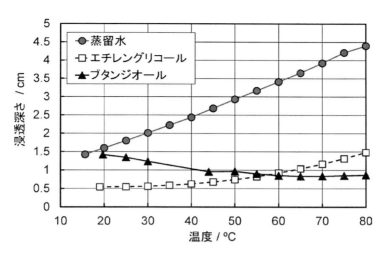

図5 蒸留水・エチレングリコール・ブタンジオールの温度-浸透深さ特性の計算結果

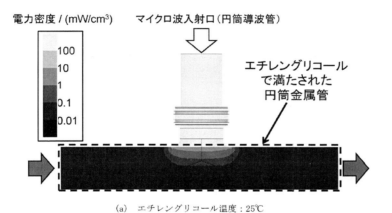

(a) エチレングリコール温度:25℃

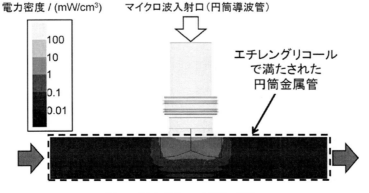

(b) エチレングリコール温度:80℃

図6 電磁界シミュレータによる電力密度分布の計算結果例

マイクロ波化学プロセス技術 II

　図7(b)のプロトタイプを用いて，木質バイオマス混合物としてユーカリの木粉，エチレングリコール，酸の混合物を用いた際の前処理能力を評価した[22]。本プロトタイプでの前処理能力としては，6.48 kg/h の木粉処理が可能であり，その時に生産されるバイオエタノールの推定値は 1.25 kg/h であった。これは 37 MJ/h のバイオエタノール燃焼エネルギーに相当する。一方で，マイクロ波照射装置での概算電力消費量（前処理工程のみ）は 54 MJ/h であった。よって，本プロトタイプにおいては，前処理行程での消費エネルギーが生成されるエタノールの燃焼エネルギーよりも 1.46 倍大きい結果となった。ただし，前処理時のリグニンを回収し燃焼することが可能な場合，回収されるリグニンの燃焼エネルギーは 38 MJ/h に相当する。よって，生成されるバイオマスエネルギーの総量では前処理行程での消費エネルギーを上回る。

　プロトタイプ製作における現状の問題点として，投入した木質バイオマス混合物中の木質バイオマスの重量比が 11% 程度しかないことや，マイクロ波照射部からの熱伝達によるエネルギー損失が大きいことが挙げられる。本プロトタイプでは木質バイオマス混合物の流動性を高めるた

(a) 1.2kW 出力 2.45GHz マグネトロン 3 台のプロトタイプ

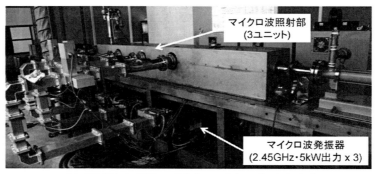

(b) 5kW 出力 2.45GHz マグネトロン 3 台のプロトタイプ

図7　木質バイオマスマイクロ波前処理装置プロトタイプの写真

木材のマイクロ波熱分解法は，通産省・工業技術院（現・産総研）が開発した新しい熱分解技術[1]である。

第1章　バイオマス分解・燃料化

めにエチレングリコールの比率を大きくしたが，図5および図6の誘電率測定および浸透深さが示すとおり，エチレングリコールはマイクロ波を吸収しやすい物質であるため，入射マイクロ波エネルギーの大部分がエチレングリコールに吸収されたことが想定される。今後は木質バイオマスの重量比を増加し，よりマイクロ波エネルギーを効率よく木質バイオマスに与えるための改善が必要である。また，マイクロ波照射部からの熱伝達によるエネルギー損失に関しては，この熱エネルギーを回収して木質バイオマス混合物の予熱に充てることによるシステム全体の効率改善を検討している。

5　マイクロ波化学プロセスの量産化に対する方向性

マイクロ波化学プロセスは，一般的にスケールアップの困難性が技術課題の一つとされる。この課題が発生する物理的要因の一つが，図6に示した浸透深さの問題である。マイクロ波は熱（遠赤外線）と比較すれば確かに物質内部の深くまでエネルギーが浸透するが，実際のエネルギー吸収は物質表面から徐々に起こることには変わりないため，浸透深さがマイクロ波化学プロセス装置の寸法を制限することは，物理的観点からはやむを得ない。

ここで，一般的な工業装置における量産化の方向性としては，「大型化（大容量化）」と「高速化（処理速度の向上）」が挙げられる。「大型化」は文字通り装置の寸法を大きくしてスケールアップを目指す方向性であり，コスト削減効果の観点からも有効な手段である。ただしマイクロ波化学プロセスにおいては浸透深さという物理的障壁がある。よって単純に「大型化」を実現するためには，式(1)で示すように入射するマイクロ波の波長を長くして浸透深さを深くする手法をとる必要がある。具体的には915 MHz帯の電磁波を用いることが挙げられる。現在日本ではマイクロ波加熱に対する915 MHz帯の周波数割り当てがされていないが，欧米では915 MHz帯はISM (Industry-Science-Medical) 帯として割り当てられている。一方で「高速化」に関しては，マイクロ波化学プロセスの長所の一つである化学反応の短時間化[23]との親和性が高い。つまり，マイクロ波化学プロセスの量産化においては，大型化という「ストックの改善」よりも，高速化という「フローの改善」を目指した装置設計することが望ましい。図7に示した木質バイオマスマイクロ波前処理装置のプロトタイプも，この「フローの改善」という視点で装置設計を行っている。

マイクロ波化学プロセスの量産化に対するもう一つの重要な視点は，マイクロ波（電磁波）の周波数依存性である。特に従来の装置設計においては，上述の浸透深さに代表されるような「物理的視点」からの最適設計は試みられているが，最速な化学反応が得られる周波数の調査等といった「化学的視点」からの最適設計の例は見受けられない。これは2.45 GHz帯以外のマイクロ波化学プロセス装置がほとんど存在しないことにも起因するが，物質の誘電率が周波数特性を持つことから鑑みても，個々の化学反応における周波数依存性は十分に精査されるべき研究課題である。そこで筆者らが所属する京都大学生存圏研究所では，マイクロ波加熱を用いた新材料創

生，木質関連新材料の分析，その他先進素材の開発と解析を行うことができる全国共同利用設備「先進素材開発解析システム」を 2009 年度に導入した。この共同利用設備の一部として，14 GHz 帯 650 W 進行波管増幅器や 800 MHz～2.7 GHz 帯 250 W GaN 半導体増幅器等の多周波マイクロ波加熱装置を導入しており，国内外の研究者が利用できる体制を整えている。

　以上のように，マイクロ波化学プロセスの量産化においては，従来の一般的な概念による量産化を目指すのではなく，マイクロ波化学プロセスの長所を十分に活かした装置設計を図ることが極めて重要である。

文　献

1) 渡辺隆司，ウッドバイオリファイナリー，材料，**61**, 668-674 (2012)
2) J. E. Holladay et al., Prepared for the U.S. Department of Energy under Contract DE-AC05-76RL01830 A (2007)
3) 渡辺隆司，次世代バイオエタノール生産の技術革新と事業展開，p.123-139，フロンティア出版 (2010)
4) A. T. W. M. Hendriks and G. Zeeman, *Biores. Technol.*, **100**, 10 (2009)
5) C. Sasaki et al., *Biores. Technol.*, **102**, 9942-9946 (2011)
6) P. Verma et al., *Biores. Technol.*, **102**, 3941-3945 (2011)
7) Y. Baba et al., *Biomass & Bioenergy*, **35**, 320-324 (2011)
8) J. Liu et al., *Biores. Technol.*, **101**, 9355-9360 (2010)
9) H. Ma et al., *Bioresource Technology*, **100**, 1279 (2009)
10) P. S. Zhu et al., *Biosystems Engineering*, **93**, 279 (2006)
11) P. Kitchaiya et al., *Journal of Wood Chemistry and Technology*, **23**, 217 (2003)
12) 渡辺隆司，簗瀬英司，クリーンエネルギー，**19**, 1-6 (2010)
13) D. J. Macquarrie et al., *Biofuels, Bioprod. Bioref.*, doi：10.1002/bbb, in press (2012)
14) M. Miura et al., *J. Anal. Appl. Pyrol.*, **71**, 187-199 (2004)
15) Q. Bu et al., *Bioresour. Technol.*, doi：10.1016/j.biortech., in press (2012)
16) J. Moen et al., *Int. J. Agric. & Biol. Eng.*, **2**, 70-75 (2009)
17) A. A. Salema and F. N. Ani, *J. Mekanikal*, **30**, 77-86 (2010)
18) J. Azuma et al., *Mokuzai Gakkaishi*, **30**, 501 (1984)
19) K. Magara et al., *Mokuzai Gakkaishi*, **34**, 462 (1988)
20) T. Mitani et al., *Journal of the Japan Institute of Energy*, **90**, 881 (2011)
21) Agilent Technologies, 誘電体測定の基礎, p.17, Application Note (2012)
22) 三谷友彦ほか, 電子情報通信学会ソサイエティ大会, p.106 (2011)
23) H. M. Kingston and S. J. Haswell, Microwave-Enhanced Chemistry -Fundamentals, Sample Preparation, and Applications-, p.27 (1997)

第2章 マイクロ波化学プロセスのスケールアップと事業化

吉野　巖[*1], 塚原保徳[*2]

1 はじめに

　近年，化学反応にマイクロ波を適用することが注目されている。既に，マイクロ波の特性を生かした反応速度や収率の著しい向上が認められており，新しい化学プロセスとしての期待が高まっている。

　マイクロ波とは，波長約1 mm～1 m（300 MHz～300 GHz）の電界と磁界が直交した電磁波であり，レーダーや加速器，電子レンジなど工学分野から我々の身の回りの家電製品まで広く利用されている。マイクロ波加熱は，マイクロ波の振動電磁場との相互作用により誘電体，磁性体を構成する双極子，空間電荷，イオン，スピンなどが激しく振動・回転することによって起こる内部加熱であり，短時間で目的温度に達することが可能である。化学反応にマイクロ波を適用した場合，①急速-選択加熱，②内部均一加熱，③非平衡局所加熱による効果が期待でき，これらのマイクロ波特殊効果の制御が可能になれば，革新的な新規反応場を用いた魅力的な化学プロセスと言える。

　一方，マイクロ波プロセスを産業展開する場合，乗り越えなければならない障壁がいくつか存在する。1つめは，最適なマイクロ波反応系の構築である。最適な系を設計できない場合は，単なる加熱手段となる可能性が高いからである。2つめは，マイクロ波リアクターのスケールアップである。これは，電磁波であるマイクロ波の浸透深さ，化学反応下におけるリアクター内の電場解析などの観点から，マイクロ波化学反応装置設計が難しい為である。3つめは，マイクロ波プロセスの制御システム構築である。これは，マイクロ波化学プロセスは，新しい概念の化学プロセスのため，通常プロセスの制御とは異なった全く新しい制御方法が必要な為である。

　これらの障壁を越えて初めて，安全性を確保したプロセスとして産業界にも応用展開可能になると考えられる。

　マイクロ波化学㈱はマイクロ波の特徴を生かして新規化学プロセスを確立し日本発のプロセスイノベーションとして世界に向けて発信したいという想いの元に，最初のターゲットとして非食用資源からのバイオディーゼル製造プロセスに着目し，反応系の構築から世界最大級の完全フ

[*1] Iwao Yoshino　マイクロ波化学㈱　代表取締役社長
[*2] Yasunori Tsukahara　大阪大学　大学院工学研究科　特任准教授；マイクロ波化学㈱　取締役　CSO

マイクロ波化学プロセス技術Ⅱ

ロー型リアクター開発に成功した．今後は，開発したプロセス化学をエネルギー・環境分野を始めとした多様なアプリケーションに広めていきたいと考えている．本稿では，マイクロ波反応系の構築，マイクロ波リアクターのスケールアップとマイクロ波プロセスの制御システム構築，マイクロ波化学プロセスの事業化およびその横展開に関して，筆者らの取り組みを紹介する．

2 マイクロ波と固体触媒を用いた革新的反応系構築

マイクロ波とマイクロ波に適した固体触媒を組み合わせにより，新たな化学反応場を創出し，高効率かつ環境負荷の小さい化学反応プロセスを達成する．

固体触媒は，①触媒と反応液の分離が容易でエネルギーロスが小さい，②廃水や中和などの後工程が少なく，副生物が少ないためEファクターが小さい，③リサイクルが容易，等の非常に優れた特徴を持つ．一方で，現在化学プロセスで多く用いられている均一系触媒に比べ，触媒コストが高いことや反応速度が遅いなどのデメリットが挙げられる．本反応系では，マイクロ波を組み合わせた高効率触媒の開発と触媒の長寿命化と低コスト化により，これらの問題点を解消した．

新たに開発したマイクロ波に適した固体触媒は，誘電損失係数・磁性損失係数の大きい特性をもった物質と反応活性点を有する物質を組み込むことにより，反応系においてマイクロ波を選択的に吸収することを可能としたハイブリッド触媒であり，マイクロ波照射条件下で局所的に高温・高圧な反応場を形成する．その結果，バルク相に比べ，著しく高い触媒活性を実現する（図1）．筆者らを中心としたグループは，バルク温度に対して擬似触媒における界面での高温状態の観測に成功しており，この状態を非平衡局所加熱と呼んでいる（図2)[1]．このような特殊な加熱手段を可能にするのはマイクロ波特有と言える．

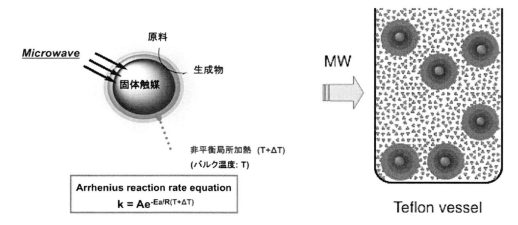

図1　マイクロ波による触媒の選択加熱

図2　マイクロ波法における固体触媒の非平衡局所加熱イメージ

第2章　マイクロ波化学プロセスのスケールアップと事業化

これまでに確認したエステル化やエーテル化をはじめとした種々の化学反応では，従来の反応系に対して数倍から数十倍の反応速度の上昇や収率の向上が確認されている。本プロセスは，これら以外にもマイクロ波と相互作用が認められる幅広い化学反応に適用が期待できる[2]。

3　マイクロ波化学反応装置スケールアップ

ラボスケールにおいて極めて高効率なマイクロ波化学が，国内外の一般化学プロセスにおいて産業化されてこなかったのは，スケールアップが困難であることが一因である。筆者らは，エンジニア，有機化学者，マイクロ波化学者を集め，この課題に取り組み，2010年にマイクロ波の特長を生かした第一世代である小型流通型マイクロ波反応器のパイロット装置（MWF-G1）を完成した。本反応器は，上方に未充填空間を有した横型多段の流通型マイクロ波化学反応器である。本反応器は，仕切り板によって仕切られた，直列の複数の室を有し，複数の室の2以上の室に対して共通の未充填空間を有している。マイクロ波は，マイクロ波発信器から導波管，そして反応器の未充填空間へ伝送する。

反応器の設計に関しては，電磁場解析ソフト（Ansys：HFSS）を用い，cavity内で均一な電磁界となるように設計している。マイクロ波照射装置に関しては，マイクロ波照射数，出力，周波数，照射方法，照射角度を対象反応に合わせて設計している。本設計指針の内部構造，仕切板，そして触媒により浸透深さの問題点を解決している。

2011年には，第二世代となる流通型マイクロ波反応器（MWF-G2）を完成させた（写真1）。MWF-G2は，第一世代の設計指針を踏襲しながら，大幅なスケールアップを行い内容積200-250Lにまで達した。

写真1　流通型マイクロ波反応装置（MWF-G2）

4 マイクロ波化学プロセス制御システム

電磁波であるマイクロ波の投入エネルギーは，対象物との相互作用による損失という形でエネルギー変換される。マイクロ波化学プロセスを制御するには，マイクロ波反応器への投入エネルギーと，変換されたエネルギーを正確に見積もり，その情報のフィードバックによるシステム内のより正確な状況予測と，そのシステム制御が重要であり，コア技術となる。将来，化学産業に用いられるだろうマイクロ波反応器は，通常，外部から観察できないため，内部で異常が発生していても，その異常を容易に把握することができない為，マイクロ波情報処理装置等によって，マイクロ波照射領域で発生している異常を容易に検知できることが必要である。

筆者らは，2011年に第一世代マイクロ波オペレーションシステム（mOS-1）を開発し，2012年には第一世代を進化させ完成度をあげた第二世代マイクロ波オペレーションシステム（mOS-2）を完成させた。mOS-2には解析ソフトを組み合わせ，エネルギー変換効率や，熱暴走等のマイクロ波におけるリスクをリアルタイムで解析できる仕様となっている。

5 マイクロ波化学プロセスを用いた化成品製造

植物由来のバイオディーゼル燃料（BDF）は大気中の二酸化炭素（CO_2）を増やさない代替エネルギーとして注目を集める一方，食用の植物油をBDFの原料に回すことが深刻な食糧不足につながりかねないという指摘もある。そのため筆者らは，工場などから大量に排出される低品質な動植物系廃油など非食用油のBDF化に着目した。一般的なバイオディーゼル燃料の製造プロセスは，廃食用油などの油脂（トリグリセリド）を多く含む高品質の油に対して，塩基触媒を用いてエステル交換反応を行うものである。一方，工業的に排出される遊離脂肪酸を多く含む低品質の油脂はダーク油と呼ばれ，従来法では処理が困難であることから，これまで再生エネルギーの対象としては扱われてこなかった。本プロセスでは，新規固体酸触媒（ハイブリッド触媒）の存在下でトリグリセリドのエステル交換反応，遊離脂肪酸のエステル化反応を"ワンポット"で行い，メチルエステル（BDF）を合成することに成功した（図3）。この結果，多種多様な非食用油脂からバイオディーゼルをつくることが可能になった。

本プロセスによる某工場からの工業廃油から合成したBDFの分析結果を図4に示す。原料は遊離脂肪酸を約26％含有し，通常の方法ではBDF化することは困難であるが，本プロセスを適用した結果，メチルエステル収率は96％以上を達成し，規格値を全て満している。2011年には，某製鉄所から排出された圧延廃油からBDFを製造し，2週間にわたりトラックによる実車試験を行い，B5，B20，B100においてBDFとしての基準値に達していることが証明されている。

BDFに用いられたハイブリッド触媒とマイクロ波化学プロセスは，BDF以外の脂肪酸エステルにも適用でき，現在，未利用資源である工業廃油からの化成品製造・製品出荷を行っている。

第2章 マイクロ波化学プロセスのスケールアップと事業化

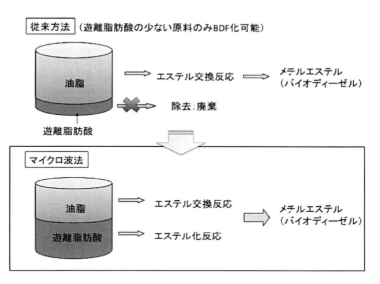

図3 従来法とマイクロ波法の違い

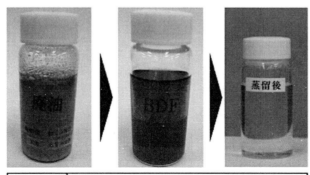

項目	単位	試験方法	規格	粗BDF
密度	g/ml(15℃)	JIS K2248.5	0.86-0.90	0.89
メタノール	質量%	EN14110	0.20以上	0.00
モノグリセリド	質量%	EN14105	0.80以下	0.04
遊離グリセリン	質量%	EN14105	0.02以下	0.00
全グリセリン	質量%	EN14105	0.25以下	0.20
金属(Na)	ppm	EN14108	5以下	1.0未満
金属(k)	ppm	EN14109	5以下	1.0未満
金属(Ca)	ppm	prEN14538	5以下	1.0未満
水分	ppm	JIS K2275	500以下	180
酸化	mg-kOH/g	JIS K2501	0.5以下	0.31
ヨウ素価	g-I2/100g	JIS K0070	120以下	107

図4 BDFと分析結果

6 バイオディーゼル・事業化への取り組みと課題

本事業における最大の特徴は，従来利用できずにいた遊離脂肪酸含有量の多い「非食用原料」である動植物系工業廃油を，マイクロ波化学プロセスによって，バイオディーゼルに変換する仕組みを構築することである。即ち，

① 選択性の高い反応を生かして，従来は使えなかった原料／廃棄物を利用できる革新的なプロセスを完成させる。
② 省エネ，小型，簡便というマイクロ波化学の特徴を生かして，低コストのプロセスを完成させる。
③ この装置を利用した地産地消型の循環型モデルを確立することを目指す。

本事業における原料供給面を見た場合，動植物系工業廃油は一カ所でまとまった量が発生しているうえに貯蔵もされている場合が多く，一般的なバイオマス原料の問題点として挙げられている収集／貯蔵コストの高さという課題を抱えていない。さらに，廃油の品質が低く焼却処分されているものも多いため低コストで入手可能なうえに，食糧とも競合しない（表1）。

一方で，需要面を見ると，日本のバイオディーゼル市場は，2010年現在，14,000 Lトン前後[3]と推定され，欧米を中心に21.4百万 KL[4]あるとされる世界市場と比較するとまだ極めて小さく，3,000万 KLある国内軽油市場に占める割合も0.1％以下である。これは欧米を中心に，バイオディーゼルなどバイオマス由来の燃料に関して導入されている税制優遇やRFSなどの使用数量義務化制度などが国内にないことが主な理由である。

当社としては，中長期的にはバイオディーゼル市場への参入を目指すものの，上記のように政策的な支援がない中で立ち上げるのは難しいうえに，数量的にも大量生産が必要となるため，まずは最初の一歩としてグリーン化成品事業を立ち上げることを目指す。工業廃油などのバイオマスを原料とするグリーン化成品については，燃料と比較して製品コストが高いことや，製品によっては製造プロセスの簡略化によって石油由来のものと比べて競争力を有することも可能なことから，市場に参入しやすい（図5）。次節に当社が取り組んでいるグリーン化成品事業とその事例を紹介する。

表1 バイオマス原料比較

	可食原料	廃食油	工業廃油
	大豆，ナタネ等	家庭用廃食油	油脂工場等
既存プロセスによる燃料化	可能	可能	不可能
原料コスト	高	高	低
収集コスト	高	高	低
貯蔵コスト	高	高	低
食糧への影響	高	低	低

第2章　マイクロ波化学プロセスのスケールアップと事業化

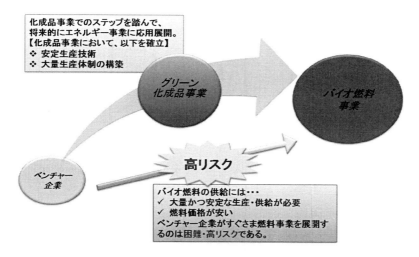

図5　事業化ロードマップ

7　マイクロ波化学プロセスの展開

　化学産業においては長年にわたり新しいプロセスが生まれておらず革新的なプロセスへのニーズが高まっている。さらに，社会的に，"製造プロセス"および"製品"のグリーン化へのニーズは強く，「電子レンジ」にも使用されているマイクロ波をエネルギー・化学産業に活用し，「省エネ・高効率・コンパクト」なグリーンプロセスを実現し，グリーンな製品を製造することへのニーズは高い。

　本プロセスは，マイクロ波と相互作用する固体触媒を用いることにより，系内の電磁場と固体触媒近傍の化学反応場を制御する。これにより，従来法では収率の低い反応や速度の遅い反応に対して優位性を得ることができる。また，非平衡局所加熱により発生する高圧・高温場は，研究の結果，農業残渣の抽出にも有効であることが明らかになってきており，マイクロ波法の効果が期待される。更に，マイクロ波プロセスでは技術的に制約のあった装置のスケールアップが可能となり産業化への課題がクリアされつつある。今後，環境調和型の技術として，更なる開発と普及を目指したい。以下に，その具体例を3点述べる。

7.1　グリーンケミカル（脂肪酸エステル）の合成

　脂肪酸エステルは，食品や化粧品，プラスチックなど幅広い用途で使用されるコモディティケミカルの一つである。本プロセスは，脂肪酸エステルの合成において多様な原料に適用可能であり，更に従来廃棄処分されていた工業廃油などの非可食資源を原料とし，即ちトリグリセリドと脂肪酸との混合物でも，ワンポットで合成可能であることが確認された（図6）。また，反応剤であるアルコールもメタノール，エタノール，ブタノールを始め高級アルコールが利用可能であり，反応温度も従来方法に比べ50-100 K低く抑えることが可能となった。

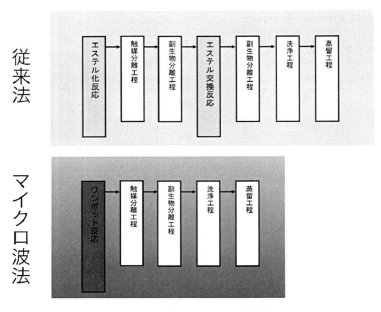

図6 従来法とマイクロ波法比較

　これにより，グリーン溶剤として環境対応製品に対する顧客のニーズを満たすだけではなく，廃棄処分されている原料を用いることで競争力の高い製品を提供することに成功している。さらに将来的にはエステル化反応を核にオレオケミカル分野への展開を計画している。

7.2 機能性化学品の合成

　触媒をカスタマイズしてマイクロ波の特徴である，選択加熱，内部加熱などを生かした反応性の高い系を構築することで，通常合成法と比較して極めて短時間な合成を実現し，副反応が起こる前に反応を終えることで不純物・副生物を抑えた高純度・高性能な製品を製造することが可能となる。また，触媒などを工夫することで，水洗などの後工程を省略することも可能となり，全体的なプロセスを簡素化・低コスト化できる。現在，電子材料や医薬中間体などの高付加価値分野において，複数の企業と開発を進めている。

7.3 油分・有効成分のマイクロ波抽出

　内部選択照射を可能にするマイクロ波プロセスは，農業残渣や微細藻類中の油分や微量に存在するポリフェノールなどの機能性成分の効率的な抽出を可能にする。マイクロ波化学㈱は，革新的マイクロ波による抽出法の開発，抽出メカニズムの解析，抽出システムの開発に取り組んでおり，本開発課題の達成により，従来の一般的な抽出方法に比べ，大幅な工程の簡略化，大規模化が達成できる。

第2章 マイクロ波化学プロセスのスケールアップと事業化

微細藻類については，淡水および海水で40,000種類以上が存在している[5]。一方で，微細藻類事業は，農業に類似しており，各国・地域の風土および環境によって普及する種類が異なってくることが予想される。現時点では，世界中で200を超える事業者が微細藻類の培養事業に取り組んでおり，どの種類の微細藻類および育種システムが普及するのか不明である[6]。これに対応するため，マイクロ波化学抽出技術をプラットフォーム化して多種多様な微細藻類に対応することを目指したい。また，抽出技術については，微細藻類開発と比較して低コストで開発をすることが可能であり，プラットフォーム化を実現することができれば各地域の勝者と組むことで効率の高い投資になり，日本全体で見たときに，リスクヘッジとなり得る。

8 おわりに

マイクロ波の化学プロセスへの適用は近年注目されている分野であり，従来法に比べ様々な高い効果が報告されている。マイクロ波化学㈱はこれらの効果に着目し，従来は利用することのできなかった動植物系の工業廃油を原料としたバイオディーゼル製造プロセスを最初のターゲットとして，新たにハイブリッド触媒を開発し，マイクロ波を用いた反応系を構築した。更にマイクロ波プロセスの課題であったスケールアップにも成功し，2012年現在，第1号製品のグリーンケミカルである脂肪酸エステルの商業化ステージに入っている。今後は，このプロセスイノベーションの知見をもとに機能性材料や基礎化成品・エネルギーや藻類抽出など新たな分野へマイクロ波化学プロセスを広げていきたい。

文　献

1) Y. Tsukahara et al., J. Phys. Chem. C, 114, 8965-8970 (2010)
2) 「マイクロ波化学プロセス技術」，第1編　マイクロ波基礎技術　第4章　マイクロ波合成実験法，シーエムシー出版 (2006)
3) 京都市のバイオマス活用の取組，京都市，㈶京都高度技術研究所，平成24年3月28日
4) Renewables 2012 Global Status Report (REN21)
5) Bio-based Chemicals Valued Added Products from Biorefineries IEA Bienergy Feb. 2012
6) Algae as Feedstock for Biofuels − An assessment of the Current Status and Potential for Algal Biofuels Production Sep. 2011

第3章 プラスチックの解重合・リサイクル技術

池永和敏*

1 はじめに

　一般にプラスチックは絶縁体であるので，マイクロ波は透過すると考えられている。その固体のプラスチックの構造が分極構造，例えば，エステル構造やアルコール基を含んでいたとしても分子自体が大きいことから自由度が束縛されているので，現象的にはマイクロ波を全く吸収しないことになっている。実際には，分極性高分子のポリエステルなどにマイクロ波を照射しても，その温度はほとんど上昇しない。一方，マイクロ波を吸収しやすい分極性溶媒やイオン性液体を利用する場合には，それらが効果的にマイクロ波を吸収して温度上昇することから解重合媒体としては好都合である。

　本項では，最適な溶媒と触媒の組み合わせを使用したマイクロ波によるプラスチックの解重合ならびにリサイクル技術への応用について概説する。なお，紙面の都合上，筆者らの最近の研究を中心に，飲料水ボトルで身近なポリエチレンテレフタラート（PET）樹脂ならびに小型船舶や浴槽に使用されているガラス繊維強化プラスチック（Glass Fiber Reinforced Plastics：GFRP）の解重合についてのみ焦点を絞り以下に述べる。

2 廃PETおよび廃FRPの解重合技術の現状

　わが国で1年間に廃棄されるプラスチックの総量は2000年に1,000万tを超え，現在は横這い状態である[1]。その中でも，容器包装リサイクル法に従って，年間約40万tの廃PETボトルは極めて高い純度で回収されることから，資源循環のモデルステージとして，廃PETボトルの解重合・リサイクルに注目が集まっている。日本におけるPETのリサイクルの研究は今から20年前の1992年に，東北大学の阿尻らにより超臨界水を用いる解重合が報告されたことに始まる[2]。次いで酸触媒・塩基触媒を用いる高温高圧化学解重合[3]およびエチレングリコールを溶媒としたアルカリ解重合が報告された[4]。なお，工業的プラントとしては，アイエス法－固相重合法（㈱ペットリバース）とDMT法（帝人ファイバー㈱）の2つの方法が実用化されたが，現在は前者のみがペットリファインテクノロジー㈱と社名を変えて存続しているだけである[5]。

　一方，ガラス繊維と不飽和ポリエステルを基材とするGFRPは年間約30万tが廃材として処理されているが，その強固な材質のため通常は90％以上が埋め立て処理であり，数％がエネル

＊ Kazutoshi Ikenaga　崇城大学　工学部　ナノサイエンス学科　准教授

第3章 プラスチックの解重合・リサイクル技術

ギー回収としてサーマルリサイクルされている。実用的な解重合リサイクル技術は日立化成工業㈱の常圧溶融法[6]のみである。高温高圧条件を用いた超臨界水解重合[7]ならびにメタノールを用いた超臨界法および亜臨界法[8]では，諸事情からパイロットプラントまたはベンチレベルの研究までで止まっている。

すなわち，上記2つの樹脂の解重合には，多くの問題点が顕在化しているので，技術革新の観点からハイパフォーマンスなエネルギー源，具体的には，マイクロ波を用いる方法の登場が必要であった。

3 マイクロ波を利用する廃PETの化学分解法

筆者らは，21世紀の初頭に有機合成に新風を巻き起こしたマイクロ波加熱を熱源に用いてPETの解重合の研究を開始した[9]。当時は，マイクロ波のグリコール解重合がいくつか報告されているのみであり[10]，アルカリ解重合についての報告は皆無であった。

ドラフト内に家庭用電子レンジを設置して水－水酸化ナトリウムの条件を用いたビーカー内での反応を検討した。急激な温度上昇と共に水が蒸発するので，解重合の再現性は乏しく，乾固状態になると発火する場合もあった[11]。そこで，エチレングリコールを用いたところ，反応容器を100 mL丸型平底フラスコに限定すれば，吹きこぼれもなく，良好に解重合が実施できた。具体的にはPET片（5.0 mmol，0.96 g），水酸化ナトリウム（12.5 mmol，0.50 g），エチレングリコール（EG，10 g）を反応器に入れ，電子レンジ内に置きマイクロ波（500 W）を1.0－2.0分間照射した。反応終了後，放冷して吸引ろ過操作で白色固体とエチレングリコールを分離した。残った白色固体を水に溶解して酸を十分に加えると白色固体が析出した。吸引ろ過装置を用いて水洗を行いながら濾過した。得られた白色固体を乾燥後，IRおよびNMR測定からテレフタル酸であることが分かった。その収率は95%以上であった（表1および図1）[12]。

表1 電子レンジを用いたPETのアルカリ分解

Entry	PET[a] (mmol)	NaOH (mmol)	Solvent (g)	Mw[b] (min)	TPA[c] (%)
1	5.00	12.5	EG[d] 9.5	2.0	100
2	5.00	12.5	9.7	1.5	100
3	5.00	12.5	9.9	1.0	95
4	5.00	12.5	10	20	95[e]

a) The PET derived from the bottle. b) Microwave irradiation times.
c) Isolated yield. d) Ethylene Glycol. e) conventional heating by reflux conditions.

マイクロ波化学プロセス技術 II

図1 電子レンジにおける PET のアルカリ解重合
(左:反応前, 右:反応後)

表2 マイクロリアクターを用いた PET のアルカリ分解[a]

Entry	solvent[b]	Time/min	Electric Consumption/Wh	%[c]
5	EG	20	315	99
6	EG	22	268	100
7	DEG	4	80	99
8	DEG	6	117	100
9	TEG	4	79	100
10	TEG	6	117	100
11	PEG	4	80	54
12	PEG	6	117	100

a) These reaction carried out by using homo PET 20 mmol and μ-Reactor as a microwave apparatus. b) EG:Ethylene Glycol, bp＝197.4℃, DEG:diethylene glycol bp＝244.8℃, TEG:triethylene glycol bp＝290℃, PEG:poly (ethylene glycol) The boiling point is unknown.
c) Weight reduction ratio of PET.

正確な実験データを得るため,また,スケールアップ実験のために μ-Reactor(四国計測工業㈱製)およびミクロ電子製 MOH-1500ES を導入した(表2および図2,3)。もちろん,試験管レベルの容量で良い場合には,グリーンモチーフI(IDX製)も十分に使用可能であった(図4)。

このマイクロ波アルカリ解重合は通常加熱に比べると,反応時間は短く,消費電力が低いことが分かった(表1,実験番号2)。そこで,表2の実験番号6を用いてアルカリ解重合を20バッチほど行い,得られたテレフタル酸を用いて再重合反応および再ボトル化まで実施した(図5)。プリフォーム成形時の急冷時に若干含まれているナトリウムイオンが核となり,部分的な結晶化が進行して黄色を帯びたボトルとなった。なお,強度はバージンボトルと同等であることも確認された[13]。また,EG の代わりに溶媒としてジエチレングリコール(DEG),またはトリエチレ

第3章 プラスチックの解重合・リサイクル技術

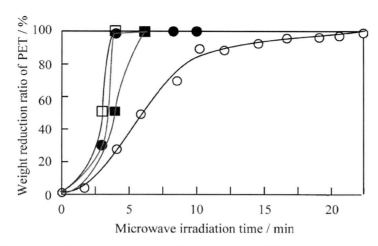

図2 EG（○），DEG（●），TEG（□）または PEG（■）溶媒中，マイクロ波装置を用いた PET のアルカリ分解

図3 μ-Reactor（左）と MOH-1500ES（右）

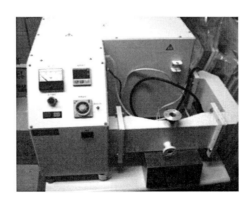

図4 グリーンモチーフⅠ

マイクロ波化学プロセス技術Ⅱ

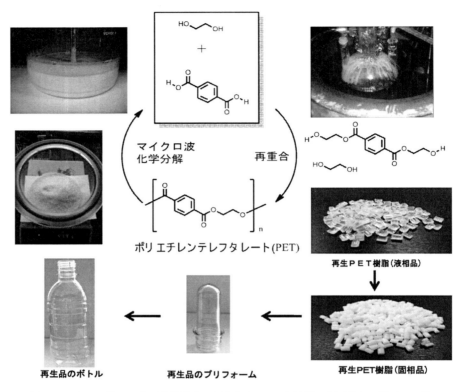

図5　マイクロ波アルカリ解重合より得られた PET を使用した再重合・再ボトル化

ングリコール（TEG）を用いた場合には，4分間の極めて短い時間で反応が終了した。一方，ポリエチレングリコール（PEG）を用いた場合は，6分間のマイクロ波照射が必要であった。いずれも，誘電損失がEGよりも大きい分子であるので，マイクロ波の吸収が極めて良好であった。なお，比較的大きな分子のPEGの場合は，マイクロ波をそれほど効果的に吸収しなかったと予想した。

　アルカリおよび中和の酸を全く用いないPETの解重合としてエステル交換反応を経由するアルコール解重合の触媒をマイクロ波照射下で探索した結果，酸化チタンはEGのグリコール解重合を触媒して30分以内に反応が完結することが分かった。得られた白色固体はビス（2-ヒドロキシエチル）テレフタレート（BHET）であり，高い収率で得られることが分かった（表3）[14]。なお，通常加熱と比べると約1/4に反応時間が短縮された極めて迅速な反応であることが分かった。マルチモードのμ-Reactorを用いたスケールアップ実験では，マイクロ波を効果的に照射すれば触媒量の減少と時間短縮も可能であった（図6）。現在，得られたBHETからPETへ再重合および再ボトル化の実験にも着手している。

286

第3章　プラスチックの解重合・リサイクル技術

表3　マイクロ波照射下，酸化チタン触媒を用いた PET の分解反応

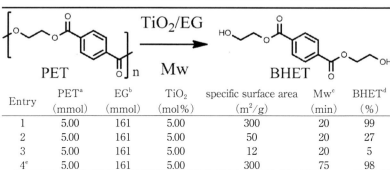

Entry	PET[a] (mmol)	EG[b] (mmol)	TiO$_2$ (mol%)	specific surface area (m^2/g)	Mw[c] (min)	BHET[d] (%)
1	5.00	161	5.00	300	20	99
2	5.00	161	5.00	50	20	27
3	5.00	161	5.00	12	20	5
4[e]	5.00	161	5.00	300	75	98

a) The PET derived from waste beverage bottles. b) Ethylene Glycol. c) Microwave irradiation times. Using commercial microwave oven. d) Isolated yield. e) Conventional heating.

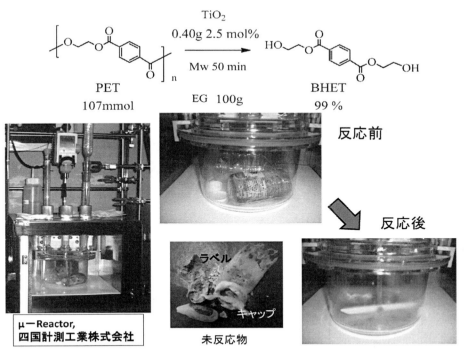

図6　酸化チタンを用いるマイクロ波解重合の μ-Reactor を用いたスケールアップ実験

誘電損率の極めて大きい EG（49.95）を使用したことより，マイクロ波照射下において，反応温度を 200℃付近へ迅速に昇温することが可能であった。なお，通常加熱に比べて大きな加速効果が観測されたので，いわゆる非加熱効果（第 2 編 第 1 章）が生じている可能性が高い。

4　マイクロ波を利用する廃 GFRP の解重合

ポリエステルに分類される GFRP は PET に比べると架橋構造を持つ極めて強固な樹脂である。筆者らが研究を始めた当時はマイクロ波を利用する GFRP の解重合は皆無であった。筆者らは GFRP のエステル基を手掛かりに PET と同様なエステル交換型の解重合が進行すると予想した（図 7）。日立化成工業㈱の常圧溶解法の条件を用いて最適条件を探索することにした。柴田らはジエチレングリコールモノメチルエーテル（DGMM）とリン酸三カリウム水和物（$K_3PO_4・nH_2O$）が最適な組み合わせであると報告していたので，筆者らもマイクロ波を用いて追実験を行ったところ，常圧溶解法に比べて昇温速度が著しく加速されて短時間で解重合することが分かった。しかしながら，EG よりも高い分極率を持つ DGMM でエステル交換された樹脂分解物の極性は極めて高く，通常よく使用するクロロホルムとの混和性が著しく低下して解重合物の構造確認がほとんどできなかった。一方，誘電損率がやや低いベンジルアルコール（BzOH）を用いたところ，適度な温度上昇を伴い 3 時間の反応で GFRP の重量減少率が 49%（解重合率 70%）を得ることができた（表 4 および図 8）[15]。しかし，この反応で使用したリン酸三カリウム触媒はほとんど溶解していないにもかかわらず解重合が進行していたので，触媒の溶解性を上げる目的で BzOH に EG をブレンドした混合溶媒を用いて反応を行った。溶媒のブレンド比率に

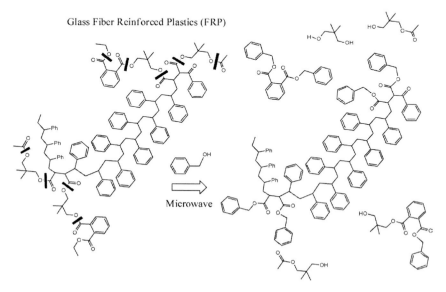

図 7　GFRP のマイクロ波解重合の予想反応スキーム

第3章 プラスチックの解重合・リサイクル技術

表4 マイクロ波加熱および通常加熱下でのベンジルアルコール中のGFRPの分解[a]

entry	heating method	time (min)	%[d]
1	MW[b]	60	41
2	MW	80	43
3	MW	100	45
4	MW	180	44
5	MW	300	49
6	MW	360	48
7	CH	120	27
8	CH	227	36
9	CH	480	41

a) The reactions were carried out by using GFRP (50 g), benzyl alcohol (600 g), and K_3PO_4 (50 g) for 180 min. b) microwave irradiation. c) conventional heating. d) Degradation of FRP.

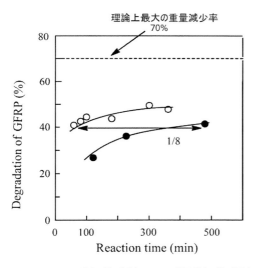

図8 マイクロ波加熱（●）および通常加熱（○）下でのベンジルアルコール中のGFRPの分解

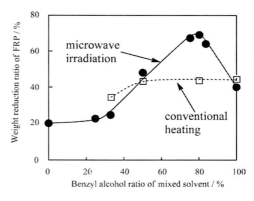

図9 マイクロ波加熱（●）および通常加熱（□）下でのベンジルアルコール-エチレングリコール混合溶媒中のGFRPの分解

よって反応率が大きく異なることが分かった（図9）[16]。得られた樹脂分解物の構造については解析中であるので，回収されたガラス繊維のみの再利用について検討したところ，曲面を持つ成形品が作製可能であった（図10）。一方，引張強度試験においては再生GFRPの回収ガラス繊維の比率が増加するにしたがって強度が低下することが分かった。今後はガラス繊維の打ち直しおよびすべり防止のバインダーを付与して再度，引張強度試験を実施する予定である。

GFRPの解重合では，高い加熱温度と長い反応時間が必要であることから，マイクロ波は，迅速な温度上昇に効果的に働いたと考えている。なお，マイクロ波加熱と通常加熱の解重合率の大

マイクロ波化学プロセス技術 II

図10　回収ガラス繊維使用成形品

BzOH/EG=750/0

BzOH/EG=0/750

図11　BzOH および EG を用いた場合の GFRP の膨潤状態

きな差は，マイクロ波が GFRP の構造体の内部の分子を直接的に振動させて発熱した結果，GFRP の著しい膨潤が生じたことが主な要因と考えられた（図11）。

最近，山口大学の上村らは，イオン性液体を GFRP の解重合に効果的に利用して，分解後減圧蒸留より無水フタル酸が回収できることを報告している[17]。この手法は GFRP からのガラス繊維とフタル酸成分の部分的な回収方法と言える。しかし，イオン性液体は極めて高価であるので，実用化技術としての実現は難しいところである。

5　まとめ

マイクロ波を利用する廃 PET および廃 GFRP の解重合においては，最適な誘電損率を持つ溶媒および高活性な触媒を使用することが成功の鍵であることが分かった。しかしながら，今回実施した大容量のバッチ式反応では，場合によっては通常加熱と変わらない熱伝導や熱対流による熱伝播となるので，特徴を見出せない一面もあった。今後は流通式なども視野に入れて検討すべきであろう。なお，誘電損率が高い溶媒の使用の際には，効果的な温度上昇が達成可能であるが，

第3章　プラスチックの解重合・リサイクル技術

同時に極性も上昇するので解重合生成物のハンドリングについても考慮する必要がある。また，イオン性液体のように理想的な温度上昇と溶媒自体の蒸気圧がほとんどない条件を獲得することは可能であるが，高価な溶媒ではその実用化は乏しい。

近年，諸外国においても，廃プラスチックのリサイクルに興味を持つ研究者が増えてきている[18]。今後は読者諸兄の参入によるマイクロ波へさらなる新しいアイデアを導入したブレイクスルーを期待したい。廃PETおよび廃GFRPの解重合完全リサイクルの技術がマイクロ波加熱の利用で達成される日を願ってこの拙文を閉じる。なお，この拙文がマイクロ波の応用技術の一指針となれば幸甚である。

謝辞

本研究の一部は，大和製罐㈱受託研究費，㈱堀甲製作所受託研究費，熊本県リサイクル等推進事業費，科学研究費補助金（16651043），JST顕在化ステージ（0802009）並びに私立大学戦略的研究基盤形成支援事業（S0801085）の支援を受けて遂行された。併せて感謝申し上げる。

文　　　献

1) ㈳プラスチック処理促進協議会：http://www.pwmi.or.jp/pk/pk02/pkflm201.htm
2) 阿尻雅文，高分子，**43**，571（1994）；阿尻雅文，特許公開 2003-119316
3) T. Yoshioka *et al.*, *J. Appl. Polym. Sci.*, **52**, 1353（1994）；T. Yoshioka *et al.*, Proc. 1st Intl. Conf. Soluo-Thermal React., p.76（1994）；吉岡敏明，奥脇昭嗣，いんだすと，**10**，36（1995）
4) A. Oku *et al.*, *J. Appl. Polym. Sci.*, **63**, 595（1997）
5) ㈱ペットリバース（ペットリファインテクノロジー㈱：http://www.prt.jp/company/history.html，特開 2000-169623）および帝人ファイバー㈱（http://www.teijinfiber.com/index.html）；「ボトルtoボトル」から「ボトルtoファイバー」への転換：http://www.teijin.co.jp/news/2008/jbd081001_2.html
6) 福沢ほか，廃棄物学会第13回研究発表会講演論文集，I, p.428（2002）；前川一誠ほか，立化成テクニカルレポート，**42**，21-24（2004）
7) 菅田孟ほか，高分子論文集，**58**，557（2001）
8) 中川尚治ほか，松下電工技報，**54**（1），23（2006）；A. Kamimura *et al.*, *Chem. Lett.*, **35**, 586-587（2006）
9) 文部科学省の科学研究費補助金萌芽研究「マイクロ波を用いる高分子化合物の高効率化学分解反応および分解装置の開発」（課題番号：16651043）（2004-2006）この研究の始まりは，以下の小文がきっかけとなった。徳田昌生，マイクロ波の有機合成への利用—電子レンジによる分子のクッキング—，化学と工業，**56**（3），219-222（2003）
10) A. Krzan, *J. Appl. Polym. Sci.*, **59**, 115（1998）；A. Krzan, *Polym. Adv. Technol.*, **10**, 603-

606（1999）；森 一ほか，平成 15 年度和歌山県工業技術センター研究報告，p.23（2005）
11) 池永和敏，家庭用電子レンジをマイクロ波発生器として用いた廃 PET のマイクロ波加水分解反応，崇城大学研究報告，**32**（1），31-36（2007）
12) 特願 2005-355701「ポリエステルの解重合方法，およびその方法を用いたポリエステルモノマーの回収方法」，発明者：池永和敏，出願人：大和製罐㈱；池永和敏，小山寛貴，マイクロ波－塩基触媒を用いる PET の高速化学分解，第 55 回高分子討論会，富山，3B05（2006）；池永和敏，廃 PET のケミカルリサイクルへのマイクロ波加熱の応用，分離技術，**37**（1），22-27（2007）；池永和敏，飲料水用ペットボトルのリサイクルの現状とマイクロ波を用いる新リサイクル法，Bio 九州，第 182 号，p.12-21（平成 19 年 9 月）；池永和敏，マイクロ波照射を利用した廃ペットボトルの新化学分解法，機能材料，**28**（2），50-61（2008）
13) 池永和敏ほか，マイクロ波加熱を用いる PET の解重合・再重合および再ボトル化，プラスチックスエージ，**55**（12），58-64（2009）；同じ内容のものが韓国語に翻訳されて平成 22 年の「Plastics Science」（**277**（7），92-98（2010））に掲載された。；池永和敏ほか，マイクロ波を利用した PET ボトルの B to B リサイクル，プラスチックス，第 63 巻，第 11 号掲載予定（2012）；上田祐司，崇城大学大学院修士論文（2012）
14) 池永和敏，マイクロ波-酸化チタン触媒を用いる廃 PET の化学分解，化学工業，**59**（7），6-11（2008）
15) 池永和敏ほか，マイクロ波加熱を用いる FRP の新規解重合法と再生 FRP 製造，プラスチックスエージ，**57**（1），77-81（2012）
16) 馬場雅弘，崇城大学大学院修士論文（2012）
17) 上村明男ほか，イオン液体／マイクロウエーブを用いた FRP の解重合反応，第 1 回イオン液体討論会，鳥取（2011）
18) M. M. A. Nikje, *Iranian Patent*, NO.39078（2006）；M. M. A. Nikje and F. Nazari, *Adv. Polym. Tech.*, **25**, 242-246（2006）

第4章　環境汚染物質浄化技術

天野耕治*

1 はじめに

　PCBやダイオキシンなどの環境汚染物質の無害化にマイクロ波を適用する試みは多い。代表的なものとして，土壌，飛灰，都市ゴミなど固体中のダイオキシンの分解[1〜3]，大気中のNO_xの除去[4〜6]，水中の汚染物質[7〜9]，絶縁油中のPCB[10〜12, 15]など液体中の有害物質無害化等がある。マイクロ波照射により従来手法よりも低温で反応が進行するなど反応が促進する例が多く，反応メカニズムやマイクロ波効果の解明が検討されている。

　当社技術開発研究所では，マイクロ波を用いたPCB無害化研究に10年ほど前より取り組んでおり，触媒との組合せによる手法で絶縁油中のPCB無害化処理に目途を得ている。また，これと並行してマイクロ波がなぜ反応を促進させるのかの理論解明も熱効果，電磁波効果の両面から取り組んできている。

　本節では，マイクロ波を応用した環境汚染物質の浄化技術の概要と，マイクロ波と触媒の組合わせによるPCB無害化処理技術ならびにそのメカニズム解明の取り組みについて紹介したい。

2 マイクロ波を用いた環境汚染物質浄化技術

2.1 土壌浄化への適用

　日本スピンドル製造㈱では，マイクロ波によるばいじん・飛灰等のダイオキシン類分解・無害化を検討し，独自開発による容量50 kgのバッチ式装置により350℃程度の処理温度で99.9％以上の除去率を達成した[1]。従来の灰溶融法，加熱脱塩素化法が400〜1,600℃の高温処理を必要とするため著しい低温化が達成されたことになる（マイクロ波法と従来法の処理温度の差：$\Delta T = 50 \sim 1,250$℃）。

　本プロセスにおける有機塩素化合物分解メカニズムは，①還元脱塩素化と，②酸化分解反応の二段階で起こるとされており，マイクロ波の効果は飛灰を構成する未燃焼カーボン，CaO，酸化鉄類ならびに粉体表面へ分極吸着した化学種の選択加熱による温度上昇としている。アルカリの添加など，分解反応の構成要件で不足するものを追添加することで反応を確実に進行させていることから，メカニズム的にはほぼ解明が済んでいるものと思われる[2]。50 kg/バッチは製品化され，750 kg/バッチ装置による実証試験[3]も行われている。

---

* Kouji Amano　東京電力㈱　技術開発研究所　主管研究員

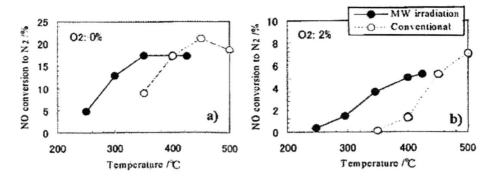

図1 NO 変換率の温度依存性[4]
a) O_2 0%の場合，b) O_2 2%の場合
(NO：11,000 ppm，base：He，60 ml/min，Catalyst：Cu-ZSM-5(25%)/LaNiO₃, 1 g)

2.2 大気汚染物質浄化

菊川らは，Cu-ZSM-5 触媒とマイクロ波吸収体である LaNiO₃ を物理混合し，NO 直接分解におけるマイクロ波アシスト効果を調べた。その結果，電気炉加熱に比べて低温活性が高いことなどを明らかにした（図1，$\varDelta T = 100℃$ 程度)[4]。

NO 分解メカニズムは Cu₂O と CuO が関与する酸化還元サイクルによって NO の N₂ と O₂ への変換が起こるとされており，マイクロ波効果は CuO と LaNiO₃ の選択加熱による温度上昇としている[5]。

NO_x 反応アプリケータ内の発熱分布シミュレーションなども行っている[6]。

2.3 水処理への適用

堀越らはマイクロ波を利用したローダミンB（赤色色素，水処理モデル物質）の分解を検討し，紫外線のみを二酸化チタンへ照射した TiO₂/UV 法に比べ，マイクロ波と紫外線を同時照射することで（TiO₂/UV/MW 法），分解時間を著しく短縮させることに成功した[7]。

汚染物質分解の反応メカニズムは，触媒表面上への吸着と OH ラジカルによる攻撃とされており，マイクロ波効果は単なる熱効果でなく，非熱効果によるとしている。すなわち，水の濡れ性の観察から，マイクロ波照射による触媒表面の親水度の低下を確認し，難分解なメチル基の吸着が改善されるとした。また酸化活性種である OH ラジカルの増加を *in situ* の ESR 測定より計測し，アナターゼとルチルが混合して存在する P-25 二酸化チタンでは OH ラジカル種が2倍程度に増加する（表1）などとしている[8]。

TiO₂/UV/MW 法におけるスケールアップには，UV 光源の開発が不可欠となることから，マイクロ波励起無電極ランプの検討も積極的に検討している[9]。

これらマイクロ波を用いた環境汚染物質浄化技術の取り組みを表2にまとめた。

第 4 章　環境汚染物質浄化技術

表 1　各実験条件における二酸化チタンからの OH ラジカル発生量[8]

方　法	P-25	アナターゼ	ルチル
TiO_2/MW	5	2.2	1
TiO_2/UV (18℃)	39	22	22
TiO_2/UV (22℃)	36	—	—
TiO_2/UV/MW (3 W)	52	18	15
TiO_2/UV/MW (16 W)	74	—	—

(P-25, アナターゼ, ルチル) OH ラジカルの発生量（マイクロ波照射下でのルチルからの OH ラジカル発生量を 1 とする）

表 2　マイクロ波を用いた環境汚染物質浄化技術の取り組み

件名	土壌，飛灰中 DXN 処理	大気中 NO_x 除去	水中ローダミン B 分解
研究機関	日本スピンドル製造㈱[1〜3]	産総研　菊川ら[4〜6]	上智大　堀越ら[7〜9]
概要	350℃で 99.9％以上除去 従来加熱より低温で分解 (ΔT=50〜1,250℃)	O_2 共存下 350℃で NO_x 除去 電気炉加熱より低温で分解 (ΔT=100℃)	TiO_2/UV/MW 法でローダミン B 分解 TiO_2/UV 法に比べ著しい分解促進
メカニズム	（反応）脱塩素化＋酸化分解 （MW 効果）未燃カーボン，CaO などの選択加熱	（反応）Cu が関与する酸化還元 （MW 効果）CuO と $LaNiO_3$ による選択加熱	（反応）TiO_2 への吸着，OH ラジカルによる攻撃 （MW 効果）表面吸着の改善によるメチル基の優先的な分解と OH ラジカル種の増加
スケールアップ・システム化	750 kg/バッチ実証機 混合撹拌 50 kg/バッチは製品化	装置内発熱分布シミュレーションの検討	マイクロ波励起無電極ランプの使用による光源のスケールアップ検討

3　絶縁油無害化への適用

3.1　PCB の物性と用途

　ポリ塩化ビフェニル類（PCB 類）とは，ビフェニルを塩素化した構造を持つ塩素化芳香族化合物の部類であり，塩素の付く位置と数によって，その異性体は 209 種類存在し，それらを総称して PCB と呼ぶ。優れた物理的，化学的特性により，誘電冷却液（コンデンサー，変圧器），工業用流体（油圧系統，真空ポンプなど），可塑剤（接着剤，印刷，コピー用紙）など極めて多くの用途に用いられてきた。

3.2　マイクロ波と触媒の組合せによる PCB 無害化処理技術

　カネミ油症など PCB の毒性が明らかになったことにより，PCB 特別措置法が 2001 年に施行され PCB の保管事業者には処理期限までの処理が義務付けられた。PCB の処理法としてはこれまで，水熱分解法，超臨界水酸化分解法，金属ナトリウムを用いて脱塩素化を図るものなどが実

マイクロ波化学プロセス技術 II

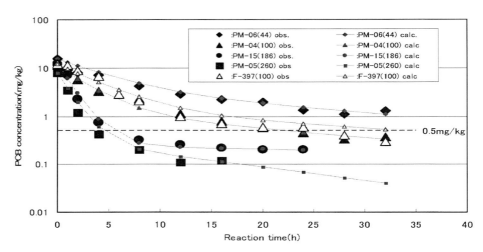

図2 低濃度 PCB 分解におけるラボ（白抜き）とパイロット（黒塗り）試験の結果[12]
（カッコ内の数値は IPA による溶液希釈率で，IPA 量を絶縁油量で除した値の百分率）

用化されている。一方，変圧器の保管場所など現場での処理ニーズも出てきたが高温高圧を要することが多い従来法ではなかなか難しいことから，筆者らは2002年より新たに検討を始めマイクロ波と触媒の組合せによる PCB 無害化処理技術を開発するに至った[10～12,15]。

PCB に水素供与体兼希釈溶媒となるイソプロピルアルコール，脱塩素剤となる KOH を加え，Pd/C 触媒とマイクロ波により脱塩素化分解反応を行う。本技術のコンセプトは，「環境に優しい」，「操作が簡便」であるが，60℃，常圧での処理により，副反応が起きにくいという特徴を有しオンサイトでの処理を可能としている。

3.3 装置構成と反応成績

ラボ試験の装置は 20 g 程度の触媒を詰めたカラムに簡易型のマイクロ波試験装置でマイクロ波を照射し液を循環させるものとしたが，パイロット試験装置は，マイクロ波照射装置，2 kg の触媒を搭載した触媒槽，ポンプ，反応容器・受液槽一体型の液だめの構成で，1 kW のマイクロ波照射装置によりマイクロ波を触媒槽に向かって上部から照射するものとした。触媒温度はいずれも 60℃ とし，低濃度 PCB もしくは高濃度 PCB に IPA および KOH を加えて分解する。

低濃度 PCB は溶媒希釈率によって変わるが 5～30 時間程度で，また高濃度 PCB は 10～20 時間程度で卒業基準（PCB 処理の基準値，油中では 0.5 mg/kg 以下のこと）に到達させることができた。図2には，低濃度 PCB 分解における結果を示した[12]。

3.4 化学反応式

PCB 無害化の化学反応は，イソプロピルアルコールからの水素ラジカルの生成反応と，PCB からの塩素引抜き反応の2段階で進むものと考えられた。

第4章　環境汚染物質浄化技術

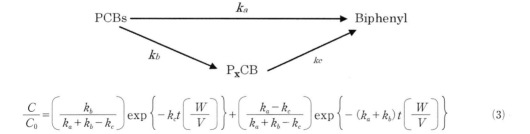

3.5　反応速度の定式化と応用例

　PCB分解反応速度の定式化に当たり，反応経路はPCBsが直接ビフェニルになる反応（速度定数 k_a）および，中間生成物 P_xCB を経て（速度定数 k_b），ビフェニルになる反応（速度定数 k_c）の2分解経路より成る反応モデルが渡辺ら[13,14]によって提案されている。このモデルに基いて，反応の主要因子である触媒量と溶液量を考慮した(3)式を提案した[12]。

［反応経路］

$$\frac{C}{C_0} = \left(\frac{k_b}{k_a+k_b-k_c}\right)\exp\left\{-k_c t\left(\frac{W}{V}\right)\right\} + \left(\frac{k_a-k_c}{k_a+k_b-k_c}\right)\exp\left\{-(k_a+k_b)t\left(\frac{W}{V}\right)\right\} \quad (3)$$

ここで，

　　C_0：分解開始時の溶液中のPCB濃度　[kg・kg^{-1}]
　　C：分解開始後 t 時間［h］でのPCB濃度　[kg・kg^{-1}]
　　k_a, k_b, k_c：反応経路a，b，cにおける反応速度定数　[m^3・kg-cat^{-1}・h^{-1}]
　　W：触媒量　[kg]
　　V：溶液量　[m^3]

　図2にはPCB濃度の時間的変化の実測値と併せて計算値も記載しているが，ラボとパイロットで触媒量，溶液量とも大幅に異なるにもかかわらず(3)式によりPCB分解速度を定量的に表せることが確認できた。
　また筆者らは，(3)式と固体部材内でのPCBの拡散方程式を組み合わせて，これらを数値的に解くことによりPCBに汚染された容器および容器内固体部材の無害化処理における濃度予測を

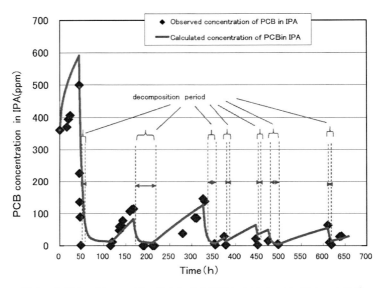

図3 高濃度PCBコンデンサの無害化試験におけるPCB濃度の変化[15]

試みた[15]。PCBに汚染された機器を抜油した後IPAで満たしPCBを溶出させると同時に，溶剤に溶出してきたPCBをマイクロ波と触媒にて脱塩素化分解反応を行わせる技術である。

図3には高濃度コンデンサにおけるPCBの溶出・分解同時処理の試験でのIPA溶液中のPCBの経時変化実測値と計算値を示すが，これらの一致は良好であったことから，筆者らの解析手法がPCB濃度の経時変化予測に有効なことが確認できた。

3.6 マイクロ波効果のメカニズム解明

マイクロ波照射では誘電損失係数の大きな物質で電磁波の吸収が高く，温度も高くなることが知られているが，触媒と液体では，触媒の方の誘電損失係数が高く，選択的に加熱されるため周りの液体よりも温度が高くなると考えられた。この推測に基づき，赤外線カメラを用いた簡易的な温度計測を行ったところ，触媒表面には一部過熱した領域が存在し温度分布が不均一になっていることが認められた（図4）[16]。化学反応は，この様な過熱した領域で促進しているというのがマイクロ波による熱効果の一つと考えている。

また筆者らはマイクロ波照射時に起こる放電発光を発見した（図5）[17]。発光がPCB分解にどのように関与するかを明らかにするため，発光スペクトルを光学フィルターにより二次元的に観測したところ，PCBの脱塩素反応を促進する励起した原子状の水素と，紫外線の発生が明らかになった。これらは，熱効果だけでないマイクロ波の電磁波効果の存在を示唆している。

第4章　環境汚染物質浄化技術

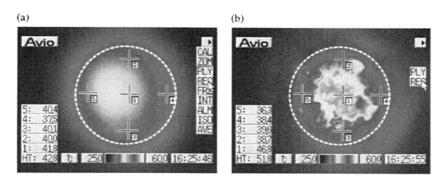

図4　マイクロ波加熱における温度分布　(a)絶縁油表面，(b)触媒表面[16]

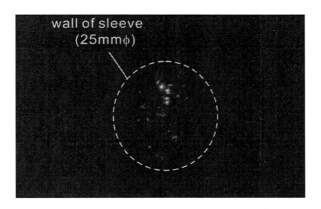

図5　絶縁油中の発光イメージ（大気圧下）[17]

4　まとめ

　環境汚染物質浄化技術へのマイクロ波の適用として，土壌・飛灰中，大気中，水や油中の汚染物質の浄化への取り組みを紹介した。マイクロ波の効果は，主に固体が関与するものでは熱効果，液体が関与するものでは熱効果と非熱効果の両方が検討されている。物質の誘電率計測が広く行われるようになってきたことから，熱効果を用いる現象を利用する技術はメカニズム解明が進み易く，実用化例もある。一方，熱効果だけでなくそれ以外の効果も期待される液体ではそれらの解明が現在も進行中であり，技術の裾野を広げるためにも一層のメカニズム解明が期待される。

文　　献

1) 日本スピンドル製造㈱HP, http://www.spindle.co.jp/haigas/index2.html
2) 木嶋敬昌, マイクロ波化学プロセス技術, p.319-322, シーエムシー出版 (2006)
3) 木嶋敬昌ほか, 第6回マイクロ波効果・応用国際シンポジウム講演要旨集, p.149-150 (2005, つくば)
4) N. Kikukawa et al., MICROWAVE 2004 PROC., p.503-505 (2004.7, Takamatsu, Japan)
5) 菊川伸行, マイクロ波化学プロセス技術, p.298-304, シーエムシー出版 (2006)
6) 二川佳央ほか, 電子情報通信学会秋季大会予稿集, p.144 (2007)
7) 堀越智, 日髙久夫, マイクロ波化学プロセス技術, p.305-317, シーエムシー出版 (2006)
8) 堀越智, *J. Soc. Inorg. Mat. Japan*, **16**, 251-259 (2009)
9) 堀越智ほか, 水環境学会誌, **34** (6), 89-93 (2011)
10) K. Amano et al., Proceedings Book 10th International Conference on Microwave and High Frequency Heating, p.60-63 (2005)
11) K. Amano et al., MICROWAVE 2004 PROC., p.293-295 (2004.7, Takamatsu, Japan)
12) 天野耕治ほか, 廃棄物資源循環学会論文誌, **21** (6), 210-218 (2010)
13) 渡辺敦雄ほか, 化学工学論文集, **29** (6), 769-777 (2003)
14) 渡辺敦雄ほか, 廃棄物学会論文誌, **16** (6), 531-539 (2005)
15) 天野耕治ほか, 廃棄物資源循環学会論文誌, **22** (6), 361-371 (2010)
16) A. Kumada et al., *IEEJ Transactions on Electrical and Electronic engineering*, **4** (1), 133-135 (2009)
17) A. Kumada et al., *Applied Physics Letters*, **99**, 131503 (2011)

マイクロ波化学プロセス技術Ⅱ《普及版》(B1302)

2013年1月7日　初　版　第1刷発行
2019年11月11日　普及版　第1刷発行

監　修　　竹内和彦，和田雄二　　　　Printed in Japan
発行者　　辻　賢司
発行所　　株式会社シーエムシー出版
　　　　　東京都千代田区神田錦町1-17-1
　　　　　電話　03(3293)7066
　　　　　大阪市中央区内平野町1-3-12
　　　　　電話　06(4794)8234
　　　　　https://www.cmcbooks.co.jp/

〔印刷　あさひ高速印刷株式会社〕　Ⓒ K. Takeuchi, Y. Wada, 2019

落丁・乱丁本はお取替えいたします。

本書の内容の一部あるいは全部を無断で複写(コピー)することは，法律で認められた場合を除き，著作者および出版社の権利の侵害になります。

ISBN978-4-7813-1385-6　C3043　¥7200E